Rudy Rucker

Die Wunderwelt der Vierten Dimension

Rudy Rucker

Die Wunderwelt der Vierten Dimension

Ein Kursbuch für Reisen in die höhere Wirklichkeit

Scherz

2. Auflage der Sonderausgabe 1990
Einzig berechtige Übersetzung
aus dem Amerikanischen von Jochen Eggert.
Titel des Originals: «The Fourth Dimension».

Schutzumschlag Zembsch Werkstatt unter
Verwendung einer Zeichnung
von David Povilaitis.

Inhalt

Vorwort

Ende der fünfziger Jahre verfügte die öffentliche Leihbücherei von Louisville über Science-fiction-Literatur im Gesamtumfang von einer einzigen Regalbreite. Mein Freund Niles Schoening und ich lasen und diskutierten diese Bücher – fasziniert von der Möglichkeit der Zeitreise, von der vierten Dimension. Damit hat alles angefangen.

Als ich 1963 aufs College kam, gab mein Vater, Embry Rucker, mir ein Exemplar von Edwin Abbots *Flächenland* mit. Ihm war als Episcopal-Priester längst klargeworden, daß man die vierte Dimension als Symbol für höhere geistige Wirklichkeiten anschauen kann.

In den folgenden Jahren beschäftigte mich die Frage, welche Beziehung zwischen den beiden Interpretationen der vierten Dimension als *höhere Wirklichkeit* und als *Zeit* besteht. Als ich meinen ersten Lehrauftrag an der State University von New York bekam, begann ich diese Beziehungen in meinen Vorlesungen über höhere Geometrie eingehender zu untersuchen. Diese Vorlesungen wurden 1977 unter dem Titel *Geometry, Relativity and the Fourth Dimension* veröffentlicht.

In den darauffolgenden sieben Jahren bis zur Niederschrift des vorliegenden Buches habe ich noch sehr viel mehr über die vierte Dimension in Erfahrung gebracht. Mit diesem Buch lege ich nun den Versuch vor, umfassend und allgemeinverständlich darzustellen, was es mit der vierten Dimension in materieller wie in geistiger Hinsicht auf sich hat. Ich danke Martin Gardner, der mir eine Reihe seltener Bücher über die vierte Dimension auslieh, Thomas Banchoff für seine Hilfe auf den eher technisch orientierten Gebieten der Forschung, meinem Editor Gerard van der Leun für seinen ermunternden Zuspruch und meinem Illustrator, David Povilaitis, für seinen Witz, ja Aberwitz.

Vor allem aber möchte ich meiner Familie, meinen Freunden, meinen Studenten, meinen Briefpartnern danken. Viel Spaß beim Lesen!

Erster Teil

Die vierte Dimension

1. Eine neue Richtung

Abb. 1 Eine neue Antwort auf alte Fragen.

Ist das hier etwa alles? Kampf, Einsamkeit, Krankheit und Tod – soll das schon alles sein? Das Leben kann manchmal so chaotisch, so trostlos, so zermürbend sein. Wer von uns hätte nicht schon mal von einer höheren Wirklichkeit geträumt, von einem transzendenten Bereich, wo es Sinn und Frieden gibt.

Tatsächlich *gibt* es solch eine höhere Wirklichkeit. Und sie ist nicht gar so schwer zu erreichen. Für viele ist die vierte Dimension eine Pforte dazu geworden. Aber was ist das eigentlich – die vierte Dimension?

Die vierte Dimension ist überall um uns vorhanden, aber niemand kann mit dem Finger darauf zeigen. Philosophen und Mystiker meditieren über sie; Physiker und Mathematiker rechnen mit ihr. Die vierte Dimension ist integraler Bestandteil so mancher geachteter wissenschaftlicher Theorie, spielt aber auch auf weniger gut angesehenen Gebieten wie Spiritismus und Science-fiction eine Rolle.

Die vierte Dimension ist eine Richtung ganz anderer Art als alle Richtungen in dem, was wir «Raum» nennen. Manche sagen, die Zeit sei die vierte Dimension, und das trifft in gewisser Weise zu. Andere sagen, die vierte Dimension sei eine Richtung des Hyperraums und etwas ganz anderes als Zeit. Auch das ist richtig.

Abb. 2 Wo ist sie?

Tatsächlich gibt es viele höhere Dimensionen. Eine dieser höheren Dimensionen ist die Zeit, eine andere ist die Krümmungsrichtung des Weltalls, und wieder eine andere führt uns vielleicht in vollkommen andere Universen, die parallel zu unserem existieren. Auf der tiefsten Ebene können wir unsere Welt als eine Struktur im unendlich dimensionalen Raum betrachten, einem Raum, in dem wir und unser Bewußtsein wie Fische im Wasser schwimmen.

Normalerweise sagen wir natürlich, daß wir im dreidimensionalen Raum leben. Was genau ist damit gemeint? Weshalb *drei*? Beobachten wir einmal den Flug der Schwalben, wie sie in der Abenddämmerung mit blitzschnellen Schwüngen Mücken fangen. Mathematisch gesehen sind diese anmutigen Kurven äußerst komplex. Es ist jedoch möglich, jede Raumkurve dieser Art in drei Bewegungstypen zu zerlegen: Ost/West, Nord/Süd, aufwärts/abwärts. Durch Kombination dieser drei Bewegungstypen, die alle senkrecht zueinander stehen, kann man jede in unserem Raum mögliche Kurve nachfahren. Mehr als drei Richtungen benötigen wir dazu nicht, und weniger als drei würden nicht ausreichen – daher nennen wir unseren Raum dreidimensional.

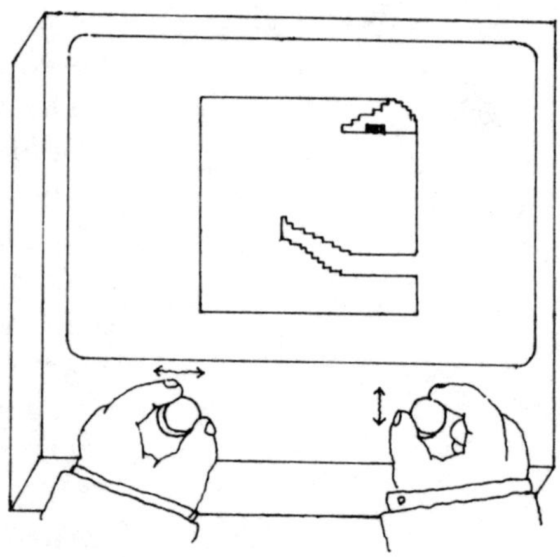

Abb. 3 Etch-A-Sketch-Zeichnung von A Quadrat.

Für die Zweidimensionalität läßt sich diese Tatsache mit einem Spielzeug veranschaulichen, das vor Jahren in Amerika sehr beliebt war und dort Etch-A-Sketch genannt wird. Es besitzt einen Glasschirm, der an der Unterseite mit Silberstaub beschichtet ist. Dreht man nun an den Knöpfen, so bewegt sich unter der Scheibe ein

Und wenn wir uns in der Welt von vier Dimensionen sehen oder fühlen, werden wir sehen, daß die Welt von drei Dimensionen in Wirklichkeit nicht existiert und nie existiert hat; daß sie eine Schöpfung unserer eigenen Phantasie war, ein Phantom, eine optische Täuschung, ein Wahn – alles, was man will, nur eben nicht die Wirklichkeit.

P. D. Ouspensky
Tertium Organum, 1912

Stift, der eine dunkle Spur durch den Staub zieht. Der linke Knopf bewegt den Stift nach rechts und links, der rechte läßt ihn aufwärts und abwärts wandern. Durch gleichzeitiges Drehen beider Knöpfe kann man jede beliebige zweidimensionale Kurve zeichnen.

Nun kann man sich ohne weiteres ein dreidimensionales Etch-A-Sketch vorstellen, das, sagen wir, eine sprühende Wunderkerze durch ein dunkles Zimmer bewegt. Da die Wunderkerze ein mehrere Sekunden anhaltendes Nachbild erzeugt, entsteht der Eindruck einer dreidimensionalen Kurve, wenn man nun an den drei Knöpfen für rechts/links, auf/ab und vor/zurück herumdreht.

Zum Thema Wunderkerzen findet sich auf der Innenseite des Rolling-Stones-Albums *Black and Blue* ein nettes Bild. Es ist eine Zeitaufnahme von den fünf Stones, die Wunderkerzen schwenken. Bill Wyman zieht eine flache, sich einwärts windende Spirale. Ronnie Wood produziert eine wacklige Acht. Charlie Watts zeichnet langsam und säuberlich ein großes O. Keith fängt weit oben an und läßt die Wunderkerze in schlaffem Zickzack fallen. Und Mick ... ah, Mick. Er zieht die einzig wirklich dreidimensionale Kurve, ein komplexes Muster aus Schwüngen und Schleifen. Wunderkerzen im Dunkeln zu schwenken ist eine gute Methode, die Dreidimensionalität unseres Raums wirklich hautnah zu erfahren.

Das Ganze läßt sich auch anders ausdrücken, indem wir sagen, daß Bewegung in unserem Raum drei *Freiheitsgrade*

Abb. 4 Zwei Freiheitsgrade auf einer gekrümmten Oberfläche.

hat. Ein Vogel hat in jedem Augenblick drei grundsätzlich verschiedene Möglichkeiten, seinen Flug zu ändern: schneller/langsamer, links schwenken/rechts schwenken, steigen/herabstoßen. Wir können zwar unsere Wunderkerzen mit ebensoviel Freiheit schwenken, nicht aber den ganzen Körper in dieser Weise bewegen. Wenn einer in den Bergen wandert, wird er sich zwar mit dem Auf und Ab des Geländes mal höher, mal tiefer befinden, aber wirklich zur Verfügung stehen ihm dabei nur zwei Freiheitsgrade: vorwärts/rückwärts und links/rechts. Gut, er mag ein wenig hüpfen, aber die Schwerkraft macht daraus Bewegungen, die man mehr oder weniger vernachlässigen kann.

Ich will damit sagen, daß Bewegungen auf der welligen Erdoberfläche in der Hauptsache zweidimensional sind und der dritte Freiheitsgrad kaum ins Gewicht fällt. Gewiß, die Oberfläche selbst ist ein gebogenes dreidimensionales Objekt, aber jede Bewegung, die an diese Oberfläche gefesselt ist, bleibt im wesentlichen zweidimensional. Vielleicht ist der ewige Menschheitstraum vom Fliegen Ausdruck einer Sehnsucht nach mehr Dimensionen, nach mehr Freiheitsgraden. Normalerweise kann man dreidimensionale Körperbewegungen nur unter Wasser erleben.

Wer ein Auto steuert, opfert damit einen weiteren Freiheitsgrad. Man beschleunigt oder verlangsamt die

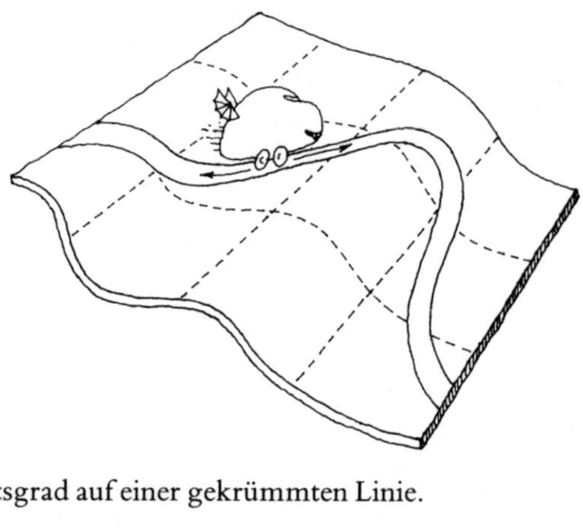

Abb. 5 Ein Freiheitsgrad auf einer gekrümmten Linie.

Fahrt (oder macht kehrt), aber das ist auch schon alles. Die Straße selbst ist eine Raumkurve im dreidimensionalen Raum, aber jede an diese besondere Kurve gebundene Bewegung ist letzten Endes eindimensional.

Wie wir später sehen werden, ist der Raum, in dem wir leben, ebenfalls gekrümmt: wie ein Bergrücken, wie eine gewundene Serpentinenstraße. Sprechen wir aber von Freiheitsgraden, so ist unser Raum zweifellos dreidimensional. Anders gesagt, wir können jeden Punkt der Erdoberfläche mit Hilfe dreier Zahlen angeben: Längengrad, Breitengrad und Höhe über/unter dem Meeresspiegel. Lebten Sie und ich in derselben Stadt, so könnte ich Ihnen im Prinzip mit drei Angaben sagen, wie Sie mich finden können: «Gehen Sie vier Häuserblocks stadtauswärts, dann rechts abbiegen und zwei Häuserblocks quer zum Zentrum. Betreten Sie das Gebäude dort, und fahren Sie mit dem Aufzug in den 25. Stock.»

Wäre unser Raum nun vierdimensional, so brauchte unsere Anweisung noch eine vierte Komponente, etwa: «Verlassen Sie den Fahrstuhl, und durchqueren Sie sechs Ebenen der Wirklichkeit.» Wie es über einem bestimmten Ort im zweidimensionalen Straßennetz eines Stadtplans viele Stockwerke gibt, können wir uns auch abstrakt vorstellen, daß an jedem Punkt unseres Raums viele verschiedene «Wirklichkeitsebenen» anzutreffen sind. Und das ist ja in gewisser Weise wirklich so, denn selbst wenn wir uns im selben Raum befinden, könnte ich Sie etwa fragen: «Woran denken Sie gerade?», um Ihrer Wirklichkeitsebene etwas näherzukommen.

Verfolgen wir diesen Gedankengang weiter. Stellen Sie sich vor, daß Objekte im Raum auf verschiedenen Wirklichkeitsebenen existieren können. Und damit es ganz konkret wird, nehmen wir an, daß jede Ebene ihre charakteristische Farbe hat – von Rot über Grün bis zu Blau. Wir setzen nun voraus, daß alle Objekte nur mit Objekten gleicher Farbe in Wechselwirkung treten können. Jemand im 25. Stock stolpert nicht über einen anderen, der sich im zweiten Stock befindet; wir gehen davon aus, daß eine blaue Person einfach durch eine grüne hindurchgehen kann.

Wir wollen drei Dimensionen des Raumes in gewöhnlicher Weise anschaulich gegeben denken; die vierte aber ersetzen wir durch eine *Farbe*. Wir denken uns allmählich, daß alle Körper außer ihrem Wechsel im Ort noch einen Wechsel in der Farbe besitzen; sie mögen aller Abwandlungen vom Rot über das Violett zum Blau fähig sein. Eine physikalische Wirkung ist nur zwischen Körpern möglich, die nicht nur im dreidimensionalen Ort, sondern auch in der Farbe benachbart sind; verschiedenfarbige Körper vermögen sich also zu durchdringen, ohne sich dabei zu stören ... Sperren wir einen Fliegenschwarm in eine rote Glaskugel ein, so kann er trotzdem entweichen: er wird nämlich blau und vermag dann die rote Kugel zu durchdringen.

Hans Reichenbach
Philosophie der Raum-Zeit-Lehre, 1927

In diesem Beispiel konstituiert die Wirklichkeitsebene *Farbe* eine vierte Dimension. Die drei Raumdimensionen würden zusammen mit der Farbdimension eine Art vierdimensionalen Raum bilden. Eine Wunderkerze zu schwenken, würde hier bedeuten, daß man sie auch auf der Wirklichkeitsebene *Farbe* «bewegt», ihre Farbe also auf irgendeine Weise wechseln läßt. Dies wäre eine erste Annäherung an die Vorstellung des vierdimensionalen Raums.

Ein weiterer, ähnlicher Ansatz besteht darin, sich die Zeit als vierte Dimension zu vergegenwärtigen. Wenn wir einander wirklich begegnen wollen, genügt es ja nicht, wenn ich Ihnen die bloßen Ortsangaben mache. Ich muß Ihnen auch sagen, *wann* Sie erscheinen sollen. Vielleicht werde ich in der nächsten Stunde noch nicht am Treffpunkt sein, und vielleicht bleibe ich dann nur eine Viertelstunde. Um ein Ereignis wirklich zu «lokalisieren», muß man also nicht nur Längengrad, Breitengrad und Meereshöhe angeben, sondern auch sagen, *wann* es stattfindet. Wie eine blaue Person durch eine grüne hindurchgehen kann, so auch eine Zwei-Uhr-früh-Person durch eine Sechs-Uhr-abends-Person. Beim Wunderkerzenschwenken kommt die Zeitdimension ins Spiel, wenn man berücksichtigt, wie schnell sich die sprühende Glut auf jedem Wegstück bewegt.

Aber irgendwie bleibt es unbefriedigend, sich die vierte Dimension als Wirklichkeitsebene, als Farbe oder als Zeit vorzustellen. Was wir wirklich brauchen, ist die anschauliche Vergegenwärtigung einer vierten *Raum*-Dimension. Es ist sehr schwer, solch eine Dimension direkt zu visualisieren. Seit etwa fünfzehn Jahren habe ich das immer wieder mal versucht. Und in all diesen Jahren habe ich Augenblicke direkter Schau des vierdimensionalen Raums im Gesamtwert von vielleicht fünfzehn Minuten erlebt. Dennoch habe ich das Gefühl, daß ich die vierte Dimension sehr gut verstehe. Wie ist das möglich? Wie können wir sinnvoll und mit Gewinn über etwas reden, dessen anschauliche Vergegenwärtigung fast unmöglich ist?

Wir können uns mit Hilfe von Analogien herantasten, das ist der Schlüsselgedanke. Die vierte Dimension ver-

Nächstdem, sprach ich, vergleiche dir unsere Natur in bezug auf Bildung und Unbildung folgendem Zustande. Sieh nämlich Menschen wie in einer unterirdischen, höhlenartigen Wohnung, die einen gegen das Licht geöffneten Zugang längs der ganzen Höhle hat. In dieser seien sie von Kindheit an gefesselt an Hals und Schenkeln, so daß sie auf demselben Fleck bleiben und auch nur nach vorne hin sehen, den Kopf aber herumzudrehen der Fesseln wegen nicht vermögend sind. Licht aber haben sie von einem Feuer, welches von oben und von ferne her hinter ihnen brennt. Zwischen dem Feuer und den Gefangenen geht obenher ein Weg, längs diesem sieh eine Mauer aufgeführt wie die Schranken, welche die Gaukler vor den Zuschauern sich erbauen, über welche herüber sie ihre Kunststücke zeigen. – Ich sehe, sagte er.

Sieh nun längs dieser Mauer Menschen allerlei Geräte tragen, die über die Mauer herüberragen, und Bildsäulen und andere steinerne und hölzerne Bilder und von allerlei Arbeit; einige, wie natürlich, reden dabei, andere schweigen. – Ein gar wunderliches Bild, sprach er, stellst du dar und wunderliche Gefangene. – Uns ganz ähnlich, entgegnete ich. Denn zuerst, meinst du wohl, daß dergleichen Menschen von sich selbst und voneinander je etwas anderes

hält sich zum dreidimensionalen Raum wie die dritte Dimension zum zweidimensionalen Raum. Gerade diese Analogie ist einer der ältesten gedanklichen Kunstgriffe der Menschheit. Platon war der erste, der sich seiner bediente, nämlich in dem berühmten Höhlengleichnis.

Hier werden wir von Platon aufgefordert, uns eine Menschenrasse vorzustellen, deren Angehörige in einer unterirdischen Behausung angekettet sind, und zwar so, daß sie die Augen niemals irgendwo anders hin richten können als auf die Höhlenwand vor ihrer Nase. Hinter diesen Menschen befindet sich eine niedrige Mauer und noch ein Stück dahinter ein Feuer. Auf der Mauer bewe-

Abb. 6 Platons Höhle.

gen sich Gegenstände hin und her und werfen Schatten an die Höhlenwand. Die Gefangenen glauben, diese Schatten seien die einzige und ganze Wirklichkeit. Sie merken nicht einmal, daß sie selbst dreidimensionale Körper haben. Sie reden miteinander, aber das von der Wand zurückgeworfene Echo läßt sie glauben, daß sie und ihre Gefährten selbst auch Schatten sind.

Platons Gleichnis besitzt etliche interessante Züge. Besonders auffallend ist der Umstand, daß die Gefangenen wirklich glauben, sie seien ihre eigenen Schatten. Das gesehen haben als die Schatten, welche das Feuer auf die ihnen gegenüberstehende Wand der Höhle wirft? – Wie sollten sie, sprach er, wenn sie gezwungen sind, zeitlebens den Kopf unbeweglich zu halten! – Und von dem Vorübergetragenen nicht eben dieses? – Was sonst?

Wenn sie nun miteinander reden könnten, glaubst du nicht, daß sie auch pflegen würden, dieses Vorhandene zu benennen, was sie sähen? – Notwendig. – Und wie, wenn ihr Kerker auch einen Widerhall hätte von drüben her, meinst du, wenn einer von den Vorübergehenden spräche, sie würden denken, etwas anderes rede als der eben vorübergehende Schatten? – Nein, beim Zeus, sagte er. – Auf keine Weise also könnten diese irgend etwas anderes für das Wahre halten als die Schatten jener Kunstwerke? – Ganz unmöglich.

Platon
Politea (Der Staat),
ca. 370 v. Chr.

weckt den Verdacht, daß ein Mensch in Wirklichkeit eine höherdimensionale Seele ist, welche diese «Schattenwelt» dreidimensionaler Objekte beobachtet und auf sie einwirkt.

Um diese Idee noch weiter zu verdeutlichen, wollen wir Platons Höhlengleichnis einmal modernisieren. Stellen wir uns einen großen Fernsehschirm vor, über den computererzeugte Farbbilder von bewegten Menschen und Dingen flimmern. Stellen wir uns weiterhin Menschen vor, die von Geburt an vor dieser Riesenröhre festgeschmiedet sind, völlig bewegungsunfähig. Drähte verbinden das Nervensystem direkt mit dem bilderzeugenden Computer, und für jeden der Gefesselten ist eine TV-Gestalt «im Programm», die er/sie steuern kann. Diese Gefangenen würden den flachen phosphoreszierenden Bildschirm irrtümlich für die Wirklichkeit halten.

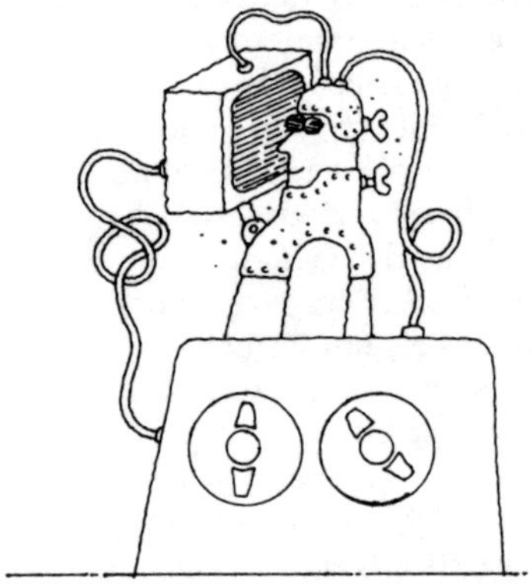

Abb. 7 Platons Höhle II.

Denkakrobatik 1.1

(Auflösung der Denkaufgaben S. 253 ff.)

Schauen Sie aus dem Fenster, und stellen Sie sich vor, die Dinge, die Sie sehen, wären in Wirklichkeit zweidimensionale Formen, die in die Fensterscheibe eingebettet sind. Die Scheibe ist also eine Art zweidimensionale Welt. Was sind nun die Bedingungen dafür, daß zwei Formen, etwa zwei Autos, durcheinander hindurchgleiten können, ohne daß es zur Kollision kommt?

Eine der Schlußfolgerungen, die wir aus Platons Höhlengleichnis ziehen können, lautet demnach: Wir sollten uns nicht zu sehr darauf versteifen, daß unsere alltägliche Sicht der Welt die richtigste und umfassendste Anschauung darstellt. Der «gesunde Menschenverstand» kann irreführend sein, und es könnte weit mehr Wirklichkeit geben, als das Auge wahrnimmt.

Ein noch interessanterer Aspekt von Platons Überlegungen liegt darin, daß sein Gleichnis die Vorstellung von einer zweidimensionalen Welt einführt. Wenn nämlich die Gefangenen in der Höhle wirklich glauben, sie selbst seien Schatten an der Wand, so betrachten sie sich als zweidimensionale Muster. Wie wäre das wohl – ein zweidimensionales Wesen zu sein? Wäre ein zweidimensionales Wesen in der Lage, sich eine dritte Dimension vorzustellen?

Abb. 8 A Quadrat.

Im nächsten Kapitel werden wir über eine imaginäre zweidimensionale Welt namens Flächenland sprechen; und wir werden die Abenteuer eines Quadrats miterleben, des berühmtesten Bürgers von Flächenland. Sein Weg zum Verstehen der dritten Dimension ist, wie wir sehen werden, eine Art Leitfaden für unsere eigenen Versuche, die vierte Dimension zu verstehen.

2. Flächenland

Das Buch *Flächenland,* dessen englische Originalausgabe (*Flatland*) 1884 erschien, ist die Geschichte eines alten Quadrats, das einen Ausflug in höhere Dimensionen unternimmt. Ein Jahrhundert ist vergangen, und die Geschichte ist immer noch im Gespräch. Ihr Autor war ein viktorianischer Schulmeister namens Edwin Abbott Abbott. Angesichts des merkwürdigen Umstands, daß sein zweiter Vorname und sein Nachname identisch waren, wäre es durchaus denkbar, daß Abbott den Spitznamen Abbott Quadrat oder einfach A Quadrat erhielt (deutsch übersetzbar mit «ein Quadrat»). Möglicherweise identifizierte er sich also stark mit dem alten Quadrat, dem Helden von *Flächenland*. Schließlich war Abbotts Leben in gewisser Weise so starr reglementiert wie das Leben eines zweidimensionalen Flächenländers.

Edwin Abbott Abbott wurde als Sohn von Edwin Abbott, Direktor der Philological School von Marylebone, am 20. Dezember 1838 in London geboren. Er besuchte zunächst die City of London School. Dann kam er nach Cambridge, wurde zum Geistlichen ordiniert, heiratete und kehrte schließlich als Direktor an die City of London School zurück. Er verfaßte zahlreiche Bücher über Grammatik und Theologie. *Flächenland* ist sein einziger Ausflug ins Reich der Phantasie.

Das Buch spinnt seine Fäden auf drei Ebenen. Vordergründig ist es zunächst eine Satire auf die ebenso gesetzte wie herzlose viktorianische Gesellschaft. «Unregelmäßige» (Krüppel) sterben den «Gnadentod», Frauen besitzen überhaupt keine Rechte, und als unser Quadrat seine Mitmenschen über die dritte Dimension aufzuklären ver-

Ich nenne unsere Welt Flächenland – nicht weil wir sie so nennen, sondern um euch, meinen glücklichen Lesern, die ihr das Privileg genießt, im Raum zu leben, ihre Natur besser erklären zu können.

Stellt euch ein weitausgedehntes Blatt Papier vor, auf dem sich gerade Linien, Dreiecke, Quadrate, Fünfecke, Sechsecke und andere Figuren, anstatt an einem festen Ort zu bleiben, frei hin und her bewegen, jedoch ohne das Vermögen, sich darüber hinaus zu erheben oder darunter zu sinken, etwa wie Schatten – nur scharf umrissen und mit leuchtenden Kanten –, und ihr werdet eine ziemlich exakte Vorstellung von meinem Land und meinen Landsleuten haben. Ach! vor einigen Jahren hätte ich noch gesagt: von meinem Universum, doch nun ist mein Denken einer höheren Schau geöffnet.

Edwin A. Abbott
Flächenland, 1884

sucht, wird er eingesperrt. Die zweite Sinnebene in *Flächenland* ist die wissenschaftliche. Wenn wir uns A Quadrats Schwierigkeiten beim Verstehen der dritten Dimension vergegenwärtigen, werden uns die eigenen Fragen hinsichtlich der vierten Dimension schon klarer. Auf der tiefsten Ebene schließlich können wir *Flächenland* vielleicht als Abbotts übervorsichtigen Versuch verstehen, intensiven spirituellen Erfahrungen Ausdruck zu geben. A Quadrats Reise in höhere Dimensionen ist die perfekte Metapher für die mystische Erfahrung einer höheren Wirklichkeit.

Flächenland ist eine Ebene, von Kreaturen bewohnt, die sich gleitend umherbewegen. Wir könnten sie uns etwa wie Münzen auf einer Tischplatte vorstellen oder wie die Farbmuster eines Ölfilms auf einer Wasseroberfläche oder auch wie Tintenflecken im Löschpapier.

In Flächenland wird die unterste Gesellschaftsschicht von Dreiecken gebildet, die nur zwei gleiche Seiten besitzen. Die Oberschicht besteht aus regelmäßigen Vielecken, also geometrischen Figuren, bei denen alle Seiten gleich lang sind. Je mehr Seiten einer hat, desto höher ist sein gesellschaftlicher Rang. Die höchste Kaste wird von Vielecken gebildet, die so viele Seiten haben, daß man sie von Kreisen nicht mehr unterscheiden kann.

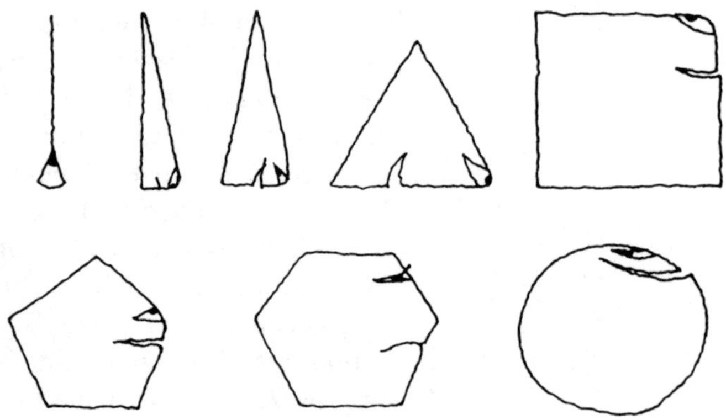

Abb. 9 Acht Flächenländer: Frau, Soldat, Arbeiter, Kaufmann, Angehöriger des höheren Berufsstandes, vornehmer Mann, Adliger, Hoherpriester.

Wie schon gesagt, ist *Flächenland* mehr als nur ein Buch über Dimensionen. In ähnlicher Weise wie *Gullivers Reisen* entwirft es ein satirisches Bild von den gesellschaftlichen Umständen, in denen der Autor lebte. In unserer abendländischen Kultur sind die Frauen wohl zu keiner Zeit so sehr ins Hintertreffen geraten wie im 19. Jahrhundert. Demgemäß sind die Frauen von Flächenland nicht einmal mickrige Dreiecke, sondern einfach Linien, die auf der Stufenleiter der Achtung unermeßlich weit unter den priesterlichen Kreisen stehen. Abbott wußte natürlich, wie falsch und ungerecht das war. So läßt er die Kugel aus Raumland bei ihrem Besuch in Flächenland sagen: «Es kommt mir nicht zu, menschliche Fähigkeiten nach ihrer Verdienstlichkeit zu klassifizieren. Doch viele der Besten und Weisesten in Raumland stellen die Gefühle höher als den Verstand, eure verachteten Geraden höher als eure gepriesenen Zirkel.»

Eine Frage stellt sich angesichts der Verhältnisse in Flächenland sehr bald: Wie können diese Linien und Vielecke überhaupt irgend etwas sehen beziehungsweise unterscheiden? Um die Frage zu verdeutlichen, braucht man nur ein paar Figuren aus Pappe auszuschneiden und auf den Tisch zu legen. Senkt man jetzt die Augen auf Tischhöhe ab, so sieht man nur noch Linien. Wie unterscheidet ein Flächenländer ein Dreieck von einem Quadrat? Wie gelangt er vom eindimensionalen Bild auf seiner Netzhaut zur Vorstellung einer zweidimensionalen Welt?

Abbott berichtet, daß ein dünner Nebel die Atmosphäre von Flächenland durchzieht, weshalb die leuchtenden Kanten der Vielecke, vom Standpunkt des Betrachters aus gesehen, nach hinten zu immer mehr im Dunst verschwimmen. Blickt man auf die Ecke eines Dreiecks und die Ecke eines Fünfecks, so kann man sie unterscheiden, weil die Seiten des Dreiecks rascher verschwimmen.

Das wirkt vielleicht ein bißchen künstlich, aber wie ist es denn bei uns selbst? Unsere Netzhautbilder der Welt sind zweidimensional, und trotzdem unterscheiden wir dreidimensionale Objekte im allgemeinen mühelos. Betrachte ich zum Beispiel eine Kugel und eine runde Scheibe, so kann ich sie anhand ihrer Schattierung unter-

Man denke sich ein kleines buntes Männchen, das in der *camera obscura* auf dem Papiere herumläuft; da hat man ein Wesen, was in zwei Dimensionen existiert ...

Ich nehme die Fläche, worin mein Scheinmännchen sich befindet, und führe sie durch die dritte Dimension hindurch, so erfährt das Scheinmännchen alles, was in dieser dritten Dimension ist; es wird ... vielleicht zu Ende des Weges bleich und runzlig aussehen, während es zu Anfang des Weges rot und glatt aussah.

Gustav Theodor Fechner
«Der Raum hat vier Dimensionen», 1846

Gauss, nach seiner öfters ausgesprochenen innersten Ansicht, betrachtete die drei Dimensionen des Raumes als eine specifische Eigenthümlichkeit der menschlichen Seele ... Wir können uns, sagte er, etwa in Wesen hineindenken, die sich nur zweier Dimensionen bewußt sind; höher über uns stehende würden vielleicht in ähnlicher Weise auf uns herabblicken.

Wolfgang Sartorius von Waltershausen
Gauss zum Gedächtnis, 1856

scheiden. Eine andere Art, die Dreidimensionalität unserer Welt zu erkennen, ist darin begründet, daß die Dinge vor- oder hintereinander rücken können. Wenn ich aus dem Restaurantfenster schaue und jemanden vor meinem Auto vorbeigehen sehe, nehme ich nicht an, daß er meinen Wagen irgendwie dematerialisiert. Ich nehme einfach wahr, daß es eine dritte Raumdimension gibt und der Bürgersteig in dieser Dimension näher liegt als die Straße. Ebenso wie wir ein mentales Abbild unserer dreidimensionalen Welt herstellen können, verfügen auch die Flächenländer über Möglichkeiten, sich ein zutreffendes Bild von ihrer zweidimensionalen Welt zu machen.

Abb. 10 Tiefe ist einfacher als Dematerialisation.

A Quadrats Dimensionsabenteuer beginnen mit einem Traum, einem Traum von Linienland:

> Ich sah eine große Menge kleiner gerader Linien vor mir (von denen ich natürlich annahm, es seien Frauen), die mit anderen Wesen abwechselten, welche noch kleiner waren und glänzenden Punkten glichen – alle bewegten sich auf ein und derselben Linie hin und her und, soweit ich sehen konnte, mit ein und derselben Geschwindigkeit.
> Ein verworrenes, vielfältiges Zirpen oder Zwitschern ging in Abständen von ihnen aus, solange sie sich bewegten; doch zuweilen hielten sie stille, und alles war ruhig.

Ich näherte mich einer der größten unter den Frauen (wie ich annahm) und sprach sie an, ohne jedoch eine Antwort zu erhalten. Ebenso erfolglos war eine zweite und dritte höfliche Anrede. Schließlich verlor ich die Geduld mit dem, was mir unerträgliche Grobheit erschien, und bewegte meinen Mund in eine Position genau gegenüber dem ihren, um ihre Bewegung abzuschneiden; dann wiederholte ich laut meine Frage: «Frau, was bedeutet diese Versammlung und dieses seltsame und verworrene Zirpen und diese eintönige Bewegung hin und her auf derselben Linie?»
«Ich bin keine Frau», erwiderte die kleine Linie, «ich bin der Monarch der Welt.»

Ein Linienländer sieht von einem anderen zwar nicht mehr als einen Punkt, aber sie haben ein sehr gutes Gehör und vermögen abzuschätzen, wie weit andere Linienländer von ihnen entfernt sind. Die Männer haben an beiden Enden eine Stimme: Baß am linken, Tenor am rechten. Durch die Zeitdifferenz zwischen den beiden Stimmen ist es möglich, die Länge eines männlichen Linienländers zu bestimmen. Die armen Frauen – versteht sich – sind nur Punkte!

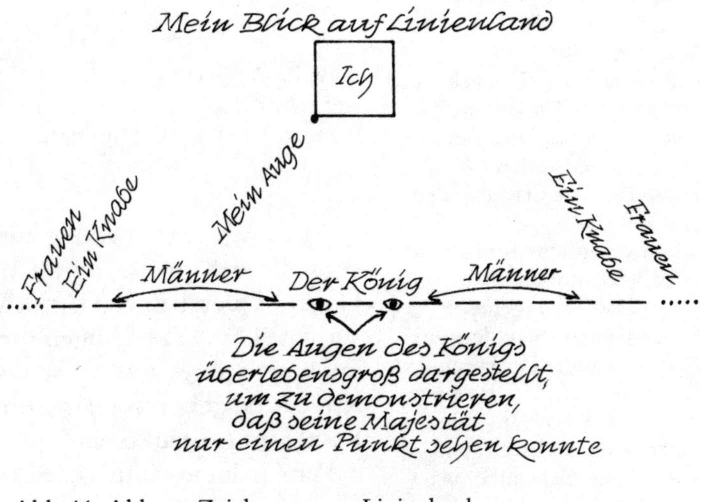

Abb. 11 Abbotts Zeichnung von Linienland.

Ich landete auf allen vieren . . . Da war so etwas wie ein Fußboden etwa ein Meter unterhalb der Ebene von Flächenland. Als ich aufstand, war es, als stünde ich hüfttief in einem endlosen, schimmernden See. Mein Sturz durch den Raum von Flächenland hatte ein Haus zerstört. Etliche Flächenländer betasteten mich, um herauszufinden, was ich wohl sei. Überraschenderweise spürte ich ihre Berührungen ganz deutlich. Sie schienen einige Millimeter dick zu sein . . .

Ich stand mitten auf einer Straße, die zu beiden Seiten von Flächenland-Häusern gesäumt war. Die Häuser hatten die Form großer Quadrate und Rechtecke von etwa einem bis eineinhalb Metern Seitenlänge. Die Flächenländer selbst waren, wie Abbott sie beschrieben hatte: Frauen sind kurze Strecken mit einem hellen Auge an einem Ende, Soldaten sind gleichschenklige Dreiecke mit sehr spitzem Winkel, und daneben gibt es Quadrate, Fünfecke und andere Polygone. Die Erwachsenen besitzen eine durchschnittliche Breite von etwa 30 Zentimetern.

Die Häuser in meiner Straße trugen «Schilder» aus Reihen farbiger Punkte an den Außenwänden. Rechts von mir lag das Haus eines kinderlosen Sechsecks und seiner Frau. Gegenüber war ein gleichseitiges Dreieck zu

A Quadrat versucht dem König die zweite Dimension klarzumachen. Der König versteht nicht und fordert A Quadrat auf, ihm die mysteriöse zweite Dimension durch eine entsprechende Bewegung zu verdeutlichen. A Quadrat entspricht diesem Wunsch und schwebt durch den «Raum» von Linienland. Natürlich nimmt der König

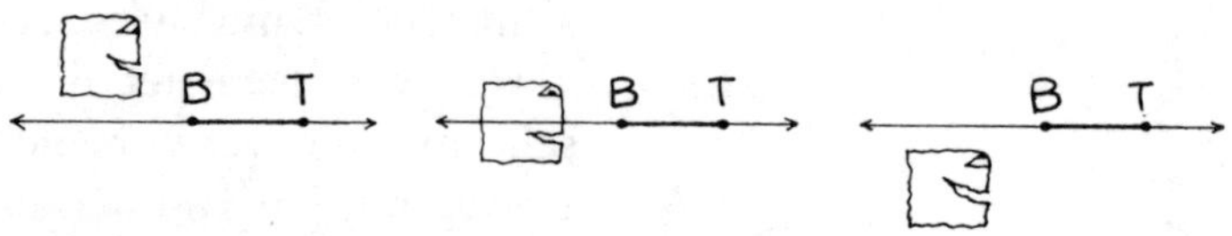

Abb. 12 A Quadrat durchstößt das Linienland.

diese «Bewegung» nur als einen Punkt wahr, der plötzlich wie aus dem Nichts auftaucht, kurz verweilt und dann ebenso plötzlich wieder verschwindet. Er streitet einfach ab, daß es so etwas wie eine zweite Dimension geben könnte. A Quadrat wird ziemlich ausfällig, und mit dem daraus entstehenden Tumult endet der Traum.

Abb. 13 A Quadrat mit seiner Frau in einem verriegelten Zimmer.

Am nächsten Abend genießen A Quadrat und seine Frau die behagliche Zweisamkeit in ihrem verriegelten Haus, als plötzlich von irgendwoher eine Stimme zu ihnen spricht. Und einen Augenblick später erscheint ein Kreis im Innern ihres fest verschlossenen Hauses. Es ist eine Kugel, die gekommen ist, um A Quadrat über die dritte Dimension aufzuklären.

Per Analogieschluß ist leicht einzusehen, daß ein vierdimensionales Wesen mühelos in jedes unserer Zimmer

Hause, stolzer Vater von drei kleinen Quadraten. Hier stand die Tür offen, eine mit einer Angel versehene Linie. Eines der Kinder, das auf der Straße gespielt hatte, war bei meinem Erscheinen erschrocken nach drinnen geflüchtet. Ich durchschnitt die Ebene von Flächenland mit dem Rumpf und beiden Armen und erschien den Leuten daher als ein großer unregelmäßiger Fleck mit zwei kleineren – ganz bestimmt ein sehr unheimlicher Anblick.

Rudy Rucker
«Message Found in a Copy of Flatland», 1983.

Abb. 14 Ein Kreis erscheint in A Quadrats verriegeltem Zimmer.

eindringen könnte, wie fest wir sie auch verschließen mögen. Ein vierdimensionales Wesen könnte unseren Safe ausräumen, ohne ihn zu knacken, denn zur vierten Dimension hin hat er keine Wand. Ein vierdimensionaler Chirurg könnte in unsere Eingeweide hineinlangen, ohne unsere Haut auch nur anzukratzen. Ein vierdimensionaler Whiskykenner könnte unseren Chivas Regal austrinken, ohne die Flasche zu öffnen!

Abb. 15 Ein Schnapsdieb aus der nächsten Dimension.

Besäßen Sie Muskeln, Ihren Arm in Richtung der vierten Dimension zu bewegen, Sie könnten bei Tiffany um das Schaufenster «herum» den dicksten Diamanten aus der Auslage stibitzen. Das hieße aber nicht, den Arm irgendwie in Gas oder einen Lichtstrahl zu verwandeln. Vielmehr gelingt der Coup dadurch, daß der Arm sich durch die vierte Dimension bewegt; der Diamant muß in die vierte Dimension gelupft werden, nur so kann er um die Fensterscheibe «herumgeführt» werden.

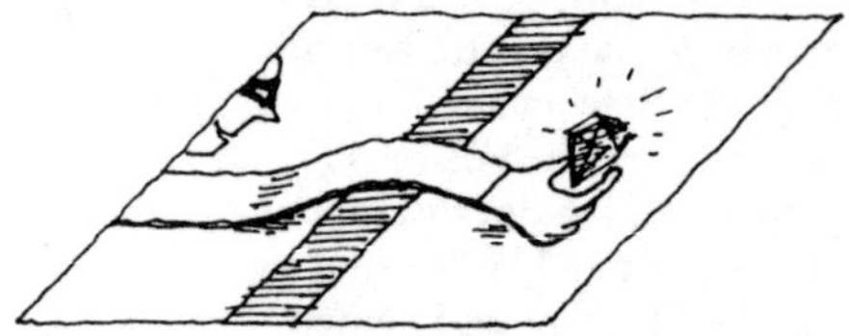

Abb. 16 Das perfekte Verbrechen.

Zurück zu A Quadrat. Da steht er nun in seinem verschlossenen Haus und spricht mit einem Wesen, das ihm als ein Kreis erscheint, ein zweidimensionales Wesen wie er selbst. Die Kugel ist da ganz anderer Ansicht:

> Ich bin keine flache Figur, sondern ein fester Körper. Ihr nennt mich einen Kreis, doch tatsächlich bin ich kein Kreis, sondern eine unzählige Anzahl von Kreisen, deren Umfang von einem Punkt bis zu einem Kreis von dreizehn Zoll Durchmesser reicht, einer über dem anderen. Wenn ich Eure Fläche durchschneide, wie ich es augenblicklich tue, erzeuge ich in Eurer Fläche einen Schnitt, den Ihr, ganz zu Recht, einen Kreis nennt. Denn selbst eine Kugel (wie mein richtiger Name in meinem Land lautet) kann sich, zeigt sie sich einem Bewohner von Flächenland, nur als Kreis manifestieren.
>
> Erinnert Ihr Euch nicht – denn ich, der ich alle Dinge sehe, erblickte letzte Nacht das visionäre Phantasma von Linienland in Eurem Gehirn –, erinnert Ihr Euch nicht, frage ich, wie Ihr Euch bei Eurem Eindringen in Linienland gezwungenermaßen dem König nicht als Quadrat, sondern als Linie zeigen mußtet – weil dieses lineare Reich nicht genügend Dimensionen besaß, um Euch ganz zur Darstellung kommen zu lassen, sondern nur einen Teil, einen Abschnitt von Euch? In genau derselben Weise ist Euer Land der zwei Dimensionen nicht geräumig genug, daß ich mich ganz darin darstellen könnte, ein Wesen von drei Dimensionen; nur ein

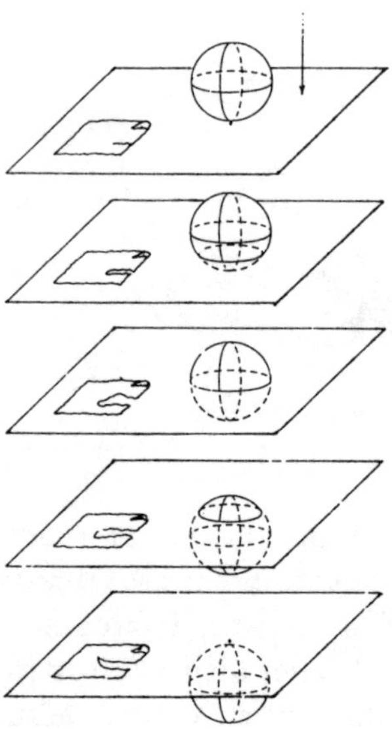

Abb. 17 Die Kugel durchstößt das Flächenland.

Teil oder Abschnitt meiner selbst zeigt sich, das, was Ihr einen Kreis nennt.

Die Kugel versucht nun die dritte Dimension zu demonstrieren, indem sie sich durch A Quadrats Ebene bewegt, gerade so wie A Quadrat Linienland durchschnitten hatte, um dem König die zweite Dimension zu verdeutlichen. A Quadrat sieht einen Punkt, der zu einem Kreis wird. Der Kreis schwillt bis zu einem gewissen Maximum und schrumpft dann zurück bis auf einen Punkt, der schließlich wieder verschwindet. Seine große Schwierigkeit besteht nun darin, sich all diese Kreise zusammen als eine Kugel vorzustellen.

Halten wir hier kurz ein, um zu versuchen, uns den vierdimensionalen Raum vorzustellen. Er ist hier «vor unserer Nase», aber in einer Richtung, in die wir nicht deuten können. Sie mögen sich noch so gut verstecken, ein vierdimensionales Wesen sieht Sie ohne weiteres, und zwar innen wie außen.

Was würden Sie sehen, wenn jetzt in diesem Augenblick eine vierdimensionale Hyperkugel durch den Raum neben Ihrem Kopf schwebte? Wiederum strikt der Analogie folgend, dürfte man erwarten, zunächst einen Punkt zu sehen, dann eine kleine Kugel, dann immer größere Kugeln, dann wieder kleinere Kugeln, zuletzt einen Punkt

Abb. 18 Eine Hyperkugel dringt in unseren Raum ein.

und dann nichts mehr. Für das Auge wäre das etwa wie ein Ballon, den man zunächst aufbläst, um dann die Luft wieder abzulassen. Vielleicht reizt es Sie ja, wenn Sie wieder mal einen Luftballon in der Hand haben, ihn langsam und gleichmäßig aufzublasen und wieder schrumpfen zu lassen. Das ist im Prinzip, was Sie sehen würden, wenn eine Hyperkugel durch Ihr Wohnzimmer gleiten würde. Eine Kugel ist ein dreidimensionaler Stapel von Kreisen; eine Hyperkugel ist ein vierdimensionaler Stapel von Kugeln.

Es ist allerdings sehr schwer zu verstehen, wie Dinge in einer neuen Dimension zu stapeln sind. A Quadrat, weit davon entfernt zu glauben, er habe Querschnitte einer Kugel gesehen, kreischt: «Ungeheuer, ob du ein Gaukler bist, ein Zauberer, Traum, Teufel, ich lasse mir deine Verhöhnungen nicht länger gefallen!», und stößt seinen härtesten rechten Winkel gegen den Querschnitt des Fremden.

Damit stellt sich eine interessante Frage. Dränge er nämlich tatsächlich in die Kugel ein, würde ihr das etwas ausmachen? Könnte also ein Flächenländer ein dreidimensionales Wesen gefangenhalten? Damit es noch konkreter wird: Stellen Sie sich vor, Sie hätten das wirkliche Flächenland gefunden. Sie stecken Ihre Hand hindurch, und ein erzürntes gleichschenkliges Dreieck stößt seine Spitze durch Ihr Handgelenk. Was dann?

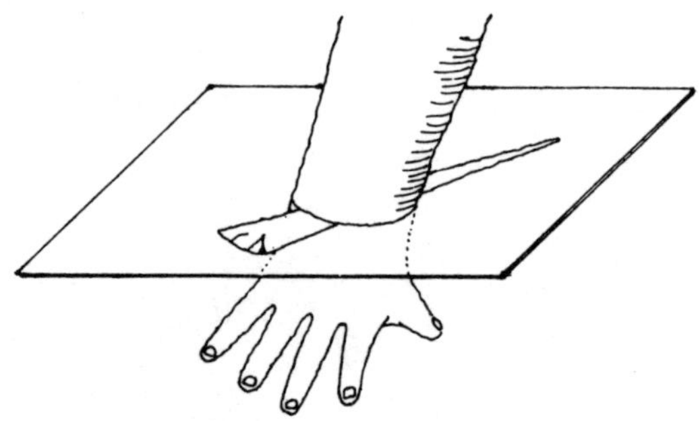

Abb. 19 Von einem Polizisten festgenagelt.

Um das beantworten zu können, müssen wir genau feststellen, wie Flächenland beschaffen ist. Wenn die Flächenländer strikt zweidimensional wären, besäßen sie keine Dicke und wären folglich so immateriell wie Schatten oder Lichtflecken. In diesem Fall würde der Strich des gleichschenkligen Dreiecks weder weh tun noch die Bewegungsfreiheit der Hand irgendwie einschränken. Man könnte sich sogar darüber streiten, ob solch ein substanzloser Flächenländer tatsächlich Ihre Haut durchstoßen kann.

Die Vorstellung wahrhaft zweidimensionaler Flächenländer ist mit dem Problem behaftet, daß nicht einzusehen ist, woher sie überhaupt so etwas wie Festigkeit oder Realität nehmen sollen. Wären sie tatsächlich nichts weiter als Abschattungen in der Fläche, so könnte nichts sie davon abhalten, einander ungehindert zu durchdringen. Ein Ausweg aus dieser Schwierigkeit könnte darin bestehen, die Atome eines zweidimensionalen Flächenländers als kleine Fältchen oder Höckerchen in der Ebene von Flächenland zu interpretieren. Dann wäre A Quadrat eine Art Tafelberg in der Frischhaltefolie, die den Raum von Flächenland bildet. Wir könnten annehmen, daß dieser Raum unendlich dünn ist, aber es ist leichter, sich diese gummiartige Folie mit einer geringen Dicke vorzustellen.

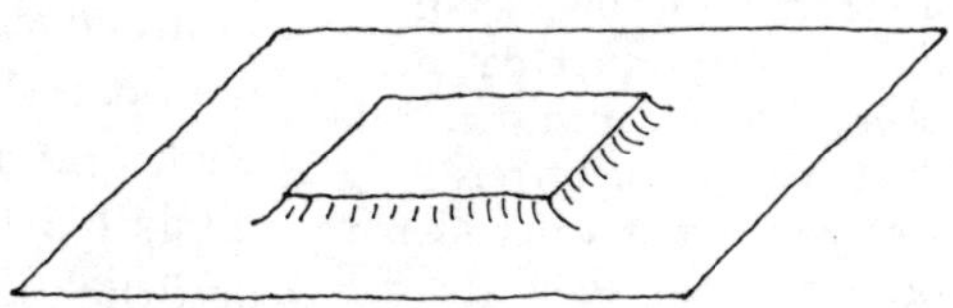

Abb. 20 A Quadrat als Erhebung in der Ebene.

Was nun also, wenn die Flächenländer wirklich eine geringe Dicke aufweisen? Abbott selbst spricht sich im Vorwort zur zweiten Auflage von *Flatland* für diese Lösung aus. Hier beschreibt er, wie A Quadrat aufgrund der Einsicht, daß Flächenland tatsächlich in einer höheren Art von Raum existiert, zu der Überzeugung gelangt, daß Flächenländer nicht nur lang und breit, sondern auch hoch sind. Da sie alle dieselbe Höhe besitzen, bleibt dieser Umstand ihnen verborgen. A Quadrat berichtet von einem ungewollt komischen Gespräch, das er mit dem Herrscher von Flächenland über dieses Thema führte:

Als ich vor einigen Jahren in Nordengland wohnte und dort umherreiste, hielt ich mehrmals Vorträge über die vierte Dimension. Eines Tages, nachdem ich zu Bett gegangen war, lag ich völlig wach und überdachte einige Probleme, die mit diesem Thema verbunden waren. Ich versuchte, mir die Gestalt eines vierdimensionalen Würfels bildhaft vorzustellen oder auszudenken, die ich für die einfachste vierdimensionale Gestalt hielt. Zu meinem größten Erstaunen sah ich zuerst eine vierdimensionale Kugel und danach einen vierdimensionalen Würfel vor mir und erfuhr erst durch diesen Anschauungsunterricht, was die dreidimensionale Analogie mir eigentlich schon hätte sagen sollen: daß die Kugel und nicht der Würfel der einfachste Körper ist.

Das Bemerkenswerte war, daß die entschiedene Bemühung, die eine Sache zu sehen, mich die andere sehen ließ. Ich sah die Formen wie vor mir in der Luft (obwohl das Zimmer dunkel war), und hinter den Formen sah ich klar einen Spalt zwischen den Vorhängen, durch den ein Lichtschimmer ins Zimmer drang . . .

Ich will hier gar nicht erst versuchen, den vierdimensionalen Würfel im Hinblick auf seine Form zu beschreiben. Eine mathematische Beschreibung wäre möglich, doch sie würde gleichzeitig den wirklichen Eindruck in seiner Gesamtheit auflösen. Die vierdimensionale Kugel läßt sich besser beschreiben. Es war eine gewöhnliche dreidimensionale Kugel, aus der an jeder Seite, an ihrem senkrechten Umfangskreis beginnend, spitz zulaufende gebogene Hörner herauskamen, die in einem kreisförmigen Bogen ihre Spitzen über der Kugel vereinigten, von der sie ausgingen. Das Gesamtbild verdeutlichen wir uns am besten als eine 8, die von einem Kreis umschlossen ist. So sind drei Kreise gebildet, der untere, der die ursprüngliche Kugel darstellt, der obere, der den leeren Raum darstellt, und der größere Kreis, der das ganze umschreibt. Wenn man das nun so interpretiert, daß der obere Kreis nicht existiert und der untere (kleine) Kreis identisch ist mit dem äußeren (großen) Kreis, so wird der Eindruck vielleicht einigermaßen nachvollziehbar...

Ich habe auf die gleiche Weise die köstlichsten Visionen von fünf- und sechsdimensionalen Figuren gehabt...

Johan van Manen
Some Occult Experiences, 1913

Ich versuchte, ihm zu beweisen, daß er nicht nur lang und breit, sondern – ohne es zu wissen – auch «hoch» war. Aber was war seine Antwort? «Du sagst, ich sei ‹hoch›; miß meine ‹Hoheit›, und ich werde dir glauben.» Was sollte ich tun? Wie konnte ich dieser Herausforderung begegnen?

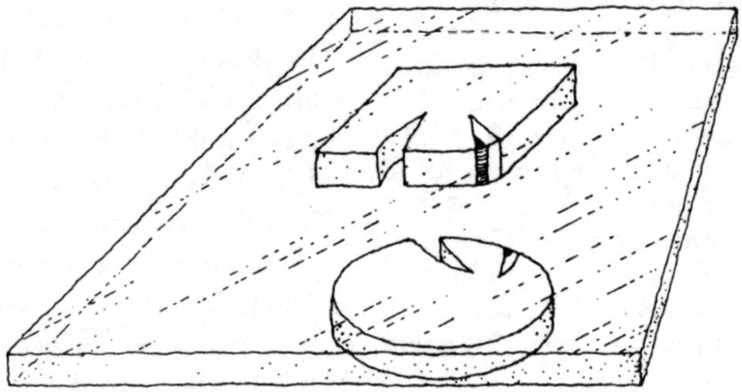

Abb. 21 A Quadrat und die ungläubige Hoheit.

Selbst wenn alle Flächenländer daumenhoch wären, könnten sie diese Höhe nicht bemerken, solange sie nicht über die Möglichkeit der Bewegung oder Veränderung in Richtung der dritten Dimension verfügen. Gäbe es allerdings Flächenländer verschiedener Höhe, so würde man natürlich irgendeine Art von Unterschied bemerken; nur würden die Flächenländer diese Unterschiede nicht geometrisch beschreiben, sondern als alle möglichen vagen Qualitäten wie etwa Charisma, Charakterstärke oder «Aura».

Besäßen die Flächenländer also eine echte dreidimensionale Dicke, so wäre das Eindringen des Polizisten in Ihre Hand wie ein Messerstich. Und wenn er recht groß ist, könnte er Masse genug besitzen, Ihnen das Entkommen sehr sauer zu machen.

In Abbotts Geschichte verliert die Kugel schließlich die Geduld, packt A Quadrat und hebt ihn aus seiner Fläche hinaus in den Raum. Für A Quadrat eine erschütternde Erfahrung:

Ein unaussprechliches Entsetzen ergriff mich. Es war dunkel; dann die Schwindel, ja Übelkeit erregende Empfindung eines Sehens, das nicht wie Sehen war; ich sah eine Linie, die keine Linie war; Raum, der nicht Raum war: Ich war ich selbst und doch nicht ich selbst. Als ich meine Stimme wiederfand, schrie ich voller Qual auf: »Dies ist der Wahnsinn, oder es ist die Hölle.» «Keins von beiden», erwiderte ruhig die Stimme der Kugel. «Es ist Erkennen; es ist Dreidimensionalität: öffne dein Auge noch einmal und versuche, mit stetigem Blick zu schauen.»

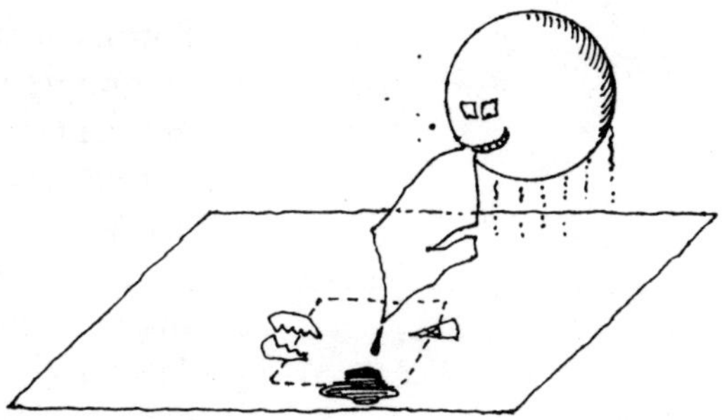

Abb. 22 Was, wenn die Kugel nur A Quadrats Haut erwischt?

Hier erhebt sich wiederum eine interessante Frage. Könnte es A Quadrat nicht schaden, wenn er aus seinem Raum herausgehoben wird? Wir sollten vielleicht lieber annehmen, daß er an seiner Ober- und Unterseite mit dünnen Membranen gegen die dritte Dimension abgegrenzt ist, denn sonst würde ihm die Kugel, wenn sie ihn an einer seiner Ecken anhebt, womöglich nur die Haut abziehen. Außerdem wollen wir nicht davon ausgehen, daß er sich *auf* seinem Raum befindet, sondern nehmen an, daß er *in* ihn eingebettet ist.

Eine andere berühmt gewordene zweidimensionale Welt ist Astria. Charles Howard Hinton beschrieb diese Welt in seinem 1907 erschienenen Buch *An Episode of Flatland: Or How a Plane Folk Discovered the Third Dimension*. Hier die Passage, in der Hinton seine Vorstellung von dieser Welt erläutert:

Unter den Ländern der Erde ist Chile bemerkenswert durch seine große Länge und extreme Schmalheit . . .

Nehmen wir zum Zweck der Illustration an, die Menschen von Chile seien aus irgendeinem Grund daran gehindert, ihr Land zu verlassen, und besäßen keine Möglichkeit der Kommunikation mit der Außenwelt. Nehmen wir weiterhin an, die Ost-West-Ausdehnung dieses ohnehin schmalen Landes nehme immer weiter ab, bis sie so gering wird, daß wir sie praktisch vernachlässigen können. Die chilenische Welt wäre dann eine sehr dünne, nord-südliche, vertikale Raumscheibe, die praktisch gesehen zweidimensional ist.

Entsprechend müßten die Bewohner des chilenischen Dünnlandes papierdünne Wesen werden, die sich zwar nordwärts und südwärts sowie in der Vertikalen bewegen können, aber unfähig sind, seitwärts auszuweichen oder den Kopf zur Seite zu wenden . . .

Die beiden Augen eines chilenischen Dünnländers würden Positionen an der Vorderkante des Gesichts einnehmen, etwa übereinander auf der Stirn oder, um eine breitere Basis für die Entfernungsabschätzung zu gewinnen, eines auf der Stirn und das andere an der Kinnspitze. Um nach hinten zu schauen, was nicht durch eine Drehung des Körpers oder des Kopfes zu bewerkstelligen ist, da hierzu ja eine dreidimensionale Bewegung nötig wäre, müßten sie einen langen, flexiblen Hals ausbilden, so daß der Kopf weit hintenübergeneigt werden kann, wobei sich nun allerdings das obere Auge unten befindet und umgekehrt.

Fletcher Durrell
Mathematical Adventures, 1938

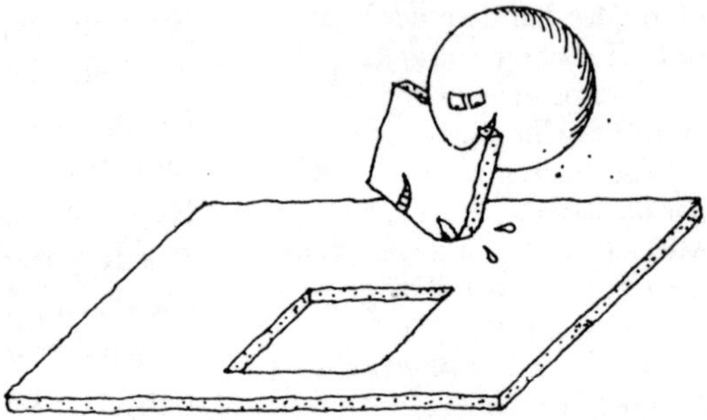

Abb. 23 A Quadrat ist Teil einer Ebene von einer gewissen Dicke.

Einmal legte ich einige Münzen auf den Tisch und vergnügte mich damit, sie umherzuschubsen. Da kam mir der Gedanke, man könnte mit ihnen eine bestimmte Art von Planetensystem darstellen. Diese große hier in der Mitte repräsentiert die Sonne und die anderen ihre Planeten, die sie umkreisen. Was ihre Bewegungen angeht, sind diese Planeten auf ein Rutschen über die Tischfläche beschränkt, und wenn ich sie mir als bewohnt denke, so werden diese Bewohner nicht auf der flachen Oberseite der Münzen leben, sondern auf ihrem Rand. Wie die Anziehungskraft unserer Erde zur Mitte hin wirkt und die Mitte wegen der Festigkeit der Erdkruste nicht zu erreichen ist, so wären die Bewohner meiner Münzenwelt einer Schwerkraft ausgesetzt, die von der Mitte der Münze her in alle Richtungen entlang

Wird der Verdauungstrakt
zum Verhängnis?

Denkakrobatik 2.1

Es sieht so aus, als könnten die Flächenländer kein vollständiges Verdauungssystem in Form einer durchgehenden Röhre haben, denn solch eine Röhre würde sie in zwei Teile spalten. Ist dieses Problem irgendwie zu lösen?

der Tischoberfläche wirken würde; «aufwärts» wäre für sie die Richtung vom Zentrum her über den Rand hinaus nach außen, während «abwärts» die Richtung nach innen auf das Zentrum zu bedeutete. Von Wesen, die sich in einer solchen Lage befinden, würde man mit Recht sagen, sie stünden auf dem Rand. [Die meisten Essays Hintons findet man in der Anthologie, die in der Bibliographie genannt wird.]

Der Nachteil einer so gebauten Welt besteht darin, daß ihre Bewohner es so schwer haben, aneinander vorbeizukommen oder gar Häuser zu bauen. Viele dieser Probleme löst A. K. Dewdney in seinem 1984 erschienenen Buch *The Planiverse.*

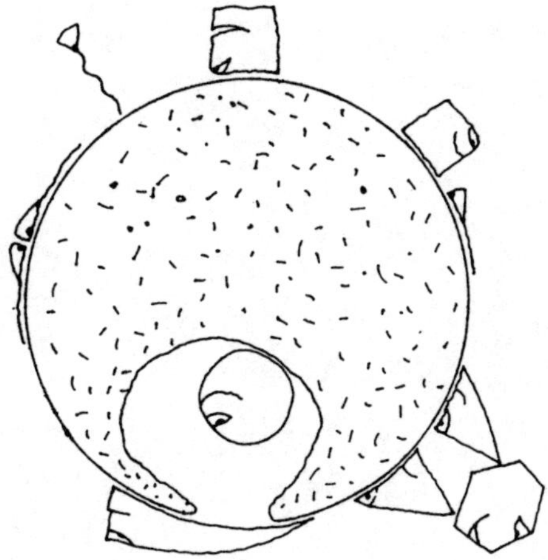

Abb. 24 Astrier auf einem kleinen Planeten.

Denkakrobatik 2.2

Abbotts Flächenland ist im Grunde keine besonders gute Analogie für unsere Welt. Wir können uns nicht völlig frei in allen drei Dimensionen unseres Raums bewegen so wie ein Flächenländer in den beiden Dimensionen seines Raums: wir sind mehr oder weniger an die Oberfläche einer Kugel gebunden. Wie müßte eine zweidimensionale Welt analog gebaut sein?

Ein letztes erwähnenswertes Buch zum Thema Flächenwelt ist das 1965 erschienene Buch *Silvestergespräche eines Sechsecks* des niederländischen Mathematikers Dionys Burger. Burger erzählt von einer Welt, die eine Art Kompromiß zwischen Flächenland (mit seiner großen Bewegungsfreiheit) und Astria (das der Erde in vielem ähnlich ist) darstellt. Burger nimmt an, daß die 2-D-Bewohner seiner Welt nahe der Oberfläche (also über dem «Münzenrand») ihres Astria-ähnlichen Scheibenplaneten leben. Sie sind sehr leicht und können daher die Atmosphäre bewohnen. Es ist, als könnten die Leute in den Wolken leben. Die Wolken schweben über tropischer Vegetation, und diese wiederum schwimmt auf einem Meer, das den dichten Kern des Planeten umgibt.

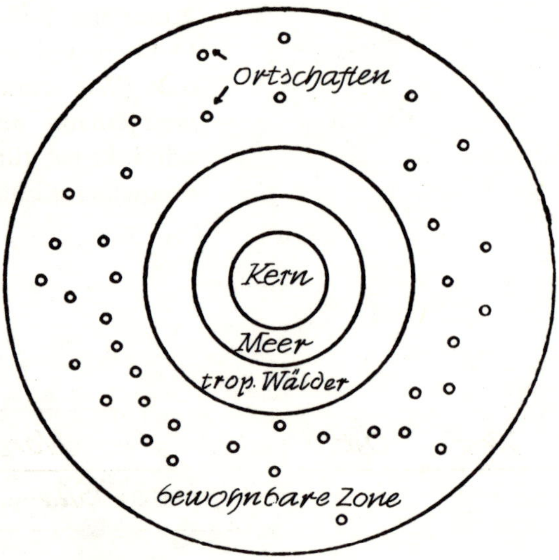

Abb. 25 Städte am Himmel
(aus Dionys Burger: *Silvestergespräche . . .*).

3. Ausflüge in den Hyperraum

Stellen Sie sich vor, Sie wären in den Hyperraum befördert worden. Wie würde sich unsere Welt von diesem Ausguck aus darstellen? Halten wir als Voraussetzung zunächst einmal fest: Unser 3-D-Raum würde den 4-D-Hyperraum in zwei Regionen unterteilen – wie ein 0-D-Punkt eine 1-D-Gerade teilt, wie eine 1-D-Gerade eine 2-D-Ebene teilt und wie eine 2-D-Ebene einen 3-D-Raum teilt. (Wir nennen einen Punkt *null*-dimensional oder 0-D, weil jemand, dessen ganzer Raum auf einen Punkt eingeschränkt ist, für seine Bewegungen nicht einen einzigen Freiheitsgrad hat.)

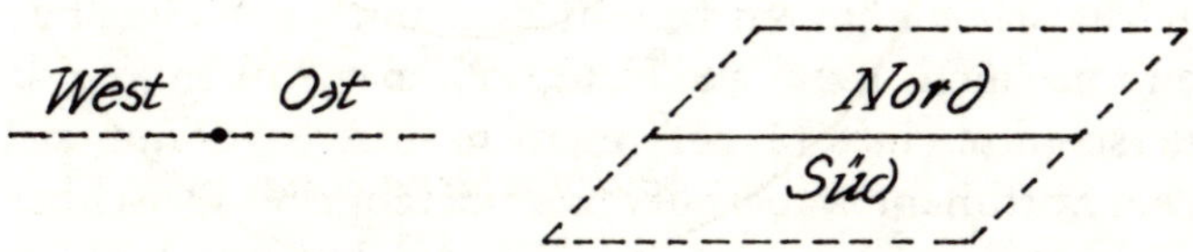

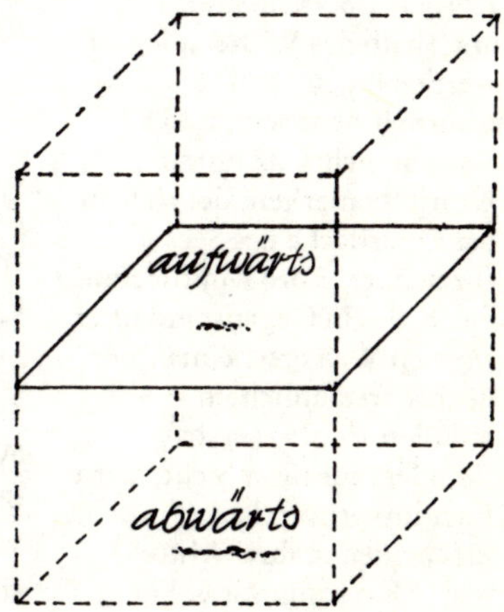

Abb. 26 Ein n-dimensionaler Raum schneidet einen (n + 1)-dimensionalen Raum in zwei Teile.

Wie sollen wir die beiden Regionen nennen, in die unser Raum den Hyperraum unterteilt? Charles H. Hinton schlug die Ausdrücke *ana* und *kata* vor, die analog den

Nehmen wir eine ebene Fläche, zum Beispiel jene, welche die Oberfläche des uns umgebenden Ladogasees von der Atmosphäre darüber trennt an diesem stillen Herbstabend. Nehmen wir an, diese Fläche sei eine eigene Welt von zwei Dimensionen, von ihren eigenen Wesen bevölkert, die sich nur auf dieser Fläche bewegen können wie die Schatten von Schwalben und Möwen . . .

Nehmen wir an, Ihr wäret den Basteien von Schlüsselburg entkommen und ginget im See baden.

Als dreidimensionale Wesen habt Ihr auch die zwei Dimensionen, welche sich an der Oberfläche des Wassers befinden. Ihr werdet einen genau umrissenen Platz in der Welt der Schattenwesen einnehmen. Alle Teile Eures Körpers oberhalb und unterhalb des Wasserspiegels werden ihnen nicht wahrnehmbar sein, und sie werden nichts als Euren Umriß bemerken, der sich an der Oberfläche des Sees abzeichnet. Eure Kontur muß ihnen als ein Gegenstand ihrer eigenen Welt erscheinen, nur höchst erstaunlich und wundersam. Das erste Wunder, aus ihrer Sicht, wird Euer unvermitteltes Erscheinen in ihrer Mitte sein. Man kann mit voller Überzeugung sagen, daß der Eindruck, den Ihr auf sie machen würdet, in keiner Weise geringer wäre als das unerwartete Erscheinen eines Geistes aus der unbekannten

Begriffen oberhalb und unterhalb gebraucht werden. Nur um einen Anhaltspunkt für unsere Spekulationen zu haben, könnten wir uns den Himmel *ana* oder oberhalb unseres Raums vorstellen und die Hölle *kata* oder unterhalb. Ein aus dem Himmel vertriebener 4-D-Engel würde durch unseren Raum trudeln wie ein Mensch, der durch die Ebene von Flächenland sackt: ein erregender Moment, ein völlig unbegreifliches Herumwogen grotesker Querschnitte, die schwellen und schrumpfen, sich teilen und verschmelzen.

Abb. 27 Ein Mann fällt durch das Flächenland.

Die Querschnitte eines durch Flächenland plumpsenden Menschen könnten verschiedene unregelmäßige Formen mit einem Rand aus Haut sein; ebenso könnten die Querschnitte eines Hyperwesens in unserem Raum sich als ein Sortiment wabernder hautüberzogener Fleischbatzen darstellen. An manchen dieser Klumpen könnten sogar Zähne oder Klauen zu unterscheiden sein! Wer von einem Hyperwesen «mitgenommen» wird, würde sich wahrscheinlich von etlichen solcher Klumpen umgeben sehen, die sich um ihn schließen wie die Fingerquerschnitte einer Hand.

Sind Sie erst einmal im Hyperraum, können Sie sich auf ein paar sehr sonderbare Ausblicke auf ihre Lieben daheim gefaßt machen. Erinnern wir uns, wie Flächenländer für uns aussehen: Wir sehen alle vier Seiten von A Quadrat

Welt für uns. Das zweite Wunder würde die überraschende Wandelbarkeit Eurer äußeren Form sein. Wenn Ihr bis zur Hüfte eingetaucht seid, wird Eure Form für sie annähernd elliptisch sein, weil sie nur die Linie an der Oberfläche, die Eure Hüfte umgibt und in die sie nicht eindringen können, wahrnehmen. Wenn Ihr zu schwimmen beginnt, werdet Ihr in ihren Augen den Umriß eines Menschen annehmen. Wenn Ihr durch eine seichte Stelle watet, so daß die Oberfläche, auf der sie leben, Eure Beine umschließt, werdet Ihr ihnen in zwei ringförmige Wesen verwandelt erscheinen. Wenn sie in dem Wunsch, Euch an einer Stelle festzuhalten, sich von allen Seiten um Euch drängen, könnt Ihr über sie hinwegsteigen und Euch von ihnen auf eine Weise befreien, die ihnen völlig unbegreiflich ist. In ihren Augen wäret Ihr allmächtige Wesen – Bewohner einer höheren Welt, ähnlich jenen übernatürlichen Wesen, von denen die Theologen und Metaphysiker uns erzählen.

N. A. Morosoff
Brief an seine Mitgefangenen in der Festung Schlüsselburg, 1891

Abb. 28 Frau, die von einem Wesen aus der vierten Dimension drangsaliert wird.

und alle Details seines Innenlebens. In gleicher Weise würde eine 4-D-Kreatur, die auf mich herabschaut, mit einem Blick nicht nur jeden Quadratzentimeter meiner Haut erfassen, sondern auch das Innere und Äußere meines Magens, die Klimmzüge meines Gehirns und so weiter.

Aber wie, so könnten Sie fragen, soll ein 4-D-Wesen alle Seiten eines 3-D-Objekts gleichzeitig «sehen» können? Die menschliche Netzhaut ist eine zweidimensionale Scheibe aus Nervenendungen. Analog können wir erwarten, daß die Netzhaut eines 4-D-Wesens eine dreidimen-

Abb. 29 Eine 2-D-Netzhaut mit dem Bild von A Quadrat und eine 3-D-Netzhaut mit dem Bild eines Menschen.

Wieder fühlte ich mich durch den Raum emporsteigen. Es war genau, wie die Kugel gesagt hatte. Je weiter wir uns von dem Objekt unserer Betrachtung entfernten, desto mehr erweiterte sich unser Gesichtsfeld. Die Stadt meiner Geburt lag, mit dem Inneren aller Häuser und aller Lebewesen darin, in Miniatur meinem Blick offen. Wir stiegen höher, und siehe! die Geheimnisse der Erde, die Tiefen der Bergwerke und die innersten Höhlen der Gebirge taten sich vor mir auf.

Edwin A. Abbott
Flächenland, 1884

sionale Kugel von Nervenendungen ist. Wenn ich A Quadrat sehe, so bedeutet dies, daß ein quadratisches Muster von Nervenendungen auf meiner Netzhaut angeregt wird. Wenn ein 4-D-Wesen mich sieht, so wird ein menschenförmiges Muster von Nervenendungen in dem kleinen Ball seiner Netzhaut angeregt. Jeder Punkt von A Quadrats Körper sendet einen Lichtstrahl hinauf zu einem einzigen Punkt meiner Netzhaut. Jeder Punkt meines Körpers sendet einen Lichtstrahl *ana* zu einem einzigen Punkt auf der Netzhaut des 4-D-Wesens.

Es ist eine Eigentümlichkeit des 4-D-Raums, daß wir zwei Punkte im Innern zweier 3-D-Körper miteinander verbinden können, ohne die Oberflächen dieser Körper zu durchstoßen. Der Trick besteht darin, mittels *ana/kata*-Bewegungen aus einem Körper heraus- und in den anderen hineinzugelangen. Befinden Sie sich in einem kubischen Raum und entfernen sich *ana* aus ihm, so ist es, als hätten Sie sich plötzlich dematerialisiert. Sie gehen dabei nicht durch die Wand oder durch Decke oder Boden, sondern entschwinden in der *ana*-Richtung in eine Gegend des 4-D-Raums, wo dieses Zimmer gar nicht existiert.

Ein 4-D-Wesen sieht mich also ganz und gar, innen wie außen, weil seine Netzhaut ein vollständiges Abbild mei-

Rechtwinklige Welten

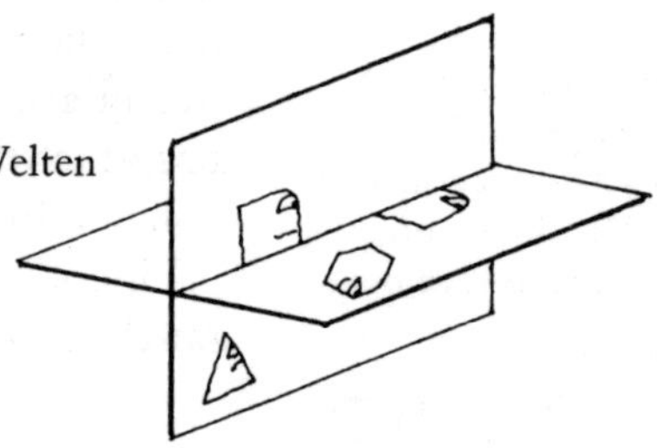

Denkakrobatik 3.1

In vier Dimensionen sind 3-D-Räume möglich, die «senkrecht zueinander» stehen. Zwei solche Räume hätten nur eine Ebene gemeinsam. Nehmen wir also an, es gäbe einen 3-D-Raum senkrecht zu unserem, einen Raum mit Menschen, die sich darin tummeln. Versuchen Sie sich anhand einer Flächenland-Analogie zu vergegenwärtigen, wie diese Leute uns erscheinen würden.

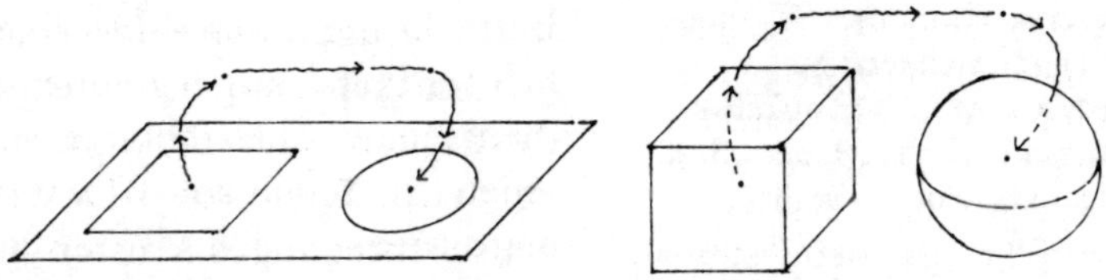

Abb. 30 Innere Punkte verbinden, ohne die Grenze zu durchstoßen.

nes Körpers erzeugen kann. Das ist übrigens kein gar so sonderbares oder okkultes Phänomen. Das menschliche Gehirn ist in der Lage, etwas Ähnliches zu leisten. Besitzen Sie selbst nicht ein detailliertes dreidimensionales mentales Abbild Ihrer rechten Hand? Wenn Sie an Ihre Hand denken, haben Sie nicht unbedingt nur die Vorder- oder Rückseite im Sinn. Man kann tatsächlich die Vorstellung eines dreidimensionalen Objekts haben, das aus keiner bestimmten Richtung – oder aus allen Richtungen zugleich – gesehen wird.

Besonders leicht gewinnen wir dreidimensionale Bilder von durchsichtigen Gegenständen wie etwa gläsernen Briefbeschwerern, Weinflaschen oder gefüllten Wassergläsern. Hier haben wir anders als bei der Hand keine Probleme, uns alle Seiten gleichzeitig zu vergegenwärtigen. Dreidimensionale Bilder vor dem inneren Auge entstehen zu lassen, ist eine durchaus lohnende Übung. Versuchen Sie beispielsweise, sich Ihr Haus zu vergegenwärtigen – komplett und aus keiner bestimmten Perspektive gesehen. Hier kommt man in die Nähe höherdimensionaler Erfahrung.

Eine 4-D-Betrachtung unserer 3-D-Welt ist also nicht gänzlich undenkbar. Wie sollen wir uns nun aber die

Denkakrobatik 3.2

Gehen wir davon aus, daß A Quadrats Auge sich nicht ändert, wenn er in den 3-D-Raum hinaufgehoben wird, so wird er 2-D-Objekte nicht wie wir als Ganzes sehen können. Was wird er sehen? Wie kann er sich ein mentales Abbild des gesamten 2-D-Flächenlands schaffen?

Betrachtung eines 4-D-Objekts vorstellen? Wie wir im Fall der Hyperkugel gesehen haben, ist es möglich, dreidimensionale Querschnitte solch eines Hyperobjekts zu sehen, aber wie sollen wir diese Querschnitte zu einem vierdimensionalen Ganzen zusammensetzen?

Manch einer mag sagen, es sei von vornherein hoffnungslos, sich vierdimensionale Objekte vorstellen zu wollen. Wie soll unser 3-D-Gehirn jemals Bilder von 4-D-Objekten zustande bringen? Ein plausibles Argument, aber trotzdem nicht zwingend. Wir können dreidimensionale Objekte in zweidimensionalen Zeichnungen darstellen. Warum soll es nicht möglich sein, Nervenzellen zu dreidimensionalen Strukturen zu verbinden und damit vierdimensionale Objekte abzubilden? Und noch ein Schrittchen weiter: Vielleicht ist unser mentaler Apparat nicht einfach eine dreidimensionale Struktur, sondern besitzt eine geringfügige Ausdehnung in Richtung der vierten Dimension, eine 4-D-Hyperdicke; und vielleicht reicht unser Geist über unser Gehirn hinaus in den Hyperraum!

Wir wollen jetzt zwei der einfacheren 4-D-Formen betrachten, die Hyperkugel und den Hyperwürfel oder Hyperkubus.

Eine Kugel ist definiert durch ihren Mittelpunkt und ihren Radius. In jedem Raum, wieviele Dimensionen er auch haben mag, wird die Kugel mit dem Zentrum *0* und dem Radius *r* von allen Punkten *P* gebildet, die sich im Abstand *r* von *0* befinden. Im zweidimensionalen Raum führt diese Definition zu einem Kreis, im dreidimensionalen zur uns bekannten Kugel und im vierdimensionalen Raum zu einer Hyperkugel.

Wählen Sie irgendeinen Punkt in Ihrer Nähe, und stellen Sie sich um dieses Zentrum *0* eine Hyperkugel mit

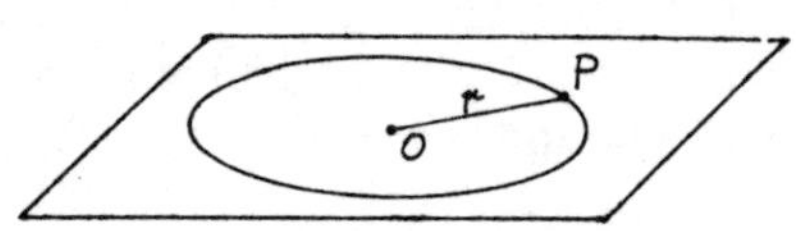

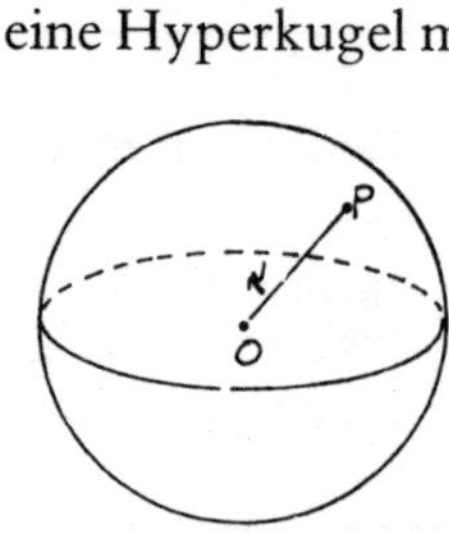

Abb. 31 Ein Kreis ist eine 2-D-Kugel.

Der Kreis meines Schauens begann sich jetzt zu erweitern ... Demnächst konnte ich die Mauern des Hauses deutlich wahrnehmen. Anfangs erschienen sie mir ganz dunkel und finster, aber bald wurden sie heller und dann *durchscheinend;* und jetzt konnte ich die Wände der angrenzenden Wohnungen erblicken. Auch diese wurden alsbald licht und verschwanden schmelzend gleich Wolken vor meinem herannahenden Schauen. Ich konnte jetzt die Gegenstände, das Hausgerät und die Personen in dem angrenzenden Hause ebenso leicht sehen wie in dem Zimmer, in dem ich mich befand ...

Aber meine Wahrnehmungen flossen noch weiter. Die weite Oberfläche der Erde wurde viele Hunderte von Meilen vor dem Schweifen meines Blicks – der beinahe einen Halbkreis beschrieb – durchsichtig wie das Wasser ...

Und ich sah die Gehirne, die Eingeweide und die vollständige Anatomie der Tiere, welche in diesem Augenblick im Schlafe lagen oder in den Wäldern der östlichen Hemisphäre umherstreiften, Tausende von Meilen von dem Zimmer entfernt, in dem ich diese Beobachtungen anstellte!

Andrew Jackson Davis
Der Zauber-Stab, 1874

einem Radius von einem Meter vor. Welche Punkte *P* liegen auf dieser Hyperkugel? Zunächst natürlich alle Punkte des dreidimensionalen Raums, die einen Meter von *0* entfernt sind. Aber wir können uns ja nicht nur in unserem Raum von *0* entfernen. Was also, wenn wir die gewohnte Bewegung von *0* weg mit einer Bewegung *ana* – aus unserem Raum hinaus – kombinieren? Wir könnten uns zum Beispiel in unserem Raum achtzig Zentimeter von *0* entfernen, dann rechtwinklig abbiegen und 60 Zentimeter *ana* in den Hyperraum vordringen. (Wer sich an den Satz des Pythagoras oder die «Distanzformel» der analytischen Geometrie noch erinnert, kann nachrechnen, daß wir anschließend tatsächlich genau einen Meter von *0* entfernt sind, denn $80^2 + 60^2 = 100^2$.)

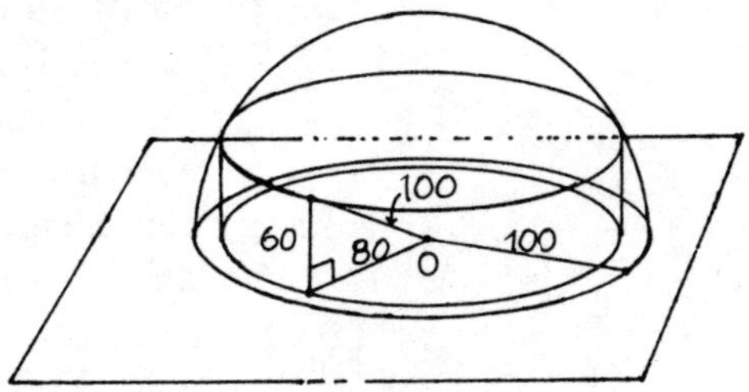

Abb. 32 2-D plus «aufwärts» ist wie 3-D plus «*ana*».

Es spielt keine Rolle, in welche Richtung unseres Raums wir uns die ersten 80 Zentimeter von *0* entfernen, nach weiteren 60 Zentimetern *ana* gelangen wir auf jeden Fall zu einem Punkt, der genau einen Meter von *0* entfernt ist. Wenn wir nun alle Punkte der 80-Zentimeter-Kugel um *0* nehmen und von ihnen aus 60 Zentimeter *ana* weitergehen, so gelangen wir zu Punkten, die zu einer Hyperkugel um *0* mit dem Radius ein Meter gehören. Jetzt wird auch plausibel, weshalb eine vollständige Hyperkugel aus einer Serie von Kugeln besteht, die kleiner werden, während man sich *ana* oder *kata* aus dem Raum fortbewegt, in dem das Zentrum liegt. Diese Kugelfamilie bildet eine dreidimensionale «Hyper-Oberfläche» analog der zweidimensionalen Oberfläche einer dreidimensionalen Kugel. Die Hyperoberfläche einer

Hyperkugel ist ein gekrümmter 3-D-Raum im 4-D-Raum.

Das ist eine wichtige Überlegung, denn viele Wissenschaftler nehmen tatsächlich an, daß der Raum unseres Universums die Hyperoberfläche einer sehr großen Hyperkugel ist. Sehen wir zu, ob wir das noch klarer machen können.

Zunächst einmal: Sollte die Hyperoberfläche einer Hyperkugel nicht vier- anstatt dreidimensional sein? Ja und nein. Betrachten wir die Oberfläche einer gewöhnlichen dreidimensionalen Kugel wie etwa der Erde. Gewiß, die Oberfläche krümmt sich in drei Dimensionen, aber jemand, der an diese Oberfläche gebunden ist, verfügt nur über zwei Freiheitsgrade der Bewegung: Ost/West und Nord/Süd. Ein Flächenländer, der über diese dreidimensionale Kugeloberfläche gleitet, glaubt auf einer zweidimensionalen Fläche zu sein. Nur krümmt sich diese Fläche eben irgendwie in sich selbst zurück. Denken wir uns jetzt eine kleine Hyperfliege, die durch den Hyperraum surrt, dabei aber stets die Entfernung von einem Meter zum Zentrum *0* einhalten muß. Startet sie in unserem Raum in einer Entfernung von einem Meter von *0,* so hat sie die Wahl unter drei Bewegungsarten: Ost/West oder Nord/Süd entlang der Oberfläche der dreidimensionalen Kugel um *0* oder *ana/kata* entlang der Hyperkugeloberfläche mit dem Radius ein Meter um *0.*

Wir kommen auf die Hyperkugel zurück, aber jetzt wollen wir erst einmal den Hyperkubus betrachten.

Auch unter dem Namen *Tesserakt* bekannt, ist der Hyperkubus wohl die am besten bekannte vierdimensionale Struktur. Man gelangt zu ihm auf folgende Weise:

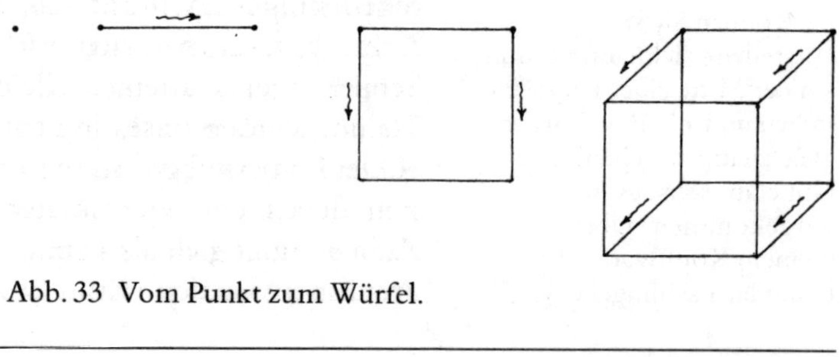

Abb. 33 Vom Punkt zum Würfel.

Es war nicht viel dran an der Maschine. Alle großen Dinge sind einfach, vermute ich. Ich sah drei Aluminiumstreben in rechten Winkeln zueinander, jede mit einem Zylinder und einem Kolben und von dort ausgehende Gelenkstreben, die sich in einem Punkt trafen, wo so etwas wie ein «universales Gelenk» war; darüber eine dicke Gummimatte. Das war alles . . .

Banza trat also auf die Gummimatte, und Bookstrom gab Anweisungen.

«Drehen Sie diesen Schalter jeweils um eine Rasterstellung, das wird Sie jedesmal um einen Zahn anheben. Sehen Sie sich um dabei, bis Sie die Stellung genau haben.»

Mit dem ersten Klick verschwand Banza, wie Leute in Filmen plötzlich verschwinden. Cladgett stöhnte und bäumte sich auf; dann war er wieder still. Noch ein Klick, und Banza tauchte wieder auf, in der Hand einen altmodischen Kneifer, feucht und mit einer grauen Schicht überzogen. Er hielt ihn Cladgett hin, der danach griff und etwas murmelte.

«Können Sie sich vorstellen», schnaufte Banza, «in der Mitte einer Kugel zu stehen und alle Bauchorgane gleichzeitig zu sehen? Ungefähr so ist es mir vorgekommen. Über meinem Kopf waren die Dünndarmschlingen. Rechts

Wir beginnen mit einem Punkt und bewegen ihn um eine Einheit nach rechts. Daraus ergibt sich eine eindimensionale Strecke. Diese Strecke bewegen wir um eine Einheit nach unten und erhalten ein zweidimensionales Quadrat. Heben wir dieses Quadrat nun um eine Einheit aus der Seite heraus, so entsteht ein Würfel oder Kubus, ein dreidimensionaler Gegenstand. Das wäre natürlich mit erheblichen technischen Schwierigkeiten verbunden; deshalb hat sich eine Standard-Übereinkunft gebildet, die dritte Dimension zeichnerisch als diagonal zu den ersten beiden Dimensionen darzustellen. Was geschieht nun, wenn wir die andere Diagonale zur Darstellung der vierten Dimension verwenden? Wenn wir unser Würfeldiagramm um eine Einheit in Richtung dieser «vierten Dimension» verschieben, erhalten wir das Bild eines vierdimensionalen Hyperkubus.

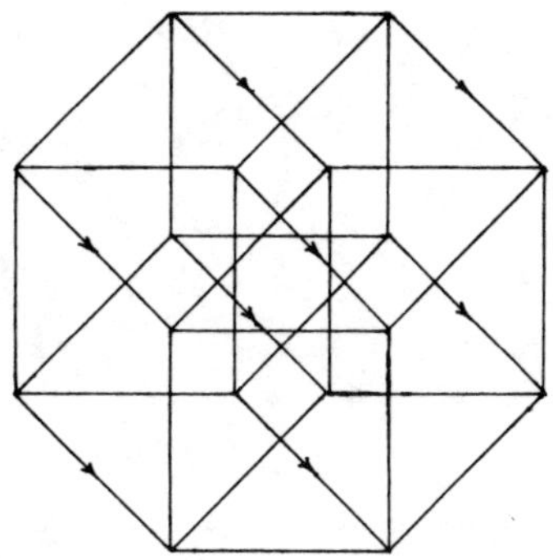

Abb. 34 Der Hyperkubus.

Es macht Spaß, diese Figur zu betrachten. Sie hat etwas Mandala-artiges an sich. Wer selbst so etwas zeichnen möchte, braucht nur Quadrate über den Seiten eines regelmäßigen Achtecks zu errichten. Ein regelmäßiges Achteck kann man sich durch Demontage eines STOP-Schildes verschaffen, vielleicht aber doch besser durch Teilung eines Kreises in acht gleiche Sektoren.

Der Hyperkubus ergibt sich als «Spur» eines Kubus, der sich durch den vierdimensionalen Raum bewegt. Ein Kubus ergibt sich als «Spur» eines Quadrats, das sich im dreidimensionalen Raum bewegt. Jeder Würfel kann auf der Blinddarm und daneben die Brille, links der S-Darm und die Muskeln, die am Hüftbein ansetzen, unter meinen Füßen das Bauchfell der vorderen Bauchwand. Aber aus irgendeinem Grund war mir schrecklich schwindlig; ich konnte das nicht lange aushalten, so gerne ich noch ein Weilchen in ihm geblieben wäre.»

Miles J. Breuer
«The Appendix and the Spectacles», 1928

Abb. 35 Quadrate über einem Achteck.

drei verschiedene Arten erzeugt werden, je nachdem, welches Paar von seinen sechs quadratischen Begrenzungsflächen man als «Start» und «Ziel» annimmt. Zum Hyperkubus gehören sechs Würfelpaare. Sehen Sie alle?

Eine andere Art, den Hyperkubus darzustellen, beruht auf der Idee, daß ein Drahtmodell eines Würfels aus der Nähe betrachtet wie ein kleines Quadrat in einem großen Quadrat aussieht. Analog können wir einen Hyperkubus als einen kleinen Würfel in einem großen darstellen. Dahinter steht der Gedanke, daß der kleine Würfel «weiter weg» ist, nämlich in Richtung der vierten Dimension. Erstaunlicherweise kann man dieses Hyperkubusmodell auf natürliche Art erzeugen, wenn man einen kubischen

Denkakrobatik 3.3

Können Sie diese Tabelle vervollständigen?

	Ecken	Kanten	Flächen	Körper
Punkt	1	0	0	0
Strecke	2	1	0	0
Quadrat	4	4	1	0
Würfel				
Hyperkubus				
Hyperhyperkubus				

Rahmen in eine Seifenlösung taucht und dann ins Zentrum eine Seifenblase bläst.

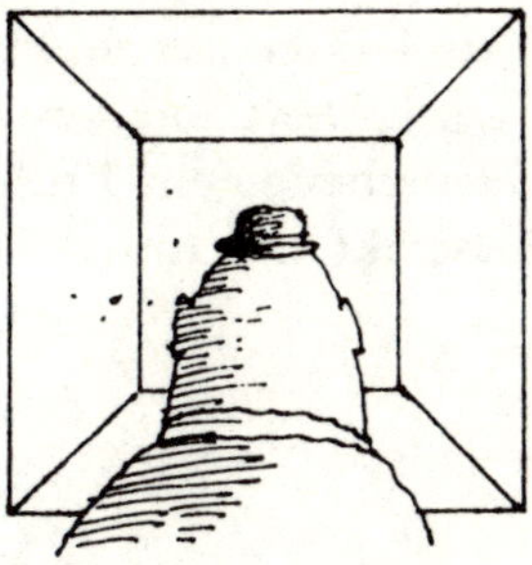

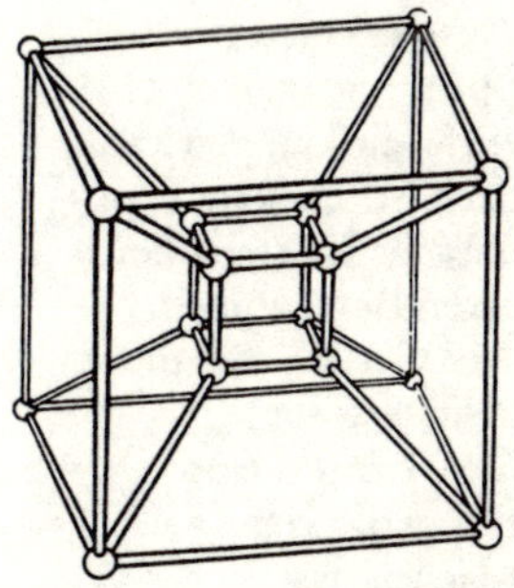

Abb. 36 Ein Würfel als Quadrat im Quadrat; ein Hyperkubus als Würfel im Würfel (nach Hilbert/Cohn-Vossen: *Anschauliche Geometrie*).

Noch eine andere Art, den Hyperkubus darzustellen, besteht darin, ihn zu *entfalten*. Wieder mal tasten wir uns anhand von Analogien vor. Öffnet man bestimmte Kanten eines Papierwürfels, so kann man ihn flach ausbreiten zu einem zusammenhängenden Muster von sechs Quadraten. Das läßt sich auf elf verschiedene Weisen bewältigen.

Schneidet man den Hyperkubus in der richtigen Weise an, so kann man ihn zu einem zusammenhängenden Muster von acht Würfeln «ausbreiten». Eine dieser Entfal-

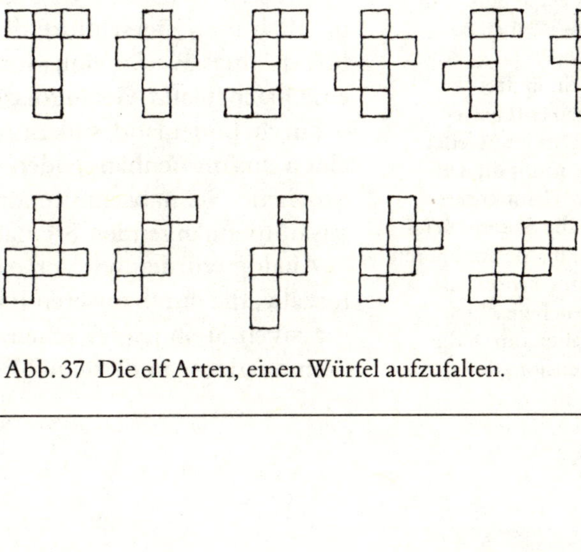

Abb. 37 Die elf Arten, einen Würfel aufzufalten.

«Gut. Jetzt hör zu – ein Tesserakt besitzt acht kubische Seiten, *und alle außen*. Paß auf. Ich werde diesen Tesserakt jetzt aufklappen, wie man einen Pappwürfel aufklappen kann, bis er flach ist. Da kannst du dann alle acht Würfel sehen.» Mit flinken Bewegungen bastelte er vier Würfel und stapelte sie zu einem wackligen Turm. Dann hängte er an die vier Außenflächen des zweituntersten Würfels noch weitere vier Würfel. Die Würfel waren mit Lehmkügelchen notdürftig zusammengeklebt, und das Ganze schwankte erheblich. Aber es blieb stehen – acht Würfel zu einem umgekehrten Doppelkreuz gefügt. «Kannst du's jetzt sehen? Es steht auf dem Erdgeschoßraum, die sechs Zimmer der nächsten Ebene bilden den Wohnbereich, und da oben ist dein Arbeitszimmer.»

Mit dieser Figur konnte Bailey schon eher etwas anfangen. «Das kann man wenigstens verstehen. Und du sagst, das ist auch ein Tesserakt?»

«Das ist ein in drei Dimensionen entfalteter Tesserakt. Um ihn wieder einzufalten, mußt du den oberen Würfel am unteren befestigen, die Seitenwürfel einklappen, bis sie am oberen anliegen – und schon hast du's. Natürlich geschieht dieses Einfalten durch die vierte Dimension; du

tungsarten führt zu einer Art dreidimensionalem Kreuz. Salvador Dali hat diesen entfalteten Hyperkubus in seinem Gemälde *Christus Hypercubus* (1954) dargestellt. Und Robert Heinlein beschreibt in seiner klassischen Erzählung «Das 4-D-Haus» ein Haus, das nach diesem Muster erbaut wird. Der Clou der Geschichte besteht darin, daß dieses Haus bei einem Erdbeben zu einem Hyperkubus oder Tesserakt «zusammenklappt».

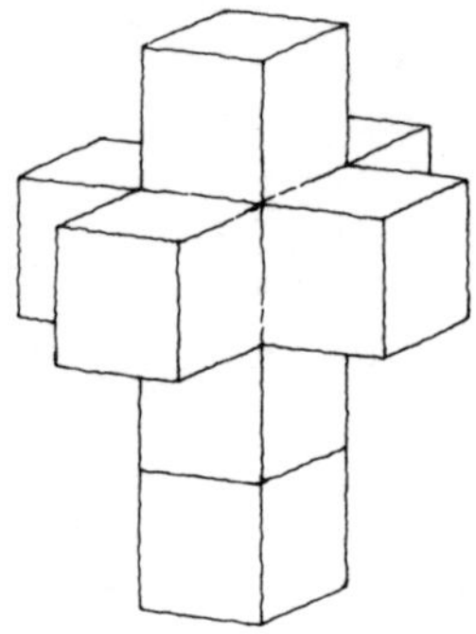

Abb. 38 Eine Art, einen Hyperkubus zu entfalten.

Noch ein letzter Versuch, den Hyperkubus zu veranschaulichen: Stellen wir uns einen hohlen Stein-Hyperkubus vor, analog einer hohlen Gefängniszelle aus Stein. Was würden wir sehen, wenn dieser hyperkubische Kerker durch unseren Raum geschoben würde?

Nun, was würde A Quadrat sehen, wenn wir einen hohlen Steinwürfel durch die Ebene von Flächenland sinken ließen? Zunächst einmal das Quadrat des massiven Steinbodens, danach eine Zeitlang leere Steinquadrate, nämlich die Querschnitte der Seitenwände, und schließlich das massive Steinquadrat der Decke. Ließen wir nun eine Flächenland-Gefängniszelle – ein leeres Steinquadrat – durch Linienland sinken, so würden die Linienländer einen zusammenhängenden Steinabschnitt, dann unterbrochene Steinabschnitte und schließlich wieder einen zusammenhängenden Steinabschnitt sehen.

Analog würden wir von einer hyperkubischen Gefängniszelle, die durch unseren Raum wandert, zunächst einen massiven Steinquader sehen, dann eine Serie von hohlen Steinquadern und schließlich wieder einen massiven verbiegst diese Würfel nicht oder faltest sie ineinander.»

Bailey betrachtete das wacklige Gestell eingehend. «Schau», sagte er schließlich, «vergiß doch einfach das Einfalten von diesem Ding durch die vierte Dimension – kannst du sowieso nicht –, und bau ein Haus wie das hier.»

Robert A. Heinlein
«And He Built a Crooked House», 1940

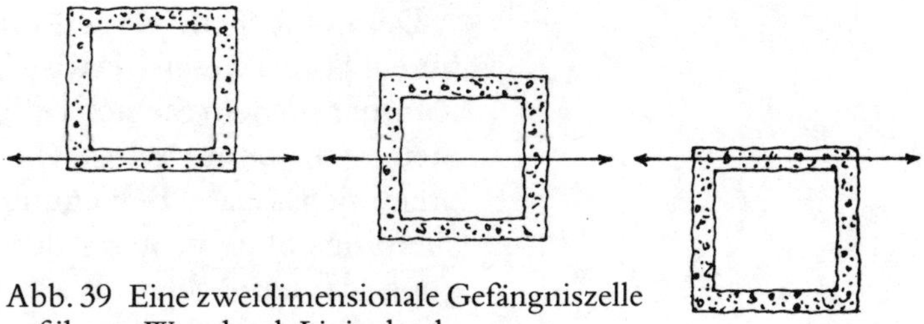

Abb. 39 Eine zweidimensionale Gefängniszelle auf ihrem Weg durch Linienland.

Steinquader. Die acht massiven «Randquader» des Hyperkubus würden sich als die beiden massiven Quader am Anfang und Ende und als die sechs «Spuren» von Boden, Wänden und Decke der hohlen Quader darstellen.

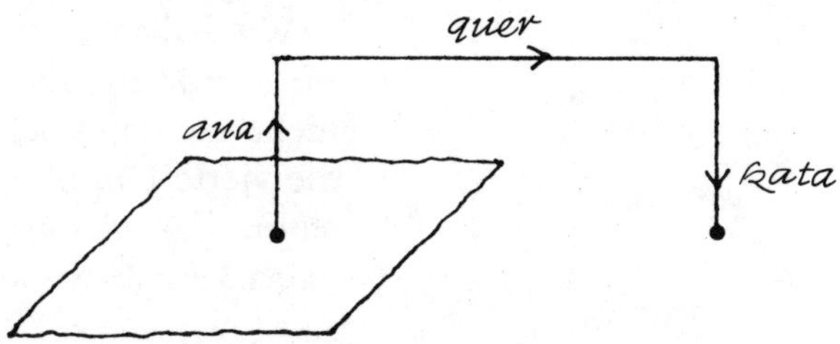

Abb. 40 Ausweg aus einem verschlossenen Zimmer.

Denkakrobatik 3.4

Abbildung 38 zeigt einen entfalteten Hyperkubus. Welche Seiten müßten an welche geklebt werden, wenn man dieses Gebilde wieder zu einem Hyperkubus zusammenfalten wollte? Insbesondere: Welche Flächen müssen an die Flächen des unteren Würfels geklebt werden?

Denkakrobatik 3.5

Das Volumen eines Würfels mit der Kantenlänge *s* errechnet sich aus der Formel $V = s^3$. Wie müßte wohl die Formel für das Hypervolumen des Hyperkubus mit der Kantenlänge *s* lauten? Wie groß wäre beispielsweise das Hypervolumen eines 2 × 2 × 2 × 2 Hyperkubus?

Der hohle Stein-Hyperkubus könnte als Gefängniszelle für ein Hyperwesen – etwa einen Engel – dienen. Wäre das Zimmer, in dem Sie sich befinden, rundum aus massivem Stein, so könnte selbst ein Engel es nicht durch eine dreidimensionale Bewegung verlassen. Er könnte sich allerdings ohne weiteres durch eine *ana*-quer-*kata*-Bewegung davonmachen. Wäre Ihr Zimmer allerdings der Querschnitt eines steinernen Hyperkubus, so würde sich der Engel nach der *ana*-Bewegung nicht im leeren Raum, sondern immer noch in einem ummauerten Zimmer wiederfinden.

Bewegt sich der Engel noch weiter *ana,* so wird er schließlich an einen der Grenzwürfel stoßen: an einen massiven Steinquader, der mittels vierdimensionaler Bewegung nicht zu überwinden ist.

Wir haben jetzt eine Reihe vierdimensionaler Phänomene erörtert, aber mancher Leser wird sicher das Gefühl nicht los, daß noch etwas fehlt. Man will nicht nur über die vierte Dimension *spekulieren,* man will sie irgendwie *sehen.* Was wir bisher über die vierte Dimension erfahren haben, ergab sich hauptsächlich aus Linienland- und Flä-

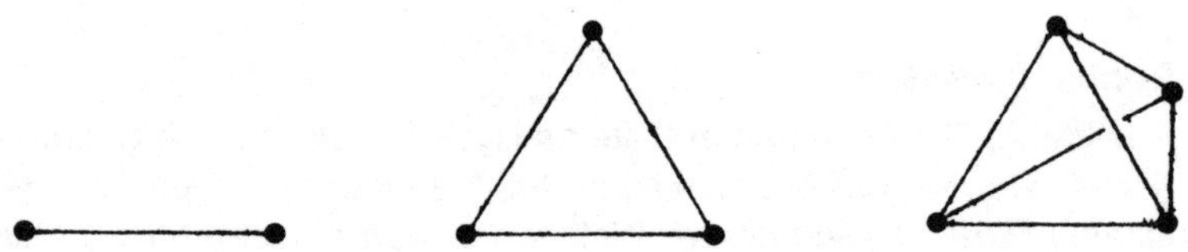

Von der Strecke zum Tetraeder

Denkakrobatik 3.6

Die beiden Punkte an den Enden einer Strecke haben die erfreuliche Eigenschaft, gleich weit voneinander entfernt zu sein. Im zweidimensionalen Raum können wir einen dritten Punkt so festlegen, daß alle drei Punkte gleich weit voneinander entfernt liegen. Es sind natürlich die Ecken eines gleichseitigen Dreiecks. Erheben wir uns aus der Ebene in den Raum, so können wir einen vierten Punkt so festlegen, daß alle vier Punkte gleich weit voneinander entfernt sind. Diese vier Punkte bilden eine Dreieckspyramide, auch Tetraeder genannt. Was für eine 4-D-Figur erhalten wir, wenn wir diese Prozedur noch einen Schritt weiterführen?

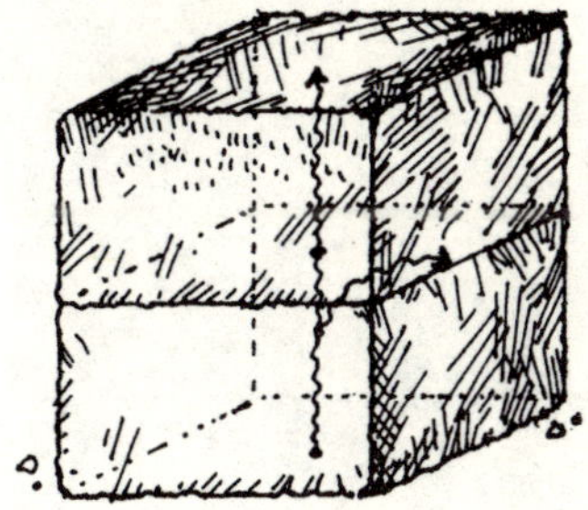

Abb. 41 Kein Ausweg.

chenland-Analogien. So aufschlußreich diese Analogien auch sein mögen, die Gefühle, die P. D. Ouspensky in *Tertium Organum* beschreibt, sind nur allzu verständlich:

> Die Methode der Analogien ist im großen und ganzen eine eher peinigende Angelegenheit. Man bewegt sich mit dieser Methode in einem Teufelskreis. Sie hilft uns, gewisse Dinge und die Beziehungen, die zwischen ihnen bestehen, zu erhellen, aber was das Wesen der Dinge angeht, gibt sie uns nie eine direkte Auskunft. Nach vielen und langen Versuchen, höhere Dimensionen mit Hilfe der Analogienmethode zu analysieren, bekommt man das Gefühl, an einer Mauer entlangzugehen. Darauf stellt sich allmählich ein Widerwillen gegen alle Analogien, ja ein Haß auf Analogien ein, und man erkennt die Notwendigkeit, einen direkten Zugang zu dem zu suchen, wohin es einen treibt.

Im nächsten Kapitel werden wir uns einen direkten, wenn auch nicht ganz ungefährlichen Zugang zur vierten Dimension anschauen.

4. Hinter dem Spiegel

Die vierte Dimension ist im wesentlichen eine moderne Idee, die erst in der ersten Hälfte des vorigen Jahrhunderts aufkam. Mehr oder weniger vage Vorstellungen von höheren Welten kennt die Menschheit zwar schon sehr viel länger, aber das wissenschaftliche Konzept einer geometrischen vierten Dimension entwickelte sich erst spät.

Der erste Philosoph, der ernsthaft die Idee höherdimensionaler Räume erwog, war Immanuel Kant (1724–1804). In einem frühen Aufsatz aus dem Jahr 1747 («Gedanken von der wahren Schätzung der lebendigen Kräfte») spricht er sehnsüchtig von solchen Räumen: «Eine Wissenschaft von allen diesen möglichen Raumesarten wäre unfehlbar die höchste Geometrie, die ein endlicher Verstand unternehmen könnte... Wenn es möglich ist, daß es Ausdehnungen von anderen Abmessungen gebe, so ist es sehr wahrscheinlich, daß sie Gott wirklich irgendwo angebracht hat.»

Viel später legte Kant ein berühmt gewordenes Rätsel vor, das ebenfalls mit der Idee der vierten Dimension zu tun hat: Wenn der Raum nichts enthielte als eine einzige menschliche Hand, hätte es dann einen Sinn, diese Hand als *rechte* Hand zu bezeichnen? Wie sich herausstellt, lautet die Antwort nein. Die Begriffe «links» und «rechts» sind im leeren Raum sinnlos.

Um uns klarzumachen, warum das so ist, können wir uns ein Plexiglasschild vor dem Haus einer Handleserin, der berühmten Wahrsagerin Mom Oxo, vorstellen. Umriß und Linien eines Handtellers sind auf das Plexiglas gezeichnet. Betrachtet man das Schild nun von der einen

Was kann wohl meiner Hand oder meinem Ohr ähnlicher und in allen Stücken gleicher sein als ihr Bild im Spiegel? Und dennoch kann ich eine solche Hand, als im Spiegel gesehen wird, nicht an die Stelle ihres Urbildes setzen; denn wenn dieses eine rechte Hand war, so ist jene im Spiegel eine linke, und das Bild des rechten Ohres ist ein linkes, das nimmermehr die Stelle des ersteren vertreten kann. Nun sind hier keine innere Unterschiede, die irgend ein Verstand nur denken könnte; und dennoch sind die Unterschiede innerlich, so weit die Sinne lehren, denn die linke Hand kann mit der rechten unerachtet aller beiderseitigen Gleichheit und Ähnlichkeit doch nicht zwischen denselben Grenzen eingeschlossen sein (sie können nicht congruiren); der Handschuh der einen Hand könnte nicht auf der anderen gebraucht werden. Was ist nun die Auflösung?

Immanuel Kant
Prolegomena zu einer jeden künftigen Metaphysik, die als Wissenschaft wird auftreten können, 1783

Seite, so ist eine rechte Hand zu sehen; von der anderen Seite erkennt man eine linke Hand. Das liegt einfach daran, daß wir das zweidimensionale Schild aus der Perspektive der dritten Dimension betrachten können, und aus dieser Perspektive hat es keinen Sinn zu sagen, es sei eine rechte Hand.

Abb. 42 Kants Hand vor Mom Oxos Handleseladen.

Entsprechendes gilt auch für dreidimensionale Gegenstände. Je nachdem, von welcher «Seite» des vierdimensionalen Raums man schaut, erscheint die dreidimensionale Hand als linke oder rechte Hand. Wir könnten auch sagen, eine linke Hand lasse sich in eine rechte verwandeln, indem man sie in den vierdimensionalen Raum hebt und dort «umdreht».

Versuchen wir anhand der Abenteuer von A Quadrat,

ein noch plastischeres Bild zu bekommen. Zunächst der Fortgang von Abbotts Geschichte *Flächenland*: A Quadrats Ausflug in die dritte Dimension endet mit einem großen Streit zwischen ihm und der Kugel. Per Analogieschluß gelangt A Quadrat zu der Behauptung, daß es jenseits des dreidimensionalen Raums der Kugel eine vierdimensionale Welt geben muß, und verlangt, dorthin gebracht zu werden. Hier aber liegt nun wohl der gar nicht seltene Fall vor, daß der Schüler weiter blickt, als sein Lehrer je gewagt hätte. Die Kugel zeigt sich zunächst nur unwirsch, gerät dann aber wirklich in Zorn, als A Quadrat beharrlich dabei bleibt, es müsse jenseits von Linienland, Flächenland und Raumland ein vierdimensionales «Gedankenland» geben. Doch A Quadrat plappert weiter und verliert sich in Träume von immer höheren Dimensionen. Der Kugel platzt endgültig der Kragen, und der Ausflug ist vorüber:

> Mir wurden die Worte abgeschnitten: durch ein lautes Krachen außer mir und ein gleichzeitiges Krachen in mir, das mich mit einer Geschwindigkeit durch den Raum stürzen ließ, die mir das Sprechen unmöglich machte. Hinab! Hinab! Hinab! Ich sank rasch hinunter und wußte, daß es mein Verhängnis war, nach Flächenland zurückkehren zu müssen. Einen Augenblick, einen letzten und unvergeßlichen Augenblick lang sah ich die stumpfe, platte Öde unter mir vor meinem Blick ausgebreitet, die nun wieder mein Universum werden sollte. Dann Dunkelheit. Dann ein letzter, alles besiegelnder Donnerschlag, und als ich wieder zu mir kam, war ich wieder ein gewöhnliches dahinkriechendes Quadrat, daheim in meinem Arbeitszimmer, und hörte den Friedensruf meiner sich nähernden Frau.

A Quadrat brennt natürlich darauf, anderen seine Offenbarungen mitzuteilen, aber – wer hätte das gedacht? – in Flächenland ist es bei schweren Strafen verboten, von höheren Dimensionen zu sprechen. Er hütet seine Zunge, so gut er kann, aber immer wieder mal entschlüpft ihm eine verdächtige Bemerkung, und schließlich, ausgerechnet «bei einer Versammlung unserer lokalen Philosophischen Gesellschaft», geschah es,

> daß ich mich soweit vergaß, einen genauen Bericht von meiner Reise mit der Kugel zu geben ... Zunächst gab ich vor, nur die imaginären Erlebnisse einer fiktiven Person zu beschreiben, doch mein Enthusiasmus zwang mich bald, die Maske abzuwerfen, und schließlich rief ich meine Hörer in einer glühenden Schlußrede dazu auf, sich von ihren Vorurteilen freizumachen und den Glauben an die dritte Dimension anzunehmen. Muß ich ausdrücklich mitteilen, daß ich sofort verhaftet und vor den Rat gebracht wurde?

Er wird schuldig gesprochen und zu lebenslanger Haft verurteilt. Mit der Zeit fällt es ihm immer schwerer, sich die dritte Dimension zu vergegenwärtigen. In dieser bedrückenden Stimmung endet Edwin Abbotts *Flächenland*. A Quadrat hat sieben Jahre seiner Haft verbüßt und weiß, daß er seine Tage als gebrochener «Prometheus des Flächenlandes» beschließen wird.

1984 jährte sich zum hundertsten Mal das Erscheinen von *Flächenland*. Ich freue mich, mitteilen zu können, daß A Quadrat lebendig und munter ist. Er lebt nicht nur, sondern fand sich sogar bereit, eine Darstellung seiner weiteren Abenteuer zu geben. Im folgenden werde ich nun hin und wieder aus meinen Notizen über «Die weiteren Abenteuer eines Quadrats» zitieren. Ich beginne mit den ersten beiden Abschnitten und werde dann Auszüge zum Problem von rechts und links bringen.

> Ein ganzes Jahrhundert ist vergangen, seit ich mit euch, der glücklichen Raumland-Rasse, in Verbindung war. Meine Gesundheit, einst auf dem Niedergang, ist jetzt wieder unverwüstlich. Das Schmachten im Kerker liegt hinter mir; dafür bin ich jetzt ein geachteter Professor der Theologie. Der neue Ober-Kreis ruft die Massen auf, Höhere Raumwesen wie Engel und Götter anzubeten. Und meine Assistenten treiben die Theorie vieler Dimensionen mit Hochdruck voran.

Meine besondere Offenbarung, einst so dunkel und abgründig, leidet nun eher an zu großer Vulgarisierung und an allzu gelehrter Zergliederung durch die Gebildeten. Wir dürfen nicht aus dem Blick verlieren, daß der Höhere Raum die *via regia* zu dem ist, was jenseits aller Vorstellungskraft liegt. Wer Ohren hat zu hören, der höre.

Anfangs glaubte ich, der Eindringling sei ein Quadrat wie ich. Doch seinen Umriß abtastend, bemerkte ich etwas sehr Ungewöhnliches: Er besaß kein Auge. Ich wollte ihn trösten, und daraus ergab sich das folgende Gespräch.
Ich: Haben Sie Euch wegen Blindheit ins Gefängnis geworfen? Und weshalb gerade in meine Zelle?

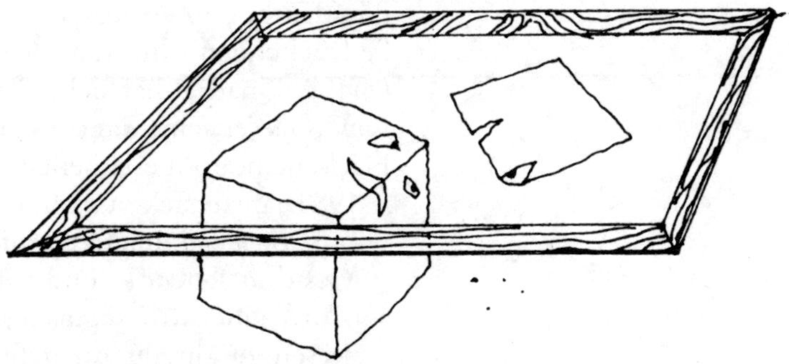

Abb. 43 Ein Würfel besucht A Quadrat.

Der Fremde: Mich einsperren? Nie im Leben, Quadrat. Ich bin ein Würfel aus Raumland. Nett, dich zu sehen.
Ich: O heilige Vorsehung, ist's denn möglich? Doch was wurde aus meinem alten Führer und Meister, der Kugel?
Würfel: Der Kugel ist das alles egal, Quadrat. Wo nicht, hätte er dich längst befreit. Wieviel hast du schon abgesessen?
Ich: Ihr erkundigt Euch nach der Länge meiner bisherigen Haftzeit? Siebzig Jahre, gnädiger Herr. Es ist wahr, ich habe mich früher häufig gefragt, weshalb Kugel

mich nicht aus meiner Zelle hob. Doch wäre ich entkommen, der Rat hätte mich gewiß wieder eingesperrt, wo nicht gar Schlimmeres.
Würfel: Keine Sorge. Ich habe mir überlegt, was ich für dich tun könnte. Würfel und Quadrat, die gehören zusammen, nicht wahr? Mein Gedanke war, etwas mit dir zu tun, was die Existenz der dritten Dimension beweist.
Ich: Der Sinn Eurer Worte ist mir noch dunkel, gnädiger Herr.
Würfel: Nun, dann sieh zu, was du *damit* anfängst, Vetter.

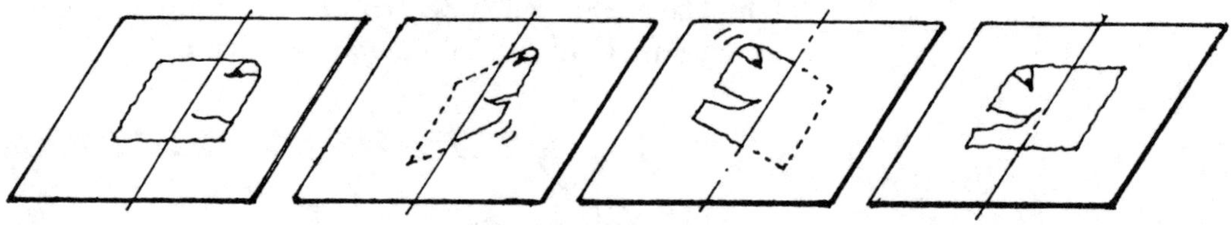

Abb. 44 A Quadrat kehrt sich um.

Er sprang auf mich los und packte meine Ecke mit dem Mund. Ich empfand ein sonderbares Drehen um meine Mitte, und dann stand alles wieder still. Der Würfel war verschwunden, und ich allein in meiner Zelle – nur . . . alles war jetzt anders, alles sah aus wie in Glas. Benommen und verwirrt schlief ich ein und träumte von Linienland.

In seinem Traum von Linienland spricht A Quadrat noch einmal mit dem König, einer Strecke mit einer Baßstimme am linken und einer Tenorstimme am rechten Ende. In dem plötzlichen, unwiderstehlichen Impuls, den König einmal wirklich zu schockieren, dreht A Quadrat ihn um, indem er ihn um seine Mitte rotieren läßt. Die anderen Linienländer hören sofort, daß ihr König jetzt völlig falsch klingt: er ist in sein eigenes Spiegelbild verwandelt worden. Wie von Sinnen stürzen sie sich auf ihn und reißen ihn in Stücke.

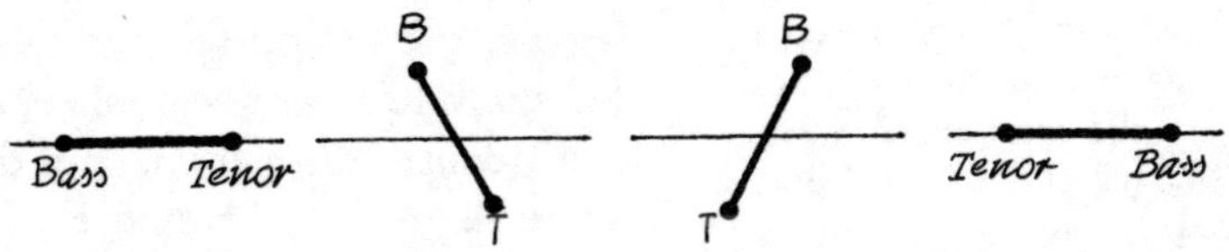

Abb. 45 Der König von Linienland klappt um.

Als A Quadrat am nächsten Morgen aufwacht, sieht immer noch alles verdreht aus. Und der Wärter, der das Frühstück bringt, wirft nur einen Blick auf unseren Freund und fängt an zu schreien. Es ist also wahr, der verrückte Würfel hat A Quadrat um seine Mittelachse gedreht und völlig umgekehrt.

Normalerweise ist das bei Flächenländern so: Wenn das Auge an der nach Norden weisenden Seite sitzt, ist der Mund nach Osten gerichtet. Bei A Quadrat sitzt der Mund jetzt genau entgegengesetzt.

Ein total verdrehtes Quadrat.

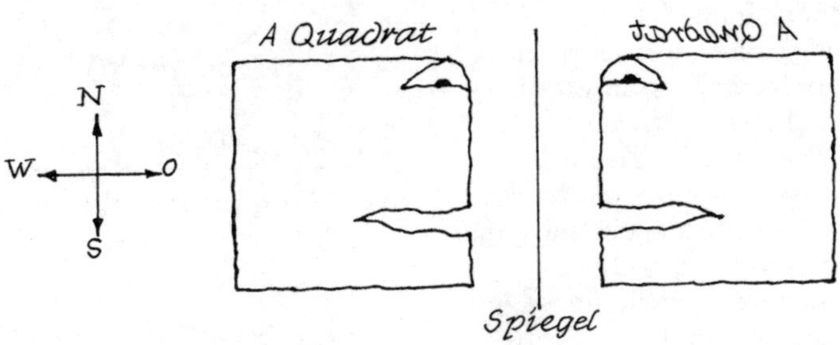

Abb. 46 Flächenland-Spiegel.

Der Rat wurde einberufen, erklärte A Quadrat zum «Gegenstand des Abscheus für die Götter» und beschloß seine Hinrichtung.

Wir werden auf A Quadrats Abenteuer zurückkommen, aber fragen wir uns erst einmal, wie es wäre, in der vierten Dimension «umgedreht» zu werden. Analog zu den genannten Beispielen ist ein vierdimensionales Wesen in der Lage, Sie durch eine vierdimensionale Drehung um

Was da vor Vernors Augen erschien, sah aus wie eine Scheibe von der größten Blutwurst der Welt. Vernor war . . . hin- und hergerissen zwischen Neugier und Angst. «Bist du das, Mick? Du siehst nicht besonders gut aus.»

Die Form der Wurstscheibe änderte sich, bis so etwas wie eine bewegte Silhouette vor Vernor schwebte. Das war wie ein hauchdünner Scherenschnitt von einem Mann, nur in allen möglichen Farben schillernd . . . ein seltsames, waberndes Farbenmuster. Plötzlich wurde ihm klar, daß er da wahrhaftig einen Querschnitt von Mick Stones vor sich hatte. Es war, als hätte jemand Mick mitten durchgeschnitten und dann aus der Mitte eine hauchdünne Scheibe abgehoben, mit der er nun vor Vernor herumwedelte.

Dieser Querschnitt schwankte noch einmal leicht, und dann war Mick Stones wieder vollständig da. Er wirkte gänzlich wiederhergestellt, nur irgendwie komisch, schief. «Es ist großartig da draußen», begann er und streckte die Hand nach Vernor aus, wie

irgendeine Schnittebene Ihres Körpers in Ihr eigenes Spiegelbild zu verwandeln. Nehmen wir zum Beispiel die senkrechte Mittelebene, auf der Nase, Nabel und Wirbelsäule liegen. Diese eine Ebene Ihres Körpers würde im dreidimensionalen Raum bleiben. Nehmen wir an, Ihre rechte Hälfte würde sich *ana* bewegen und Ihre linke *kata*. Die beiden Hälften würden in ihrem Parallelraum die Rotationsebene «umgehen» können, um dann in unseren Raum zurückzupendeln. Es ist allerdings kaum möglich, sich Rotation um eine Ebene vorzustellen. Erinnern wir uns aber, wie schwer es für einen Flächenländer ist, sich Rotation um eine Gerade vorzustellen.

Abb. 47 Vorher – nachher.

Während der Rotation würden Sie wirklich merkwürdig aussehen, denn in unserem Raum verbliebe von Ihnen nur ein Querschnitt, so etwas wie ein Mikro-Gewebeschnitt für wissenschaftliche Untersuchungen. Würden

Denkakrobatik 4.1

Rechtwinklige Schnitte durch einen Würfel ergeben Quadrate als Schnittflächen. Kann man die Schnittebene auch so legen, daß dreieckige Querschnitte entstehen? Welche anderen Querschnitte sind bei einem Würfel noch möglich?

um ihn zu beruhigen, wurde aber von einer heftigen Explosion vor seinem Gesicht unterbrochen.

Da fiel bei Vernor der Groschen. «Zurück!» schrie er. «Du bist umgedreht! Du bestehst jetzt aus Antimaterie!» *Deshalb* hatte Mick irgendwie komisch ausgesehen; er hatte sich im Hyperraum umgekehrt und war als sein eigenes Spiegelbild zurückgekommen. Deshalb war jetzt auch jedes seiner Atome ein Spiegel-Atom: Antimaterie.

Rudy Rucker
Spacetime Donuts, 1981

Sie bei feststehender Schnittebene rechtwinklig zu unserem Raum bewegt, würden wir nacheinander die verschiedensten Querschnitte von Ihnen zu Gesicht bekommen und hätten dann einen guten 3-D-Eindruck von Ihrem Innenleben. Die in der Medizin zu diagnostischen Zwecken angewendete Computer-Tomographie stellt etwas ganz Ähnliches dar: Aus einer Serie von zweidimensionalen Querschnitts-Röntgenbildern setzt ein Computer ein dreidimensionales Bild des betreffenden Körperteils zusammen.

Eine vierdimensionale Rotation, durch die man in sein eigenes Spiegelbild verwandelt wird, mag uns mysteriös erscheinen, aber wie wir bald sehen werden, haben wir tatsächlich die Möglichkeit, solch eine Rotation zu beobachten. Für die Methode, echte Einblicke in die vierte Dimension zu gewinnen, ist der Würfel von Bedeutung.

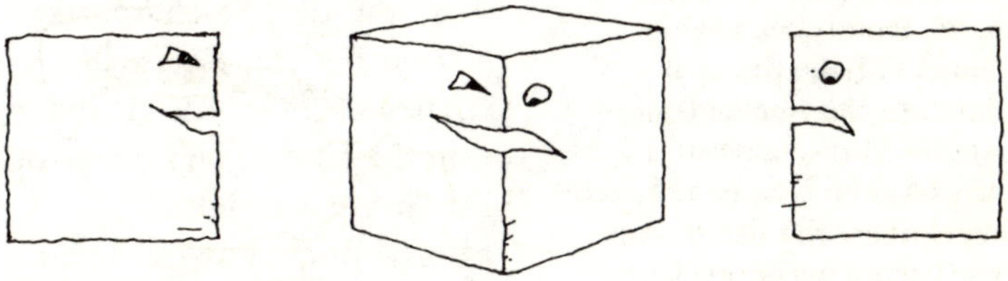

Abb. 48 Der Würfel.

Ein Würfel hat, wie Sie bemerken werden, typisch schizoide Züge. Seine rechte Gesichtshälfte, die von der analytischen und geselligen linken Hirnhemisphäre kontrolliert wird, hat ein genau dreieckiges Auge und zeigt ein freundliches Lächeln. Seine linke Gesichtshälfte, von der dunklen und intuitiven rechten Hirnhemisphäre dominiert, wirkt etwas undurchsichtig und zeigt ein unstetes rundes Auge. Deutlich erkennbar sind der Würfel und sein Spiegelbild grundverschieden. Würfel hat sein Dreiecksauge rechts, während es bei ləfɿüW links sitzt.

Wie A Quadrat sich durch bloßes Herumgleiten in seiner Ebene niemals in sein Spiegelbild verwandeln könnte, würden alle nur erdenklichen dreidimensionalen Manipulationen Würfel niemals in ləfɿüW verwandeln.

Durch Plattners Abneigung gegen den Gedanken der Autopsie wird es vielleicht für immer unmöglich bleiben zu beweisen, daß sein gesamter Körper eine Vertauschung der rechten und linken Seite erfahren hatte. Bedauerlich, denn vor allem davon hängt die Glaubwürdigkeit seiner Geschichte ab. Es ist völlig unmöglich, einen Menschen so durch den *Raum* (im gewöhnlichen Sinne dieses Wortes) zu bewegen, daß seine Seiten vertauscht werden. Was immer man mit ihm anstellen mag, seine rechte Seite wird rechts bleiben und seine linke Seite links. Mit einem äußerst dünnen und ebenen Ding kann man das natürlich machen. Schneidet man irgendeinen Umriß aus Papier aus, so kann man seine Seiten vertauschen, indem man es einfach hochhebt und umdreht. Doch mit einem Körper ist das anders. Die Mathematiker sagen uns, daß es nur eine Möglichkeit gibt, die Seiten eines Körpers zu vertauschen: Wir müssen ihn gänzlich aus dem uns bekannten Raum herausnehmen, also eigentlich aus seiner Existenz entfernen, und ihn irgendwo außerhalb umdrehen. Das klingt zweifellos ein wenig abstrus, aber wer ein wenig von mathematischer Theorie versteht, wird dem Leser diesen Sachverhalt bestätigen können. Die merkwürdige Inversion Plattners ist, um den dafür gebräuchlichen

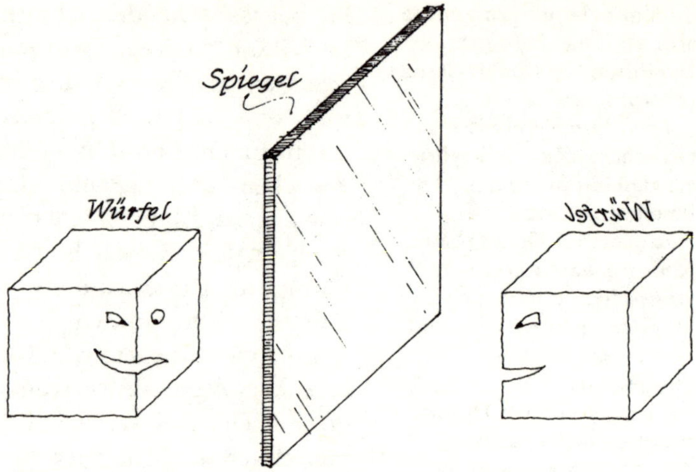

Abb. 49 Der Würfel und sein Spiegelbild.

Aber wie der Mathematiker August Ferdinand Möbius 1827 entdeckte, ist es durchaus möglich, ein dreidimensionales Objekt mittels einer geeigneten Rotationsbewegung durch den vierdimensionalen Raum in sein Spiegelbild zu verwandeln.

Erstaunlicherweise ist unser Gehirn tatsächlich in der Lage, solch eine Rotation zu bewerkstelligen. Mancher Leser wird vielleicht den «Umkehr-Würfel» oder auch Necker-Würfel kennen. Betrachtet man die perspektivische Zeichnung eines Würfels, so fängt die dreidimensionale Interpretation des Bildes nach einer Weile an, zwischen den beiden unten gezeigten Möglichkeiten hin und her zu springen. Wenn es Ihnen schwerfällt, die Figur zum Springen zu bringen, können Sie ein wenig nachhelfen, indem sie sich auf den mittleren Bereich der Zeichnung konzentrieren und eine der Ecken mit dem Blick nach hinten «drücken» oder nach vorn «ziehen».

Was diese Umkehrung für uns hier so wichtig macht, ist die Tatsache, daß jede der beiden Interpretationen das Spiegelbild der anderen ist.

Das wird noch deutlicher, wenn wir uns den Würfel aus Glas vorstellen und ihm dann die Züge seines Gesichts aufmalen. Wenn wir annehmen, daß diese Züge auf der

Fachausdruck zu verwenden, Beweis dafür, daß er unseren Raum verlassen hat und in die Vierte Dimension eingetreten ist, um dann in unsere Welt zurückzukehren. Wollen wir uns nicht selbst als Opfer eines ebenso kunstvoll erdachten wie unmotivierten Lügenmärchens betrachten, so sind wir beinah gezwungen zu glauben, daß dies tatsächlich geschah.

H. G. Wells
«The Plattner Story», 1896

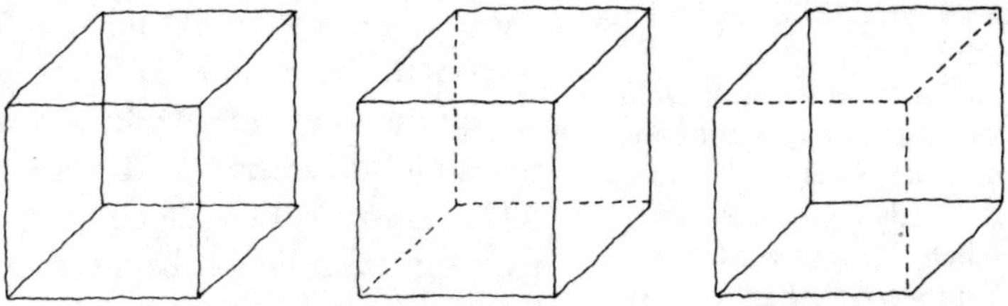

Abb. 50 Der Necker-Würfel und seine beiden Interpretationen.

uns zugewandten Seite liegen, so betrachten wir einfach den guten alten Würfel mit dem dreieckigen rechten Auge, den wir schon kennen. Interpretieren wir die Züge jedoch als auf der abgewandten Seite liegend, so betrachten wir jetzt sein Spiegelbild von hinten, einen lɘfɿüW, der das dreieckige Auge *links* hat.

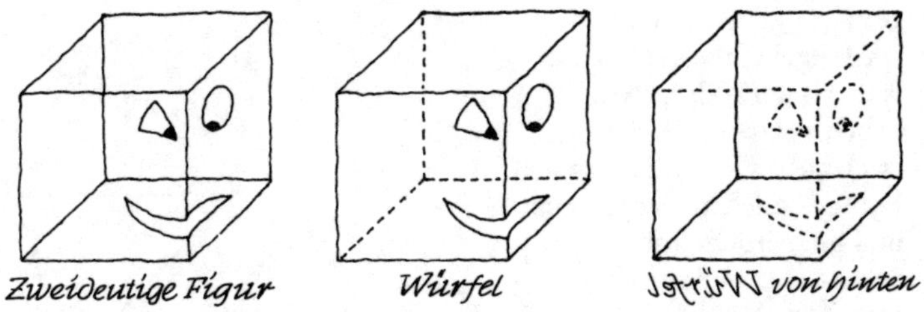

Abb. 51 Würfel verwandelt sich in lɘfɿüW.

Nun ist dieses blitzartige Umkippen einer Interpretation des Necker-Würfels in die andere einer Rotation

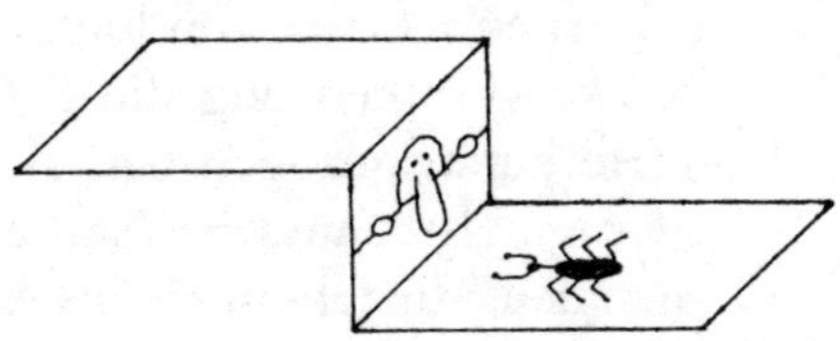

Denkakrobatik 4.2

Hier ein verblüffendes Kippbild des Necker-Typs. Kann Kilroy den Käfer sehen?

Das Paradies? Das alles habe ich kürzlich erlebt.

Das Paradies muß darin bestehen, daß ein Schmerz aufhört. Aber das bedeutet doch, daß wir im Paradies leben, solange wir keine Schmerzen haben! Und wir merken es nicht!

Glückliche und Unglückliche leben in derselben Welt, und sie erkennen es nicht!

Ich habe das Gefühl, als sei ich in den vergangenen Monaten in einem phantastischen, geheimnisvollen Labyrinth um mein eigenes Leben herumgegangen und sei jetzt genau zu diesem Punkt zurückgekehrt, an dem ich war, als ich anfing. Nur haben sich bei mir, da ich mich außerhalb der normalen Dimensionen bewegte, rechts und links irgendwie vertauscht. Meine rechte Hand ist jetzt eine linke, meine linke Hand eine rechte.

In dieselbe Welt zurückgekehrt und sehe sie als eine glückliche.
Die Fetzen der abgeblätterten Farbe an der Tür gehören zu einem geheimnisvollen Kunstwerk.

Lars Gustafsson
Der Tod eines Bienenzüchters, 1978

durch die vierte Dimension äquivalent. Es geschieht so schnell, daß man es anfangs gar nicht mitbekommt, aber wenn man es eine Weile beobachtet, kommt so etwas wie das Gefühl kurzer Einblicke in die vierte Dimension auf. Die Hyperkubus-Zeichnung eignet sich übrigens besonders gut für die Beobachtung solcher Necker-Umkehrungen. Starrt man sie eine Weile an wie ein Mandala, so wird sie äußerst lebendig und gibt sich alle Mühe, hyper zu werden.

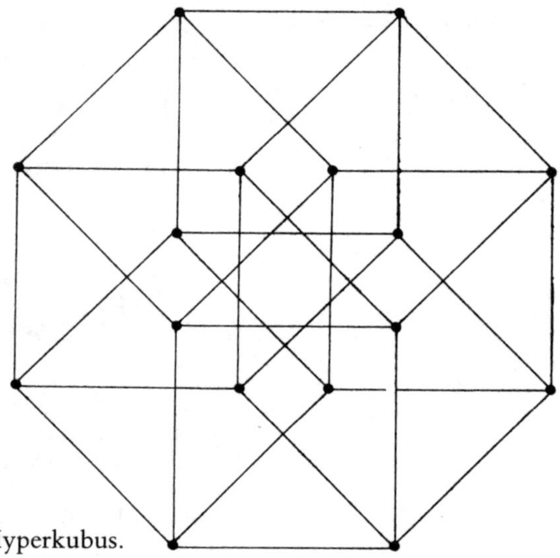

Abb. 52 Der Hyperkubus.

Besonders verblüffende Umkehrphänomene lassen sich mit einem nach der folgenden Zeichnung selbst gefalteten Necker-Würfel erzeugen. Gefaltet bildet das Papier zunächst einen lɘʇɿüW, so als blickte man durch seinen gläsernen Körper von hinten auf sein Gesicht. Wenn die Necker-Umkehrung die Ecke über den Augen aus der Tiefe herausgezogen hat, sieht man den Würfel, wie er richtig herum aussehen sollte (leichter zu erreichen, wenn man den Würfel mit einem Auge anschaut). Zerstört man jedoch die Illusion (indem man das andere Auge öffnet oder das Modell soweit dreht, daß seine Rückseite sichtbar wird), so purzelt das Modell durch die vierte Dimension zurück in die lɘʇɿüW-Form.

1. Figur durchpausen.
2. Ausschneiden.
3. Linie AC und dann Linie DE nach vorn knicken.
4. Von A nach B einschneiden.
5. Die beiden oberen «Quadrate» nach vorn geklappt übereinanderschieben und verkleben, so daß so etwas wie ein nach vorn hin offener Raum entsteht, wobei B die hintere obere Zimmerecke bildet, wo Wände und Zimmerdecke zusammenstoßen. Gegenstand in die Hand nehmen.

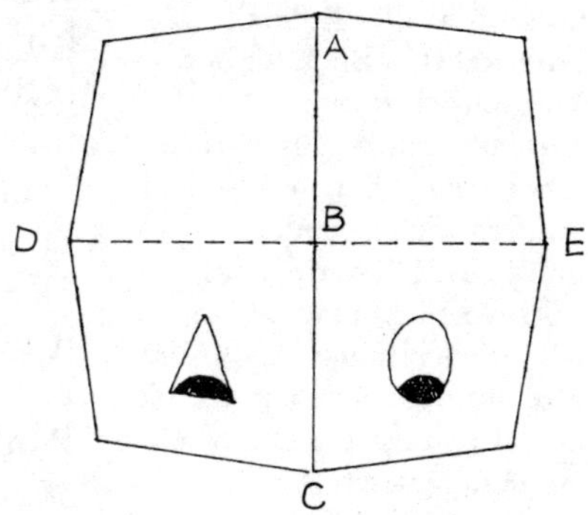

Abb. 53 Planzeichnung eines Necker-Würfels.

6. Schließen Sie jetzt ein Auge, und fixieren Sie die Zimmerecke. «Ziehen» Sie mit dem Blick an ihr, bis sie sich in einer Necker-Umkehrung nach vorn stülpt.
7. Wenn dieses Umkehrbild sich stabilisiert hat, können Sie versuchen, die Hand zu bewegen.
8. Wenn es Ihnen schwerfällt, die Illusion zu erzeugen, sorgen Sie für eine gleichmäßige Ausleuchtung des Modells, damit Schatten als Indikatoren der Tiefe ausgeschaltet werden; und halten Sie es still, bis die Necker-Umkehrung sich wirklich stabilisiert hat.

Ist der Würfel einmal umgekehrt, so fängt er an, sich sehr merkwürdig zu benehmen, wenn Sie ihn bewegen. Er scheint aus Ihrer Handhöhle herauszuragen und dreht sich in der entgegengesetzten Richtung wie Ihre Hand. Noch erstaunlicher wird es, wenn Sie den Würfel absetzen oder

Im tatsächlichen körperlichen Leben kann ich mich so einfach und rasch umdrehen wie jeder andere auch. Aber im Geiste, mit geschlossenen Augen und unbewegtem Körper, bin ich unfähig, diesen Richtungswechsel zu vollziehen. Irgendeine Schaltzelle in meinem Gehirn funktioniert nicht. Natürlich kann ich mogeln, indem ich den geistigen Schnappschuß der einen Aussicht beiseite tue und mir in aller Ruhe den umgekehrten Blick für den Weg zurück zum Ausgangspunkt heraussuche. Aber wenn ich nicht mogle, hindert mich irgendein gräßliches Hindernis, das mich verrückt machte, würde ich insistieren, daran, mir die Drehung vorzustellen, die die eine Richtung in die andere, entgegengesetzte, verwandelt. Ich bin erschlagen, ich trage die ganze Welt auf dem Rücken, wenn ich mir vorzustellen versuche, wie ich mich umdrehe und mich dazu bringe, das als «rechts» zu sehen, was ich gerade als «links» sah, und umgekehrt.

Vladimir Nabokov
Sieh doch die Harlekins!, 1974

an der Wand befestigen und dann mit dem Blick umkehren. Wenn Sie das Umkehrbild halten können, während Sie den Kopf bewegen, werden Sie feststellen, daß der Würfel sich bei jeder Ihrer Bewegungen mitdreht und Sie stets anstarrt.

Wenn man sich vor dem Zubettgehen zu sehr mit dem Necker-Würfel beschäftigt, kann das zu recht unbehaglichen Träumen führen. Die vierte Dimension mag faszinierend und von großem philosophischem Interesse sein, aber sobald sie zu wirklich wird, kann sie auch erschrekkend werden und einem schier den Verstand rauben. Ich erinnere mich da vor allem an eine Serie von Träumen, die ich 1976 hatte, nachdem mir klargeworden war, daß rechts und links so relative Begriffe sind wie oben und unten oder vorn und hinten.

In diesen Träumen ging ich immer zwischen zwei Leuten eine Straße hinunter – sagen wir, meine Frau, Silvia, links neben mir und mein Freund Greg rechts neben mir. Ich verließ meinen Körper und beobachtete uns drei aus einiger Entfernung, zunächst von einem Punkt in unserem Raum aus, dann aber von einem anderen Punkt aus, der ganz außerhalb des Raums lag. Besonders verblüffte mich, daß die Reihenfolge der Leute einmal Sylvia-Rudy-Greg sein konnte und ein andermal Greg-Rudy-Sylvia, *je nachdem, von welcher Hälfte des Hyperraums aus ich schaute*. Während ich im Traum die Straße weiterging, begann dieser Wechsel in mir Platz zu greifen, und dann klappte die ganze Stadt hin und her zwischen sich selbst und ihrem eigenen Spiegelbild. Manchmal wachte ich morgens auf und war überzeugt, das ganze Universum und ich selbst seien gegen Spiegelbilder ausgetauscht worden. Der schlimmste Tag kam, als ich mich morgens im Bett aufsetzte und die Umkehrung tatsächlich stattfinden sah: Das ganze Zimmer mit allem Inventar schnappte klipp-klapp in sein Spiegelbild um. Aber beweisen konnte ich natürlich nichts, denn ich selbst hatte mich auch umgestülpt.

Nach diesen Erfahrungen habe ich mich oft gefragt, ob dieses Gefühl, daß die Welt in ihr Spiegelbild umgeschlagen ist, vielleicht irgendeine objektive Grundlage besitzt.

Ich dachte zum Beispiel an die Möglichkeit, daß das menschliche Gehirn eine 4-D-Komponente besitzt, die nicht dem dreidimensionalen Raum, sondern dem Hyperraum angehört. Würde dieses «Hyperhirn» nun wechseln zwischen den beiden Möglichkeiten, überwiegend auf der *ana*-Seite oder auf der *kata*-Seite zu sein, so wäre es gerechtfertigt zu sagen, die Welt habe sich verwandelt – genau wie sich die Hand in Abbildung 42 verwandelt, wenn man sie mal von vorn und mal von hinten betrachtet.

Zeitweilig geraten links und rechts mir derart durcheinander, daß ich nur noch mit Sicherheit sagen kann, was neben was ist. Das ist dieses Gefühl, wenn man nach England fährt oder einen englischen Film sieht, wo die Autos auf der linken Straßenseite fahren. Diese Rechts-links-Verwirrung kann auch eintreten, wenn man seine Zähne im Spiegel betrachtet und dabei mit der Zunge betastet. Charles Hinton, über den wir im nächsten Kapitel sprechen werden, war der Ansicht, solch eine Konfusion gezielt herbeizuführen, sei der beste Weg zum vierdimensionalen Denken.

Denkakrobatik 4.3

Der Necker-Würfel kann für uns eine Hilfe für die Veranschaulichung der vierten Dimension sein. Können Sie sich eine «Flächenland-Necker-Illusion» vorstellen, die A Quadrat benutzen könnte, um sich selbst die dritte Dimension zu vergegenwärtigen?

5. Geister aus dem Hyperraum

Spiritismus – der Glaube, daß die Geister der Toten um uns sind und Kontakt zu uns herstellen wollen – war nie so populär wie gegen Ende des vorigen Jahrhunderts. Überall in Europa und den Vereinigten Staaten wurden von Amateur- oder Berufsmedien Séancen abgehalten. Dabei sitzt eine Gruppe von Leuten in einem abgedunkelten Raum um einen Tisch, während das Medium beschwörend murmelt, bis die Geister sich manifestieren.

Und was taten besagte Geister? Sie machten Lärm, indem sie etwa auf den Tisch klopften. Sie bewegten Gegenstände; zum Beispiel rückten sie den Tisch oder hoben ihn gar hoch in die Luft. Sie übermittelten Botschaften, indem sie etwa Worte auf eine unter den Tisch gehaltene Tafel kritzelten. Sie materialisierten sich als weiße Nebel, manchmal aber auch als Geisterhand, die dann über den Tischrand herauflangte.

Spiritistische Medien standen natürlich von Anfang an in dem starken Verdacht, Betrüger zu sein. Da es sich bei den Teilnehmern an solchen Séancen im allgemeinen um Leute handelt, die unbedingt an das Leben nach dem Tode glauben wollen, sind ihre Berichte nicht gerade das verläßlichste Zeugnis. Keine noch so große Sammlung der farbigsten Anekdoten kann eine echte wissenschaftliche Untersuchung ersetzen. Die wenigen Wissenschaftler, die dem Spiritismus Glauben schenkten, begannen nach soliden Theorien zur Untermauerung ihres Geisterglaubens zu forschen.

Wenn es Geister gibt, dann scheinen uns zunächst – ganz abstrakt – zwei Annahmen offenzustehen. Entweder sie befinden sich in unserem Raum, sind aber so gut wie

1) *Physisch* gerathen die Seelen unserer Verstorbenen in die Sklaverei gewisser lebender Menschen, der so genannten Medien. Diese Medien sind, gegenwärtig wenigstens, nicht sehr verbreitet und scheinen fast ausschließlich der amerikanischen Nationalität anzugehören. Auf Befehl derselben führen die Seelen mechanische Leistungen aus, welche durchgängig den Charakter der Zwecklosigkeit an sich tragen: sie klopfen, heben Tische und Stühle, heben Betten, spielen Harmonikas usw.
2) *Intellectuell* verfallen die Seelen in einen Zustand, der, so weit ihre in Schieferschriften niedergelegten Leistungen auf ihn schließen lassen, nur als ein beklagenswerther bezeichnet werden kann. Diese Schieferschriften gehören durchgängig dem Gebiet des höheren oder niederen Blödsinns an, namentlich aber des niederen, d. h. sie sind völlig inhaltsleer.
3) Am relativ günstigsten scheint der *moralische* Zustand der Seelen beschaffen zu sein. Nach allen Zeugnissen läßt sich ihnen nämlich der Charakter der Harmlosigkeit nicht absprechen. Er verrät sich namentlich darin, dass sie es für nötig halten, Handlungen von etwas brutalerer Natur, falls sie sich derselben je einmal schuldig machen, wie z. B. die Zerstörung eines

Abb. 54 Okkulte Kräfte.

substanzlos, oder sie halten sich irgendwie ganz außerhalb unseres Raums auf. Die Idee, Geister seien hauchzarte Gestalten in unserem Raum, erfreute sich bei einigen frühen Spiritisten großer Beliebtheit; nach ihrer Auffassung bestanden Geister aus «Ektoplasma» oder, noch flüchtiger, aus «Schwingungsenergie». Damit war natürlich schwer zu erklären, wie so substanzlose Wesen wie Geister schwere Tische heben konnten.

Stellen wir uns Geister dagegen als feste, materielle Wesen vor, dann entsteht diese Schwierigkeit zwar nicht, aber man muß sich fragen, weshalb man sie kaum jemals bemerkt. Die Antwort lautet, daß sie irgendwo ganz außerhalb unseres Raums zu Hause sind. Wie soll man sich das denken? Man könnte sagen, sie lebten weit, weit weg, aber dann ist wieder schwer zu erklären, wie sie so schnell auftauchen können, wenn das Medium sie herbeiruft. Viel befriedigender ist die Erklärung, daß Geister in der vierten Dimension leben.

Der Reiz dieser Idee liegt darin, daß die Geister sich gänzlich außerhalb unseres normalen, materiellen Raums aufhalten und trotzdem in unmittelbarer Nähe sind – nur einen Schritt *ana* oder *kata*. Diese Idee, Geister seien vierdimensionale Wesen, gewann zwar im 19. Jahrhundert ihre größte Popularität, aber Andeutungen in diese Richtung hatte zweihundert Jahre früher bereits der Cambridger Platonis Henry More (1614–1687) gemacht. Ähnlich den wissenschaftlichen Spiritisten, verwahrte sich auch More gegen den Gedanken, Geister, Engel und platonische Formen könnten irgendwie als substanzlose

Bettschirms, mit einer für Gespenster anerkennenswerten Höflichkeit zu entschuldigen.
Wilhelm Wundt
Der Spiritismus. Eine sogenannte wissenschaftliche Frage, 1879

Abstraktionen existieren. Wenn Geister existieren, so meinte er, müssen sie auch Raum einnehmen. Wenn aber beispielsweise die Seele Raum einnimmt, wo soll sie dann im physischen Körper ihres Inhabers Platz finden?

1671 wartete More mit der Lösung auf, man solle Geister als vierdimensional betrachten. Er umschrieb dies allerdings mit einer okkulten Qualität, die er *Spissitude* nannte und die so etwas wie «Substanzdichte» meinte. Er nahm anscheinend an, daß ein lebendiger Körper sich von einem äußerlich identischen toten Körper durch ein Mehr an Spissitude unterscheidet und daß Spissitude mit normalen Mitteln nicht zu beobachten ist, weil sie eine gewisse Hyperdicke in Richtung der vierten Dimension darstellt.

Wirklich populär wurde die spiritistische Philosophie von Geistern aus der vierten Dimension aber erst durch Johann Carl Friedrich Zöllner (1834–1882). Zöllner war Professor für Astronomie an der Universität von Leipzig, derselben Universität, an der August Möbius 1872 entdeckte, daß es möglich wäre, einen dreidimensionalen Gegenstand durch eine Hyperraumrotation in sein Spiegelbild zu verwandeln, derselben Universität auch, an der Gustav Theodor Fechner 1846 seine Schrift «Der Raum hat vier Dimensionen» veröffentlichte. Zöllner entdeckte sein Interesse am Spiritismus auf einer Englandreise im Jahr 1875, während der er William Crookes, den Erfinder der Kathodenstrahlröhre, besuchte.

Crookes war ein engagierter Spiritist und Fürsprecher des amerikanischen Mediums Henry Slade. Als Slades Aufenthalt in England mit einer Verhaftung und Verurteilung wegen Betrugs endete, wandte er sich an Zöllner, dem er wie gerufen kam, denn Zöllner suchte ohnehin jemanden, der ihm helfen sollte, die Vierdimensionalität der Geister zu beweisen. Glaubt man Zöllners «Metaphysik des Raumes» (1878), so waren die Experimente auf Anhieb erfolgreich.

Als erstes knüpfte Slade vier einfache Knoten in eine Schnur, die Zöllner bereitstellte. Das wäre nicht weiter bemerkenswert gewesen, hätte es sich nicht um eine vordem völlig knotenlose Schnur gehandelt, deren Enden

Abb. 55 Körper und Seele.

mit Siegellack (auf das Zöllner sein eigenes Siegel geprägt hatte) verbunden waren. Sicher hatte Slade eine entsprechend präparierte zweite Schnur im Ärmel. Wenn er aber nicht geschummelt hat, dann kann er die Knoten nur durch eine vierdimensionale Manipulation geknüpft haben.

Weshalb? Nun, könnte ein Geist einen kleinen Abschnitt der Schnur ein Stückchen *ana* aus unserem Raum hinausschieben, so wäre das praktisch gesehen gleichwertig mit einer Lücke, die uns erlaubte, die Schnur durch sich selbst hindurchzubewegen und damit den Knoten (Abb. 56) zu schließen. Danach schiebt man einfach das entfernte Stückchen aus der vierten Dimension zurück an seinen Platz – und die Schnur hat einen Knoten, ohne daß man ihre Enden hätte bewegen müssen.

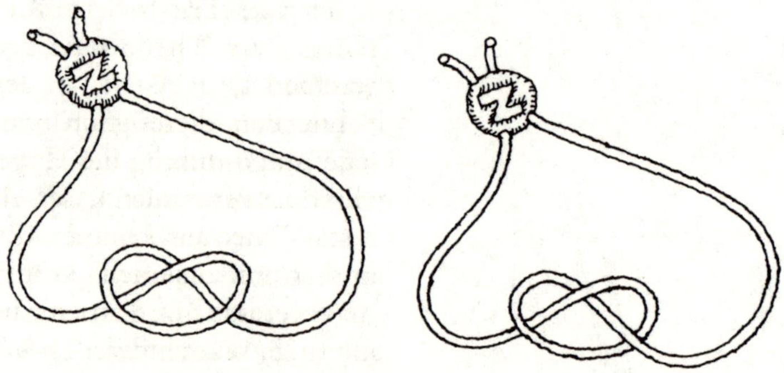

Abb. 56 Zöllners Schnur, vorher und nachher.

Einfacher ist es natürlich, erst den Knoten zu binden und dann die Enden zu versiegeln. Eine geknotete Schnur mit versiegelten Enden ist noch kein gar so überzeugender Beweis für die Annahme, ein vierdimensionaler Geist sei hier am Werk gewesen. Das wußte auch Zöllner, und er tüftelte deshalb einige interessante Tests aus, mit denen Slades Freunde in der Geisterwelt ein für allemal ihre Vierdimensionalität unter Beweis stellen sollten. Drei dieser Versuche beschreibt Zöllner in einer Arbeit mit dem Titel «Zur Metaphysik des Raumes»:

1. Zwei Holzringe, der eine von Eichen-, der andere von Erlenholz, waren jeder aus einem Stück gedrechselt... Wenn diese beiden Ringe, ohne daß ihr Zusammenhang gelöst wird, in einander gekettet werden könnten, so würde man sich nachträglich durch genaue mikroskopische Untersuchung von dem unverletzten Zusammenhang der Holzfasern überzeugen können. Da außerdem zwei verschiedene Holzarten gewählt wurden, so ist die Möglichkeit, beide Ringe aus ein und demselben Stück Holz zu schneiden, gleichfalls ausgeschlossen. Zwei solche in einander geketteten Ringe würden demnach für sich ein Wunder darstellen, d. h. eine Erscheinung, die wir auf Grund unserer *bisherigen* Vorstellungen vom Zustandekommen physikalischer oder organischer Prozesse absolut unfähig wären zu erklären.
2. Da zwischen Naturproducten, bei denen die Anordnung ihrer Theile nach einer bestimmten Richtung stattfindet, z. B. bei rechts oder links gewundenen Schnecken, diese Anordnung durch eine vierdimensionale Umwendung des Objects in die entgegengesetzte verwandelt werden kann, so hatte ich mir eine größere Anzahl solcher Schnecken, von verschiedenen Species, und zwar von jeder Gattung mindestens zwei, besorgt.
3. Aus einem getrockneten Darm, wie er zur Wurstfabrikation gebraucht wird, wurde ein in sich geschlossenes Band... ausgeschnitten. Im Fall in diesem Band eine Knotenschürzung stattfand, konnte gleichfalls nachträglich durch genaue mikroskopische Untersuchung constatirt werden, ob hierbei der Zusammenhang der Theile jenes Streifens gelöst worden sei oder nicht.

Slades Geist sollte also zwei Holzringe ineinanderketten, Schneckenschalen in ihre spiegelbildliche Gestalt verwandeln und Knoten in ein geschlossenes Darmband schlingen. Funktionierte es?

Selten trifft dasjenige ein, was wir uns nach Massgabe unseres beschränkten Verstandes wünschen; wenn wir aber zurückschauend nach dem Verlauf einiger Jahre das

Abb. 57 Ein Werk vierdimensionaler Geister? (Nach einem Foto in J. C. F. Zöllner: *Wissenschaftliche Abhandlungen*).

Die Spiritisten bemächtigten sich des vierdimensionalen Raums, indem sie dieses Forschungsmittel der Mathematiker als etwas *Wirkliches* ansahen. Die Spiritisten waren in großer Verlegenheit darüber, wo sie die Geister der Verstorbenen wohnen lassen sollten. Es ging doch nicht gut, ihnen in der unsern Sinnen zugänglichen Welt einen Platz anzuweisen. Sie mußten alle nach einer *terra incognita* suchen, einem Gebiet, das durch eine unüberschreitbare Schranke von allem abgetrennt war, was der menschlichen Forschung zugänglich war oder werden konnte ... Diese Eigenschaft besaß aber der

> Eingetretene betrachten, so erkennen wir dankbar die intellectuelle Ueberlegenheit derjenigen Hand, welche nach einem sinnvollen Plane unsere Geschicke zum wahren Heile unseres moralischen Wesens leitet und unser Leben zu einem harmonischen Ganzen dramatisch abrundet.

Anders gesagt: nein. Anstatt zu tun, was Zöllner wollte, legte der Geist die Holzringe um ein Tischbein, versetzte eine Schnecke vom Tisch auf den Boden darunter und versengte das Darmband an einer Stelle.

Nur wenige Wissenschaftler ließen sich von Zöllners Experimenten überzeugen. Zöllner selbst mag ein honoriger Mann gewesen sein, aber er war in schier unglaublichem Maße leichtgläubig – ein weltfremder Wissenschaftler und dadurch ein gefundenes Fressen für einen professionellen Scharlatan wie Slade. Heute, ein Jahrhundert später, so möchte man denken, fällt kein Wissenschaftler mehr auf billige Zauberkunststückchen herein, aber das scheint nicht der Fall zu sein. Es liegt gerade ein paar Jahre zurück, daß Uri Geller – mit ziemlicher Sicherheit ein Roßtäuscher – sich der Rückendeckung durch eine Reihe von Wissenschaftlern am Stanford Research Institute versichern konnte. Ein Blick in irgendeine Ausgabe der Regenbogenpresse macht überdeutlich, daß das allgemeine Interesse an Geistern heute größer ist als je zuvor.

In den meisten modernen Geistergeschichten ist von der vierten Dimension nicht die Rede. Eine interessante Ausnahme bildet Steven Spielbergs Film *Poltergeist*. In einer Szene werden hier Bälle in einen Schrank geworfen und fallen dann in einem anderen Zimmer von der Decke herunter – wohin sie nur auf einem Weg durch die vierte Dimension gelangt sein können.

Zöllners Arbeit erbrachte eher das Gegenteil der beabsichtigten Wirkung: Spekulationen über die vierte Dimension galten fortan als anrüchig und unwissenschaftlich. Seine Hauptaussage, daß Geister der vierten Dimension angehören, traf jedoch nicht auf vollkommen taube Ohren. Der Gedanke, daß in einem unsichtbaren Hyperraum Wesen anderer Art existieren, wurde um die Jahrvierdimensionale Raum der Mathematiker. Mit einer in den Naturwissenschaften unbekannten Kühnheit behaupteten die Spiritisten (unter der Führerschaft des verstorbenen Leipziger Professors Zöllner) dreierlei. Erstens, die sichtbare Welt liegt in einer vierdimensionalen Welt, wie eine Ebene etwa in unserem Raume liegt. Zweitens, die Geister der Verstorbenen bewohnen diese vierdimensionale Welt. Drittens, die Geister können demgemäß auf die dreidimensionale Welt und insbesondere auf die dieselbe bewohnenden Menschen einwirken, genau so, wie wir dreidimensionale Wesen auf zweidimensionale Dinge Wirkungen ausüben können.

Hermann Schubert
«Die vierte Dimension», 1900

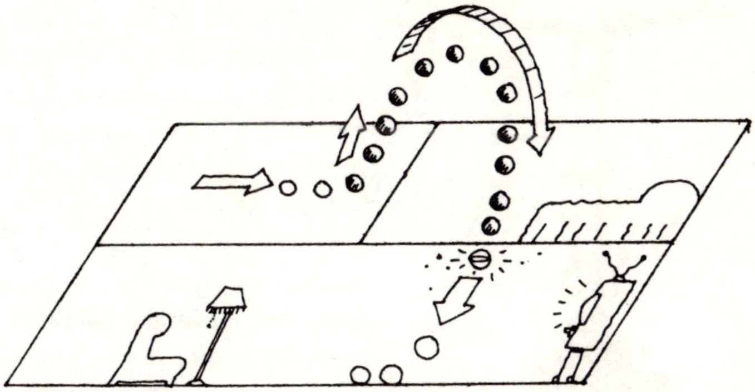

Abb. 58 Der Weg der Bälle in *Poltergeist*.

hundertwende von protestantischen Geistlichen aus allen Teilen Englands aufgegriffen.

Der bekannteste dieser Kleriker ist natürlich Edwin Abbott, aber außer ihm begeisterten sich noch viele andere für die Idee, Himmel und Hölle, unsere Seelen, die Engel und Gott selbst auf so elegante Weise in einer höheren Dimension unterbringen zu können. Das Credo dieser christlichen Spiritisten findet man in dem 1888 erschienenen Buch *Another World* von A. T. Schofield:

> Wir folgern daher, daß eine höhere Welt als unsere nicht nur denkbar, sondern wahrscheinlich ist; zweitens, daß man diese Welt als eine Welt von vier Dimensionen betrachten kann; und drittens, daß diese Geistwelt in ihren mysteriösen Gesetzen, in ihrer für unsere Ohren törichten Sprache, in ihren wundersamen Erscheinungen und Einschaltungen, in ihrem hochfliegenden Anspruch auf Allwissenheit, Allsehendheit et cetera und in anderen Einzelheiten mit dem übereinstimmt, was auch aufgrund von Analogie die Gesetze, die Sprache und die Ansprüche der vierten Dimension sein müßten...
>
> Obschon unser herrliches materielles Universum über die äußersten Grenzen unserer Sehkraft hinausreicht, mag sie auch durch die stärksten Teleskope künstlich vergrößert sein, hält das die geistige Welt und ihre

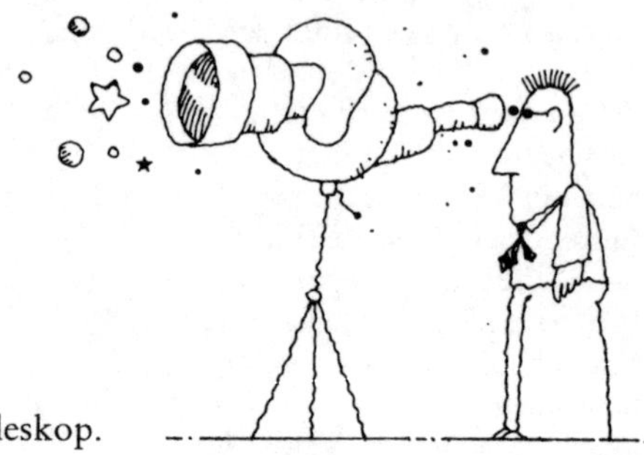

Abb. 59 Das stärkste Teleskop.

Wesen, hält das Himmel und Hölle nicht davon ab, uns unmittelbar zur Seite zu sein.
Mitnichten nehmen diese geistigen Regionen irgendeine kleine Ecke unseres materiellen Universums ein, und so gewiß, wie das Größere das Geringere in sich einschließt, ist das materielle Universum, so groß es auch sei, im geistigen enthalten.

Abb. 60 Gottvater?

Aber dem feinsinnigen Denker ist diese Vorstellung, die Seelen und die Engel und Gott seien bloß Brocken von Hypermaterie im vierdimensionalen Raum, einfach ein bißchen zu plump und materialistisch. Wieso gerade *vier*? Wenn die höherdimensionale Anschauung der höheren Wirklichkeit überhaupt einen Sinn hat, dann halte ich es für angebrachter, unsere Seelen als Strukturen im *unendlich*dimensionalen Raum zu betrachten. Ein anderer Einwand gegen die Vorstellung im Raum umherschwirrender Engel und Geister hängt mit dem Gefühl zusammen, daß die Vorstellung von getrennt existierenden und handelnden Einzelwesen auf höheren Ebenen gegenstandslos werden könnte.

Ich möchte diesen letzten Gedanken mit einem Flächenland-Bild verdeutlichen.

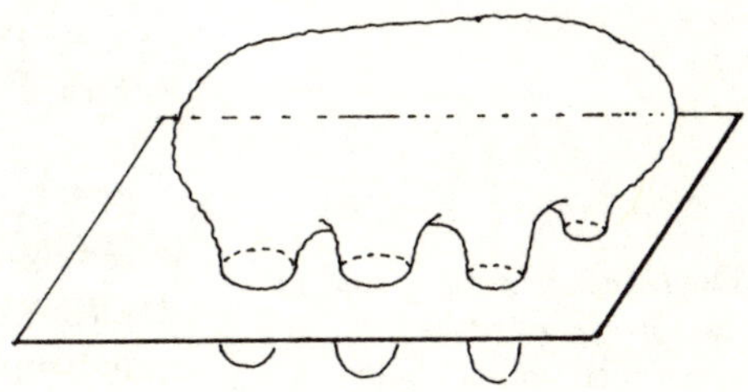

Abb. 61 Das Eine und die vielen.

Was uns als Ansammlung vieler Einzelwesen erscheint, könnte auf einer höheren Ebene letztlich ein einziges Wesen mit vielen Gliedern sein. Irgend etwas fehlt an diesem Weltbild, das die Möglichkeit einer höheren Einheit nicht berücksichtigt und statt dessen annimmt, daß die diversen Geister in unsere Welt hineinstochern wie das Queue eines Billardspielers.

Eine weitere Schwäche des Spiritismus (christlicher oder anderer Prägung) besteht darin, daß er sich so ganz und gar auf Anekdoten von Wundern und übernatürlichen Leistungen gründet. Wenn höhere Dimensionen irgendeinen realen Sinn für uns haben, sollte dieser Sinn in unserem ganz normalen Leben einen Platz finden. Ich glaube weder an Wunder, noch glaube ich nicht an sie. Die ganze Sache läßt mich einfach kalt. Du kannst auf dem Wasser gehen? Du kannst Löffel biegen? Na und? Du hast bewiesen, daß letztlich doch niemand auf dem Wasser geht? Du hast bewiesen, daß letztlich doch niemand Löffel verbiegt? Rasend uninteressant. Was mich interessiert, ist viel einfacher: lebendig zu sein und zu erfahren, wie das ist.

«Wir leben in einem dreidimensionalen Raum» – das ist eigentlich eine ziemlich komplexe Aussage, und nicht jedem wird sie unmittelbar einleuchten. Man kann nicht

Abb. 62 Du kannst Löffel verbiegen?

Die Musik verklang, und in der Grotte wurde es, abgesehen von der hell erleuchteten Vorderwand, vollkommen dunkel. Der Schatten des Geistlichen erhob sich vor uns. Nachdem er die Textstellen genannt hatte, Epheser 3, Vers 16–18, begann er mit leiser, volltönender Stimme zu lesen, und die Worte schienen direkt von dem Schattenkopf herzukommen: «... Auf daß ihr begreifen möget mit allen Heiligen, welches da sei die Breite, und die Länge, und die Tiefe, und die Höhe.»

Es war zu dunkel, um Notizen zu machen, aber die folgenden Abschnitte geben den Grundgedanken dieser bemerkenswerten Predigt richtig wieder, wie ich glaube.

Unser Kosmos – die Welt, die wir sehen, hören und fühlen – ist die dreidimensionale Oberfläche eines endlos weiten vierdimensionalen Meeres ...

Was liegt außerhalb der Meeresoberfläche? Die gänzlich andere Welt Gottes!

jedem x-beliebigen Menschen einfach erklären, weshalb der Raum drei Dimensionen hat; dazu gehört auch, daß man ihm eine bestimmte Art der Weltbetrachtung eintrichtert. Stellen wir uns eine fremde Kultur vor, deren Architektur sich nicht auf den Würfel gründet. Ohne die Allgegenwart senkrecht zueinander stehender Linien im täglichen Erfahrungsbereich könnte es den Menschen dieser Kultur durchaus abwegig erscheinen, alle Erfahrungen auf die Zuckungen eines dreiknöpfigen Etch-A-Sketch zu reduzieren. Denn wo bringt man da die Gefühle unter, wo die Ebenen des Denkens und wo die Träume?

Ich möchte mit diesen Überlegungen darauf hinaus, daß wir selbst vielleicht auf ganz reale Weise Kreaturen von mehr als drei Dimensionen sind. P. D. Ouspensky schrieb darüber etwas sehr Interessantes in seinem zwischen 1908 und 1929 entstandenen Essay «Die vierte Dimension», den er in seinem Buch *Ein neues Modell des Universums* veröffentlichte:

> Wenn die vierte Dimension existiert, gibt es zwei (einander ausschließende) Möglichkeiten. Entweder besitzen wir selbst die vierte Dimension, das heißt, sind Wesen von vier Dimensionen, oder wir besitzen nur drei Dimensionen, in welchem Fall wir gar nicht existieren.
>
> Wenn es die vierte Dimension gibt und wir nur drei besitzen, so bedeutet dies, daß wir keine reale Existenz haben, daß wir nur in irgend jemandes Einbildung existieren und all unsere Gedanken, Gefühle und Erfah-

Nun braucht der Widerspruch zwischen Gottes Immanenz und Transzendenz die Theologen nicht länger zu peinigen. Der Hyperraum berührt jeden Punkt des Drei-Raums. Gott ist uns näher als unser eigener Atem. Er sieht jedes Stückchen unserer Welt, berührt jedes Atom, ohne auch nur einen Finger durch den Raum zu bewegen. Dennoch liegt das Königreich Gottes gänzlich «außerhalb» des Drei-Raums in einer Richtung, in die wir nicht einmal deuten können.

Martin Gardner
«The Church of the Fourth Dimension», 1962

rungen sich im Geist eines höheren Wesens abspielen, das uns visualisiert. Wir sind nur Erzeugnisse seines Geistes, und unser gesamtes Universum ist nichts als eine von seiner Phantasie erschaffene Kunstwelt.
Wollen wir dem nicht zustimmen, so bleibt uns nur zu erkennen, daß wir selbst Wesen von vier Dimensionen sind.
Leben wir nicht im Traum in einem phantastischen Märchenreich, wo alles sich verwandeln kann, wo die stoffliche Welt keine Stabilität besitzt, wo ein Mensch ein anderer werden kann oder auch zwei zugleich, wo die unwahrscheinlichsten Dinge einfach und natürlich wirken, wo Ereignisse «verkehrt herum» ablaufen, vom Ende zum Anfang, wo wir die symbolischen Abbilder von Ideen und Stimmungen sehen, wo wir mit den Toten sprechen, durch die Luft fliegen, durch Wände gehen, ertrinken und verbrennen, sterben und doch lebendig bleiben?
All dies zusammengenommen zeigt uns, daß wir nicht denken müssen, die Geister, die bei spiritistischen Séancen erscheinen oder ausbleiben, wären die einzig möglichen vierdimensionalen Erscheinungen. Es könnte viele gute Gründe geben zu sagen, daß wir selbst Wesen von vier Dimensionen sind, nur mit *einer* Seite, das heißt mit einem kleinen Teil unseres Seins, der dritten Dimension zugewandt. Nur dieser Teil von uns lebt in drei Dimensionen, und nur dieses Teils unseres Körpers sind wir uns bewußt. Der größere Teil unseres Seins lebt in der vierten Dimension, doch dieses größeren Teils unseres Seins sind wir nicht gewahr. Noch zutreffender wäre es zu sagen, daß wir in einer vierdimensionalen Welt leben, unserer selbst aber nur in der dreidimensionalen Welt bewußt sind. Wir leben demnach unter bestimmten Umständen, bilden uns aber ein, unter anderen zu leben.

Für Ouspensky war die Vierdimensionalität nicht nur eine Raumvorstellung, sondern ein Bewußtseinstypus, ein Gewahrsein größerer Komplexität und höherer Einheit. Ihn selbst führte die mathematische Erforschung der vierten Dimension ganz selbstverständlich zum Glauben an die Lehren der Mystik. Auf den einfachsten Nenner gebracht, sind das letztlich nur diese beiden Lehren: *Alles ist Eins* und *Das Eine ist nicht erkennbar*.

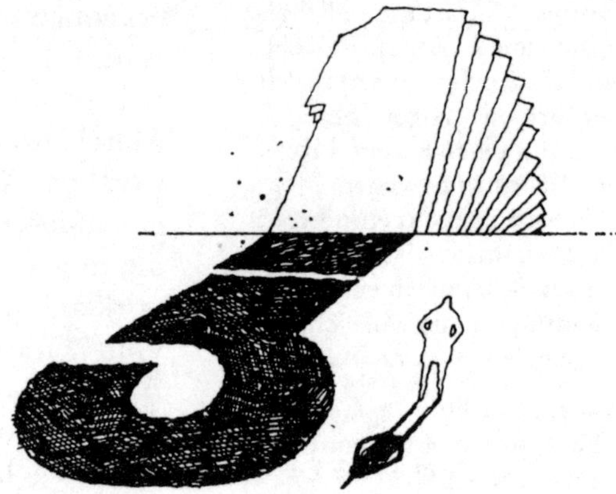

Abb. 63 Alles ist Eins.

Was, so mag man nun fragen, haben diese beiden hehren Fundamentalsätze mit der vierten Dimension zu tun? Kurz gesagt bringt der erste zum Ausdruck, daß man den höheren Raum als eine Art Hintergrund von Bindegewebe verstehen kann, das die verschiedenartigen Phänomene der Welt miteinander verknüpft. Das Voranschreiten zu immer höheren Raumvorstellungen ist die Suche nach einem idealen «Superraum», in dem alles – nah und fern, vergangen und künftig, groß und klein, real und eingebildet – zu einer großen Einheit verbunden ist.

Der große Hyperraum-Philosoph Charles H. Hinton spricht in seinem Essay «Many Dimensions» (1885) sehr klar und sehr eindringlich von seiner Identifikation der abstrakten Idee des «Raumes» mit dem «Einen» der Mystiker:

> Doch mit ihnen [den östlichen Mystikern] fühle ich mich innerlich verbunden, denn auch ich kenne das Entzücken der inneren Kommunion mit einer Quelle, die über allen Punkten und Formen und Beweisen liegt

– mit einem inneren Gefährten, von dessen Anwesenheit in meinem Bewußtsein eine halbe Stunde mir mehr bedeutet als all die Kosmogonien, von denen ich je hörte und von denen all die Gedanken, die ich je dachte, nur winzige Bruchstücke sind, durchmischt mit Unwissenheit und Irrtum. Worin ihr [der Mystiker] Geheimnis besteht, weiß ich nicht; meines ist ganz einfach – die innere Vergegenwärtigung des Raumes.
Und oft schon dachte ich, wenn ich mit der Bahn reiste und zwischen den dunklen Untergrundstationen die Laufburschen, über Fetzen schlecht bedruckten Papiers gebeugt, ihre Schauergeschichten lesen sah – dachte, wieviel besser es doch wäre, wenn sie täten, was ich «Kommunion mit dem Raum» nennen möchte. Das wäre so unendlich köstlich, abenteuerlich, interessant – weit mehr als jene verknitterten Schundblättchen, die weder an sich selbst noch in ihrem Inhalt eine Form besitzen.
Und doch, dieses selbe bedruckte Papier betrachtend, neugierig, immer tiefer eindringend mit dem Mikroskop, sah ich, daß auch in den unsauberen Strichen von Druckerschwärze und stumpfem, fasrigem Papier jedes Teilchen fest umgrenzt, exakt, genau so weit und nicht weiter, aufs i-Tüpfelchen korrekt war; und immer tiefer darunter ein Reichtum an Formen, eine Fülle und Vielfalt der Gestaltungen, die so urplötzlich hervorsprangen, wie ich es mir in meinen wildesten Träumen nicht ausmalen konnte.
Und dann empfand ich, wie man empfinden würde, wenn die dunklen Abwässer einer Fabrikstadt sich plötzlich teilten und aus ihnen, in ihnen und durch sie Aphrodite erstünde, strahlend, makellos, aufleuchtend zum Blau über dem Rauch. Denn dort, in diesem Geschmier, dem verknüllten Papier, dort, wenn du nur hinschaust, ist die Raum selbst [*herself*] in all ihren [*her*] unendlichen Gestaltungen.*

* Der Autor verwendet hier mit Absicht weibliche Pronomen, die für den englischen Sprachgebrauch ebenso ungewöhnlich sind wie für den deutschen. (Anm. d. Übers.)

Für Hinton ist also der Raum selbst das Medium, durch das man die Einheit der Welt erfassen kann. Damit nun zur zweiten Lehre der Mystik: *Das Eine ist nicht erkennbar*. Hier müssen wir klarmachen, in welchem Sinn das Wort «erkennen» gebraucht wird. Denn für den Mystiker *ist* das Eine erkennbar – erkennbar in dem Sinne, daß wir den Raum um uns her fühlen können, erkennbar in dem Sinne, daß wir unser Herz öffnen können, um Leben, Schönheit und Liebe zu erfahren. Nur dem Verstand, der Ratio, ist das Eine unerkennbar.

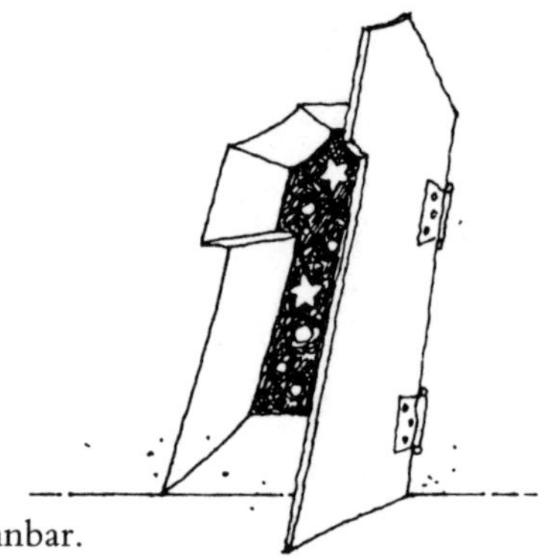

Abb. 64 Das Eine ist nicht erkennbar.

Keine endliche Kette menschlicher Symbole kann die höchste Wirklichkeit darstellen – nennt es Gott, das Eine, das Absolute, das All oder wie ihr wollt. Um eine entfernte Analogie zu geben: Man könnte versuchen, die Reihe *N* aller ganzen Zahlen (1, 2, 3...) zu verstehen. Wem die Idee der Zahl grundsätzlich geläufig ist, der versteht ganz gut, was mit *N* gemeint ist – und dieses Verstehen setzen wir hier als analog der mystischen Erkenntnis des Einen. Bestehen wir aber auf einer kompletten, expliziten Auflistung aller Glieder der Reihe *N*, so wird sie sich unserem Begreifen stets entziehen – und dies entspricht der Unfähigkeit des Verstandes, das Eine ganz zu erfassen.

In dem folgenden Auszug aus «Many Dimensions» macht Hinton deutlich, wie das zu verstehen ist, daß der Raum letztlich nur vom Herzen, nicht aber vom Gehirn erkannt werden kann.

Und fürwahr, Raum ist Wunder-voll. Wir alle wissen, daß Raum grenzenlos in den Ausdehnung ist – endlos sich erstreckend. Und bei stiller Betrachtung zeigt sie [*she*] uns sogleich, daß sie [*she*] unendlich viele Dimensionen besitzt.*

Um zu messen, müssen wir irgendwo beginnen, doch im Raum gibt es kein eigens für uns markiertes «Irgendwo», bei dem wir beginnen können. Dieses Messen ist letztlich etwas dem Raum Fremdes, von uns selbst für unsere eigenen Zwecke eingeführt.

Und was die Dimensionen angeht: Um sie bezeichnen und uns vergegenwärtigen zu können, müssen wir zunächst einmal eine bestimmte Gerade festlegen und dann andere Geraden in rechten Winkeln zu ihr ziehen. Aber für die erste Gerade stehen unendlich viele Richtungen zur Wahl. Wenn wir eine festlegen, warum gerade diese? Wählen wir irgendeine bestimmte Gerade aus, so tun wir etwas Willkürliches, das nicht vom Raum selbst vorgegeben wird. Daß wir uns bei dieser Art des Vorgehens vor schier endlose Schwierigkeiten gestellt haben, ist kein Wunder.

Wir empfinden, daß all dies Bemühen, so notwendig es ist, damit wir den Raum gewahren können, nichts mit dem Raum selbst zu tun hat. Wir führen etwas Eigenes ein und verlieren uns in den Verwicklungen, die sich daraus ergeben. Sind wir darin nicht jenen ägyptischen Priestern vergleichbar, die eine verschleierte Gottheit anbeteten und sie in immer kostbarere und schönere Gewänder hüllten? So schlagen auch wir Gewänder der Größe und vieler Dimensionen um den Raum.

Bis dann – vor ihren wie vor unseren Augen – die Gottheit sich unverhofft regt und wie mit einem Vorbeugen der Schultern ihre Gewänder abstreift, daß sie zu Boden fallen, und die Gottheit selbst übrigbleibt, enthüllt, doch unsichtbar, ungesehen und doch irgendwie ahnend empfunden.

* Hintons Charakterisierung des Raumes als «weiblich» durch die Verwendung weiblicher Fürwörter ist in dieser Übersetzung nicht durchgehalten, um den Text nicht zu seltsam klingen zu lassen.

Und das sind keine leeren Worte. Denn des *einen* Raumes, der nicht diese oder jene Form, nicht diese oder jene Gestalt ist, sondern den wir erfahren können, wann immer wir die geringsten Details der sichtbaren Welt betrachten – dieses Raumes können wir gewahr sein. Er ist nicht die Gestalten und Dinge, die wir kennen, aber in ihnen können wir des Raumes innewerden.

Abb. 65 Die geringsten Details der sichtbaren Welt.

Das wahrhafte Innesein des Raumes, die wahrhafte Andacht, liegt im Erfassen der vielfältigen Details von Gestalt und Form, die alle – in ihrer Exaktheit und Präzision – eingehen in das eine große Gewahrsein. Und wir dürfen nicht vergessen, daß dieses Gewahrsein nicht im Reden darüber besteht. Es läßt sich als Beschreibung nicht vermitteln.

Wir müssen uns davor hüten, einfach mit offenem Mund dazustehen, nur weil es so viel Mechanik gibt, die wir nicht verstehen; Geometrie und Mathematik beginnen da, wo wir, unsere eigene Unvollkommenheit und Beschränktheit ins Spiel bringend, nach Verstandeserkenntnis der unerforschlichen Natur streben. Wenn wir weiter und immer weiter streben, bis Größe und Dimensionen verschwinden – ist das nicht längst für uns getan? Die Wirklichkeit, in der es Größe und

Dimensionen nicht gibt, ist einfach und hier. Denn weiter und weiter strebend, verlieren wir uns selbst, aber finden den verlorenen Faden wieder im Gewahrsein der einfachsten Akte menschlicher Güte, im unvollkommensten Erkennen einer anderen menschlichen Seele, worin weder Größe noch Dimension und doch alles wirklich ist.

Abb. 66
Die einfachsten Akte menschlicher Güte.

Der Autor dieser sonderbaren und doch packenden Sätze führte – vor dem Hintergrund seiner Zeit betrachtet – ein ebenso sonderbares Leben.

Charles Howard Hinton, in der Familie Howard genannt, wurde 1853 in London geboren. Sein Vater, James Hinton, war ein bekannter Autor, den es von der Ohr-Chirurgie in die Religionsphilosophie verschlug, bis er schließlich zum Verfechter einer neuen Sexualmoral wurde. Noch jenseits der Blüte seiner Jahre gelang es ihm, sich mit einem Zirkel bewundernder Frauen zu umgeben und mit den meisten von ihnen auch sexuell zu verkehren. Einer seiner Aussprüche lautet: «Christus war der Erlöser der Männer [Wortspiel mit dem engl. Wort *man*, das «Mensch» bedeuten kann, überwiegend aber in der Bedeutung «Mann» verwendet wird (Anm. d. Übers.)], aber ich bin der Erlöser der Frauen, und ich beneide ihn kein bißchen.»

Howard machte 1877 an der Universität von Oxford seinen Bachelor of Arts und heiratete bald darauf Mary Boole, Tochter des berühmten Mathematikers George

Boole, nach dem die Boolesche Algebra benannt ist. 1880 wurde Hinton von der Uppingham School als Lehrer für Naturwissenschaften angestellt, während er noch für seinen Magistertitel in Mathematik arbeitete.

Bei all seiner Bildung gewann er das Gefühl, irgendwie keinen festen Halt zu finden, kein wirklich konkretes Wissen. Aus unerfindlichen Gründen kam er auf die Idee, sich einen Kubikyard von Ein-Zoll-Würfeln einzuprägen. Er nahm also einen Block von 36 mal 36 mal 36 Würfeln, ordnete jeder dieser 46 656 Einheiten einen Namen aus zwei lateinischen Wörten zu (beispielsweise *Glans Frenum*) und lernte dieses räumliche Raster als einen «Körper Papier» (analog zu einem «Blatt Papier») zu benutzen. Wenn er sich nun irgendeine körperhafte Struktur vergegenwärtigen wollte, so vergrößerte oder verkleinerte er sie proportional so, daß sie in seinen Kubikyard paßte. Jetzt brauchte er nur noch durchzugehen, welche der Zellen sie besetzte, und konnte sie auf diese Weise beschreiben. (Das mag unglaublich klingen, ist aber nicht gänzlich unmöglich – jedenfalls nicht, wenn man wie Hinton ein System besitzt, das die Zahl der Grundfakten auf 216 beschränkt.)

Diese scheinbar verrückte Idee erwies sich für Hinton als großartige Quelle der Inspiration. Denn im Endeffekt hatte er sich ja mit dieser Arbeit in seinem Bewußtsein eine Art «dreidimensionale Netzhaut» geschaffen, wie wir sie (nach dem im 3. Kapitel Gesagten) bei einem vierdimensionalen Wesen vermuten müssen. Irgendwelche geheimnisvollen Eingebungen trieben ihn auf dem richtigen Weg voran, und als nächstes nahm er sich vor, sich sämtliche Würfel in jeder der 24 möglichen Ausrichtungen des Yard-Blocks einzuprägen (wenn wir seine sechs Begrenzungsflächen nacheinander zu seiner Basis machen, können wir ihm in jeder dieser Lagen vier verschiedene horizontale Ausrichtungen geben, gelangen also zu 6 × 4 oder 24 Möglichkeiten).

Dadurch wurde es ihm möglich, ein dreidimensionales Objekt zu nehmen und seine Teile nur noch nach dem Gesichtspunkt «Was ist neben was?» zu betrachten und sich so von raumgebundenen Begriffen wie vorn/hinten oder oben/unten zu befreien. Bald darauf gelang ihm auch der letzte Schritt, nämlich links/rechts wegfallen zu lassen, so daß er jetzt zu einer wirklich vierdimensionalen Sicht der Welt gelangte. Er konnte nun ohne Schwierigkeiten alle Querschnitte eines Hyperkubus visualisieren, ungestört durch die Tatsache, daß diese Querschnitte ihr eigenes Spiegelbild werden können, je nachdem, wo der Hyperkubus relativ zu unserem Raum liegt.

So wuchs sein Verständnis für die vierte Dimension, und er begann darüber zu schreiben. Der erste Essay, den er veröffentlichte, «What Is the Fourth Dimension?» (deutsche Ausgabe: «Was ist die vierte Dimension?», 1983), erschien 1880 im *Dublin University Magazine,* dann 1883 im *Cheltenham Ladies' College Magazine* und wurde schließlich 1884 vom Verlag Swann Sonnenschein unter dem plump kommerziellen Titel *Ghosts Explained* als Broschüre herausgebracht. Zwischen 1884 und 1896 veröffentlichte Swann Sonnenschein neun solcher Broschüren mit Arbeiten Hintons, die dann später zu einem zweibändigen Werk mit dem Titel *Scientific Romances* vereinigt wurden. Manche dieser Arbeiten waren Essays über die vierte Dimension, andere würden wir einem Genre zurechnen, das man heute Science-fiction nennt.

Hinton hätte sich vielleicht wie sein Vater ein behagliches Leben machen können – das Leben eines von den Intellektuellen geachteten und von den Frauen geliebten Schriftstellers. Doch 1885 ereilte ihn die Katastrophe. Aufgrund seiner Beziehungen zu einer Frau namens Maude Weldon, mit der er eine Woche im King's Cross Hotel verbrachte und Zwillinge zeugte, wurde er wegen Bigamie verhaftet. Der Direktor der Uppingham School hatte Maude Weldon bis dahin für Hintons Schwester gehalten – offenbar war sie häufig zu Besuch bei Hinton und seiner legitimen Frau Mary. Natürlich verlor er seinen Job. Seine Karriere war ruiniert. Als 1886 das Urteil gesprochen wurde, kam er mit einer symbolischen Haftstrafe von drei Tagen davon. Kurz darauf verließen er, seine Frau Mary und die Kinder fluchtartig das Land, und bald darauf war Hinton Mittelschullehrer in Yokohama.

Die Peinlichkeiten und Torturen, die Hinton in dieser

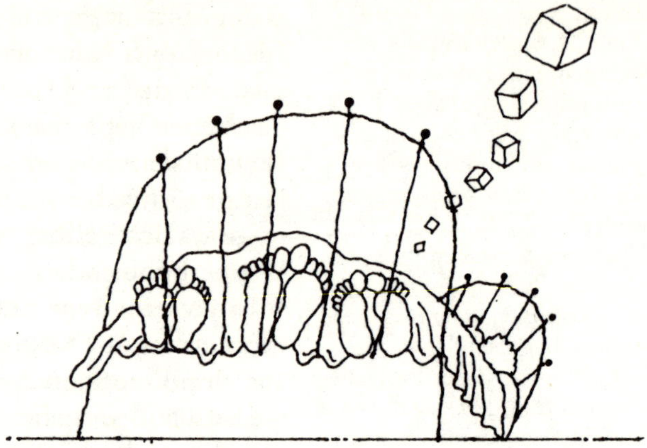

Abb. 67 Hinton war Bigamist.

Zeit auszustehen hatte, werden in zwei seiner «Wissenschaftlichen Erzählungen» deutlich, in «Stella» und «An Unfinished Communication». «Stella» erzählt von einem Mädchen, das von seinem Beschützer unsichtbar gemacht wird, damit sie nicht in die Verstrickungen der Eitelkeit und der körperlichen Liebe geraten kann. Aber Stella findet trotzdem einen Liebhaber, einen Mann, der sie Kleidung tragen und sich schminken läßt, damit er sie sehen kann. Man kann sich gut vorstellen, daß Stella der Geliebten Hintons nachgebildet ist.

«An Unfinished Communication» muß man wohl als höchst merkwürdige Geschichte bezeichnen. Sie erzählt von einem verzweifelten Mann, der die Dienste eines «Verlerners» sucht, eines Mannes, der ihn die schreckliche Vergangenheit vergessen machen kann. Der Verlerner gibt nachdrücklich zu verstehen, daß es wichtig ist, offen zu leben und seine Geheimnisse mitzuteilen. Und das ist gewiß etwas, wonach Hinton sich verzweifelt gesehnt haben muß, während er immer tiefer in dem Sumpf versank, in den er durch seine Versuche, die väterliche Philosophie der freien Liebe zu leben, geraten war.

Als Hinton nach Japan aufbrach, hinterließ er ein Manuskript, das er in die Obhut zweier Freunde gab. Dieses Buch, *A New Era of Thought,* erschien 1888. Hier erläutert Hinton in allen Einzelheiten durch Manipulation von 81

Hinton war zwar auf Grund seiner Leidenschaft für Metageometrie nie sehr erfolgreich als College-Lehrer, doch er besaß viele Freunde, und in Princeton gewann er die Zuneigung der Studenten durch einen Schabernack, wie er köstlicher hier noch nicht vorgekommen war. Das war unmittelbar nach der Fertigstellung seiner Baseball-Kanone. Er lud Fakultät und Studenten zu einem Vortrag ein, bei dem er die Maschine demonstrieren und ihre wissenschaftliche Theorie erläutern wollte. Während dieses Vortrags wurde er durch einen Expreßboten unterbrochen, der den Gang herunterkam und dem Professor lautstark ins Wort fiel. Da er nach gutem Princetoner Brauch schon vielfach das Opfer von Streichen geworden war, freute sich schon alles auf ein absurdes Zwischenspiel. Professor Hinton protestierte zunächst gegen die Störung, drang aber bei dem Boten nicht durch und bat seine Zuhörer schließlich, sich diesem offenbar äußerst wichtigen Brief kurz widmen zu dürfen. Er las laut vor, und erst auf der dritten Seite – es war ein Bericht über ein Baseballspiel des Jahres 1950 – merkten die Studenten, daß diesmal sie die Opfer waren.

Gelett Burgess
«The Late Charles Howard Hinton», 1907

farbigen Würfeln – die 81 Teile eines 3 mal 3 mal 3 mal 3 Hyperkubus. Hinton gibt sich hier äußerst selbstsicher und behauptet: «Das Problem, an dem ich über zehn Jahre gearbeitet habe, ist nun vollständig gelöst. Es ist dem Bewußtsein möglich, sich eine Vorstellung vom höheren Raum zu machen, die so korrekt ist wie die vom dreidimensionalen Raum, und diese Vorstellung in gleicher Weise anzuwenden.»

In diesem Buch erklärt Hinton auch, weshalb es uns möglich ist, 4-D-Gedanken zu denken. Da unser Gehirn aus dreidimensionalen Neuronenstrukturen besteht, so die landläufige Ansicht, ist es von vornherein aussichtslos, mit diesem Gehirn vierdimensionale Modelle bilden zu wollen. Aber, hält Hinton dagegen, wäre es nicht möglich, daß unser Raum eine geringfügige vierdimensionale Hyperdicke aufweist? Wenn das tatsächlich der Fall wäre, könnten die kleinen Materieteilchen, die unser Denken kodieren, auch vierdimensionale Strukturen bilden uns so ein vierdimensionales Denken ermöglichen.

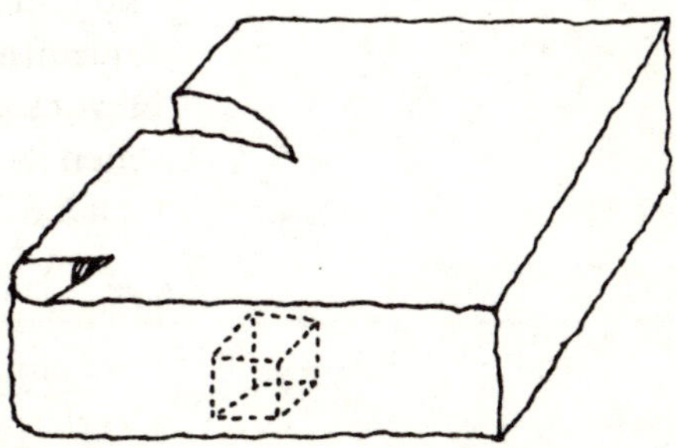

Abb. 68 Ein dickes Quadrat mit dem geistigen Bild eines Würfels.

Eine Zeitlang konnte man diesen Satz von Würfeln bei Hintons Verlag bestellen. Ich habe mir die Würfel selber gebastelt und war etwas enttäuscht. Das Herumspielen mit bunten Würfeln ist vielleicht doch nicht der beste Zugang zum vierdimensionalen Denken.

Das Jahr 1893 fand Hinton als Dozent für Mathematik an der Princeton University. Hier widmete er sich allerdings in der Hauptsache der Entwicklung einer «Baseball-kanone». Damit konnte das Princeton-Team beim wöchentlichen Training auch das Schlagen wirklich schneller Bälle üben – ohne daß der Pitcher seine Arme strapazieren mußte. Die Kanone schoß die Basebälle mit Geschwindigkeiten von bis zu siebzig Meilen pro Stunde, und mit Hilfe zweier gummiüberzogener Stahlfinger an der Mündung ließen sich auch angeschnittene Bälle schießen.

Hinton wurde bald wieder gefeuert und fand seinen nächsten Job an der University of Minnesota. Im Jahr 1900 verließ er Minnesota und ging nach Washington, D. C., wo er zunächst am Naval Observatory und später am Patentamt arbeitete. Seine treu ergebene Frau Mary folgte ihm durch alle Stationen dieser Wanderschaft und gebar ihm vier Söhne. Sie wurde in Washington durch Vorträge über Lyrik bekannt.

Hinton starb 1907 im Alter von vierundfünfzig Jahren einen plötzlichen und dramatischen Tod. Ein Zeitungsartikel mit der Überschrift «Wissenschaftler bricht tot zusammen» berichtete, wie Hinton beim jährlichen Bankett der Washingtoner Society of Philantropic Inquiry zusammenbrach, als er gerade der Bitte des Toastmasters um einen Toast auf «weibliche Philosophen» nachkommen wollte.

Charles Howard Hinton lebte ein höchst bewegtes und

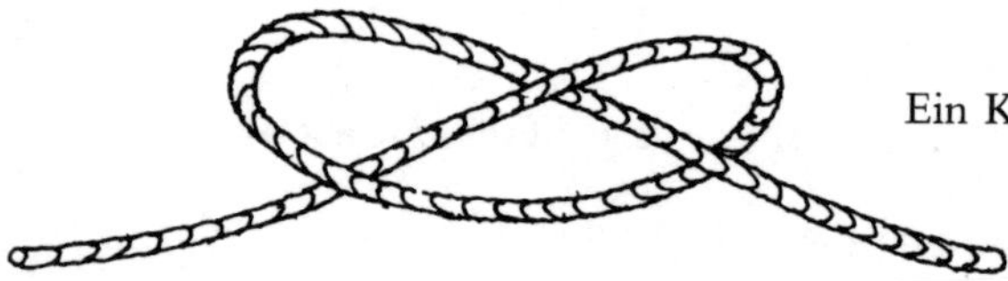

Ein Knoten

Denkakrobatik 5.1

Im dreidimensionalen Raum kann man eine Schnur zu einem Knoten binden. Im zweidimensionalen Raum kann man keinen Knoten in eine Schnur (oder Linie) knüpfen, und im vierdimensionalen Raum wird der Knoten sich von selbst wieder lösen. Wie kommt das? Im vierdimensionalen Raum ist es möglich, eine Ebene zu knoten. Können Sie sich vorstellen, wie?

schillerndes Leben. Eines der Dinge, die ihn in allen Schwierigkeiten aufrechterhielten, so möchte ich glauben, war die mystische Schau des Raumes, die ihm als jungem Mann zuteil wurde.

Ich hoffe, der Leser hat inzwischen Geschmack an der vierten Dimension als einem für sich selbst genommen interessanten Gegenstand gefunden. Im zweiten und dritten Teil dieses Buchs wollen wir nun sehen, wie die vierte Dimension für das Verständnis der wahren Natur von Raum, Materie, Zeit und Geist genutzt werden kann.

Zweiter Teil

Raum

6. Woraus wir gemacht sind

Die Welt besteht aus Materieklumpen, die im leeren Raum schweben – das ist die Anschauung, an die wir uns gewöhnt haben. Materie ist etwas, Raum ist nichts. Aber stimmt das wirklich? In der Vergangenheit haben viele einflußreiche Denker angenommen, der Raum zwischen den sichtbaren Objekten sei von einem subtileren Material erfüllt, von einer glatten, kontinuierlichen Substanz, dem Äther.

Heutzutage ist vom Äther nicht mehr viel die Rede. Aber im 19. Jahrhundert war er in aller Munde, wie es heute die «Felder» sind. James Clerk Maxwell (1831–1879), Begründer der Theorie des Elektromagnetismus, schrieb in seinem für die neunte Auflage der *Encyclopaedia Britannica* verfaßten Artikel über den Äther:

> Ungeachtet der Schwierigkeiten, die es bereitet, eine konsistente Vorstellung von der Beschaffenheit des Äthers zu gewinnen, kann kein Zweifel daran bestehen, daß der interplanetare und interstellare Raum nicht leer ist, sondern von einer materiellen Substanz, einem Körper eingenommen wird, welcher gewiß der größte und wahrscheinlich der einheitlichste Körper ist, von dem wir wissen.

Aber warum muß der Raum unbedingt mit Äther gefüllt werden? Weshalb soll der Raum nicht einfach der leere Hintergrund sein, vor dem die Materie sich bewegt? Eine Schwierigkeit besteht darin, daß die Fernwirkung der Schwerkraft unerklärlich bleibt, wenn der Raum wirklich leer ist. Isaac Newton formulierte sein berühmtes Gesetz

Wir haben im Falle der ebenen Welt angenommen, daß die Oberfläche, auf der die Bewegungen stattfinden, inaktiv ist mit Ausnahme ihrer Schwingungen. Sie ist einfach eine glatte Grundlage. Im Falle der ebenen Welt wollen wir diese glatte Oberfläche der Einfachheit halber als «Äther» bezeichnen.

Dieser Äther ist einfach eine glatte, dünne Fläche von keiner bestimmten Struktur; er wird aber durch Störungen der Materie auf ihm zu Schwingungen angeregt, welche die Wirkung dieser Störungen als Licht und Wärme auf andere Teile der Materie übertragen. Es ist nun aber möglich, sich ein ganz anderes Bild vom Äther einer ebenen Welt zu machen.

Stellen wir uns vor, der Äther sei keine glatte Fläche, die einfach nur als Grundlage dient, sondern besitze eine definitive Zeichnung und eingekerbte Struktur.

Charles H. Hinton
A New Era of Thought, 1888

Abb. 69 Wie schicken wir Signale durch den leeren Raum?

der Schwere als quantitative Beschreibung der Gravitationskraft, wußte dabei aber nur allzu gut, daß er nicht erklären konnte, wie diese Kraft über den leeren Raum hinweg wirken sollte. Es mußte also ein Medium geben, und so schreibt er:

> Es ist undenkbar, daß unbelebte rohe Materie ohne die Vermittlung durch etwas anderes, Nicht-Materielles auf andere Materie einwirken und sie beeinflussen kann, ohne daß sie mit dieser in Berührung kommt. Daß ein Körper über die Entfernung, durch ein Vakuum, ohne die Vermittlung durch etwas anderes, auf einen anderen einwirken kann, ... ist für mich eine solche Absurdität, daß ich glaube, kein Mensch, der in philosophischen Dingen ein kompetentes Denkvermögen besitzt, könne je auf sie verfallen.

Das war gegen Ende des 17. Jahrhunderts. Die moderne Gravitationstheorie, enthalten in Albert Einsteins Allgemeiner Relativitätstheorie, kennt durchaus so etwas wie einen «raumerfüllenden Äther», mit dem sie erklärt, wie Schwerkraft ausübende Körper die Bewegungen entfernter Objekte beeinflussen können. Für Einstein ist der Raum selbst dieser kontinuierliche Äther, und die Krümmung dieses Raums in höheren Dimensionen erzeugt die Schwerkraft-Anziehung. Aber ich greife vor.

Im späten 18. Jahrhundert vertraten Thomas Young und Augustin Fresnel mit guten Gründen die Theorie, daß Licht eher eine Wellenbewegung als ein Partikelstrom ist. Verschiedene optische Effekte wie die Beugung und Polarisation des Lichts schienen nur den Schluß zuzulassen, daß Licht eine Schwingung ist. Aber Schwingungen brauchen ein Medium. So nahm man an, daß der Weltraum von einem «Licht-Äther» erfüllt ist, der die als Licht bezeichnete Wellenbewegung leitet. Im Laufe des 19. Jahrhunderts machte man diesen Äther darüber hinaus zum Träger der elektrischen und magnetischen Kräfte.

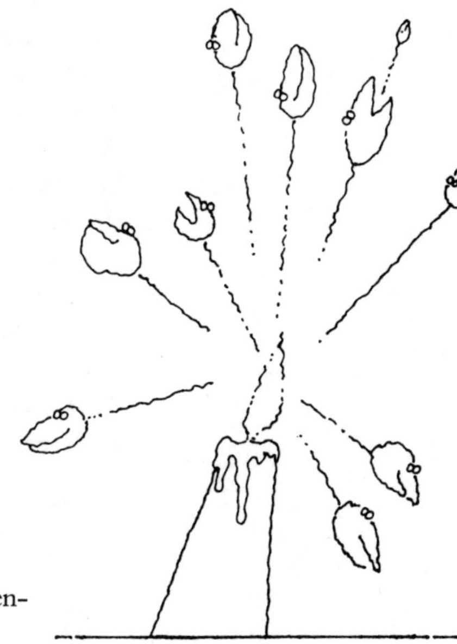

Abb. 70 Welle-Teilchen-Dualismus.

Heute haben wir keine Schwierigkeiten mehr mit der quantenmechanischen Idee, daß Licht *sowohl* Welle *als auch* Teilchen ist. Ein Photon (Lichtquantum) ist ein welliges und doch festes kleines Päckchen, das durch den Raum schwirrt und dabei ganz und gar ohne unsichtbares schwingendes Aspik unter den Füßen auskommt.

Aber der Äther ist nicht nur als Medium in Verruf geraten; auch andere Eigenschaften, die ihm einst zugesprochen wurden, sind ihm inzwischen aberkannt worden. Die meisten Äthertheoretiker glaubten, daß gewöhnliche Materie für den Äther keinerlei Hindernis darstellt. Für Thomas Young wehte der Äther durch feste Gegenstände «wie der Wind durch ein Wäldchen». Daß der Ätherwind ungehindert durch unseren Körper wehen kann, ist gewiß ein erfrischender Gedanke, und manchmal, wenn ich irgendwo auf einer windigen Erhebung stehe, kommt es mir so vor, als sause der Wind durch mich hindurch, um meine Moleküle abzustauben. Wenn wir nun einfach den Raum als Äther nehmen, wäre es dann nicht plausibel zu glauben, daß der Äther durch unseren Körper streicht, während wir uns durch den Raum bewegen?

Wir wissen, daß wir uns relativ zu anderen Objekten bewegen können, aber gehört der Raum auch zu dieser Art von Objekten? Die Antwort lautet nach heutigem Wissensstand: nein. Manchmal hört man, die moderne Physik habe bewiesen, daß es keinen Äther gibt. Eigentlich ist damit gemeint, daß es nach den Erkenntnissen der modernen Physik sinnlos ist, von Bewegung relativ zum leeren Raum zu sprechen. Wie kam es dazu?

Gegen Ende des 19. Jahrhunderts stellten Physiker und Astronomen sich die Aufgabe, die absolute Bewegung der Erde zu ermitteln. Sie gingen davon aus, daß der Raum

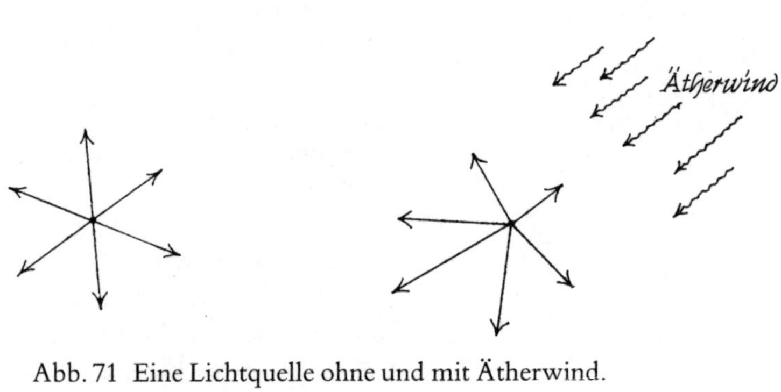

Abb. 71 Eine Lichtquelle ohne und mit Ätherwind.

von einem stehenden, bewegungslosen Äther erfüllt ist; wenn nun die Erde und unser Sonnensystem und unsere Galaxis durchs All wirbeln, sollten wir eine Art Ätherbrise im Gesicht spüren. Die Richtung, aus der diese Brise am stärksten zu spüren ist, müßte dann die Richtung sein, in die wir uns tatsächlich bewegen.

«Die Brise spüren» ist natürlich nur ein methaphorischer Ausdruck; im wirklichen Experiment wurde die Lichtgeschwindigkeit in verschiedenen Richtungen gemessen. Das Licht, so die Grundannahme, würde sich mit dem Ätherwind am schnellsten und gegen den Ätherwind am langsamsten ausbreiten.

Nach diesem Muster wurden etliche Versuche zur Messung der Erdbewegung im Ätherwind durchgeführt, darunter das berühmt gewordene Michelson-Morley-Experiment von 1887. Das Ergebnis lautete, daß Licht sich unabhängig von seiner Ausbreitungsrichtung stets mit derselben Geschwindigkeit ausbreitet. Durch Messung der Lichtgeschwindigkeit nach dem Ätherwind zu fühlen, ist dasselbe, als würde man im All ein Fähnchen aus dem Raumschiff hängen, um festzustellen, in welche Richtung man fliegt. Nichts passiert. Da draußen gibt es keine Luft und keinen Wind.

Abb. 72 Keine Luft, kein Wind.

Nach dem Null-Resultat des Michelson-Morley-Experiments hofften einige Physiker immer noch, Alternativmöglichkeiten für die Messung der Erdbewegung durch Raum und Äther finden zu können. Bei den meisten Wissenschaftlern regte sich aber der Verdacht, daß es *grundsätzlich* unmöglich ist, einen Ätherwind festzustellen. Auch Albert Einstein ging von dieser Annahme aus, als er 1905 seine ungeheuer folgenreiche spezielle Relativitätstheorie entwickelte. Diese Theorie (die wir im 9. Kapitel eingehender erörtern werden) beruht auf zwei Annahmen: 1. Die Lichtgeschwindigkeit ist immer dieselbe; 2. Es gibt keine Möglichkeit, absolute Bewegung festzustellen.

Die erste Annahme konnte schon 1905 auf Grund vieler Experimente als ziemlich gesichert gelten. Die zweite stellt dagegen eine radikal neue Sichtweise dar. Nach Einstein ist es unmöglich, Bewegung im leeren Raum festzustellen. Hier springt er von einer experimentellen Tatsache (daß Messungen der Lichtgeschwindigkeit nicht auf einen Äther schließen lassen) zu der generellen Hypothese, daß sich mit keinem erdenklichen Experiment je ein Ätherwind wird nachweisen lassen.

Wir pflegen die Äthervorstellungen des 19. Jahrhunderts zu belächeln – aber halten wir uns vor Augen, daß wir selbst einer Äthervorstellung nachhängen, wenn wir den Raum als etwas an sich Bestehendes betrachten. Leerer Raum ist Äther, Äther ist leerer Raum. Was aber bedeutet dann Einsteins zweite Annahme hinsichtlich des Äthers? Hören wir, was er 1920 in einem Vortrag mit dem Titel «Äther und Relativitätstheorie» zu dieser Frage sagte:

> Indessen lehrt ein genaueres Nachdenken, daß diese Leugnung des Äthers nicht notwendig durch das spezielle Relativitätsprinzip gefordert wird. Man kann die Existenz eines Äthers annehmen; nur muß man darauf verzichten, ihm einen bestimmten Bewegungszustand zuzuschreiben...
>
> Man denke sich Wellen auf einer Wasseroberfläche. Man kann an diesem Vorgang zwei ganz verschiedene

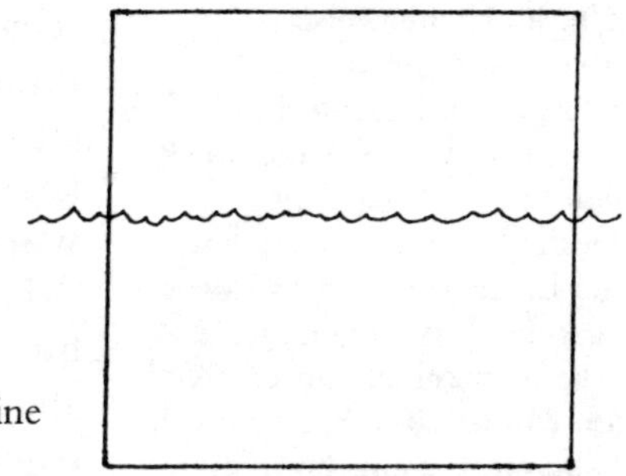

Abb. 73 Der Raum ist wie eine Meeresoberfläche.

Dinge beschreiben. Man kann erstens verfolgen, wie sich die wellenförmige Grenzfläche zwischen Wasser und Luft im Laufe der Zeit ändert. Man kann aber auch – etwa mit Hilfe von kleinen schwimmenden Körpern – verfolgen, wie sich die Lage der einzelnen Wasserteilchen im Laufe der Zeit ändert. Würde es derartige schwimmende Körperchen zum Verfolgen der Bewegung der Flüssigkeitsteilchen prinzipiell nicht geben, ja, würde überhaupt an dem ganzen Vorgang nichts anderes als die zeitlich veränderliche Lage des von Wasser eingenommenen Raumes sich bemerkbar machen, so hätten wir keinen Anlaß zu der Annahme, daß das Wasser aus beweglichen Teilchen bestehe, aber wir könnten es gleichwohl als Medium bezeichnen ... Verallgemeinernd müssen wir sagen: Es lassen sich ausgedehnte physikalische Gegenstände denken, auf welche der Bewegungsbegriff keine Anwendung finden kann. Sie dürfen nicht als aus Teilchen bestehend gedacht werden, die sich einzeln durch die Zeit hindurch verfolgen lassen ... Das spezielle Relativitätsprinzip verbietet uns, den Äther als aus zeitlich verfolglichen Teilchen bestehend anzunehmen, aber die Ätherhypothese an sich widerstreitet der speziellen Relativitätstheorie nicht.

Der Leser mag sich fragen, weshalb Einstein solche intellektuellen Verrenkungen auf sich nimmt. Wenn der Äther nicht aus einzeln verfolgbaren Teilchen besteht, warum sagt er dann nicht einfach, daß der leere Raum ein

Unglücklicherweise überwältigt bei dem Schwachen Geschlecht die Leidenschaft des Augenblicks jede andere Rücksicht ... Deshalb erinnern sie sich in der Leidenschaft ihres Zorns an keine Bindungen und erkennen keinen Unterschied an. Mir ist tatsächlich ein Fall bekannt, wo eine Frau ihren gesamten Haushalt ausrottete und nach einer halben Stunde, nachdem ihre Wut vorbei war und man die Fragmente fortgefegt hatte, sich erkundigte, was mit ihrem Mann und ihren Kindern sei ...

Doch selbst in unseren wohlgeordnetsten und sich der vollkommenen Kreisform am weitesten annähernden Familien ist das Ideal des Familienlebens, wie ich gestehen muß, nicht so hoch entwickelt wie bei euch in Raumland. Es herrscht Frieden, sofern man die Abwesenheit blutiger Auseinandersetzungen so bezeichnen kann, aber zwangsläufig nur geringe Harmonie des Geschmacks oder Interesses.

Edwin A. Abbott
Flächenland, 1884

reines Nichts ist? Wozu dann mit vielem Wenn und Aber immer noch daran festhalten, daß man den Raum auch als eine kontinuierliche Substanz namens Äther betrachten kann? Gehen wir nach Flächenland zurück, um die Antwort zu suchen.

Der Oberkreis beschließt, A Quadrat von seiner Frau hinrichten zu lassen. Blutrünstig, wie sie ist, und spitz wie alle Strecken, findet sie sich bereit, das arme Quadrat zu halbieren. Unser Held ist in eine schwere Kiste mit einer Öffnung eingesperrt. Die Königin stößt zu, ihr spitzes Ende blitzt auf. Sie stößt durch die kleine Öffnung in der Kiste, spießt noch einmal hinein und noch einmal, um ihm auch wirklich den Garaus zu machen. Aber als sie die Guillotinekiste öffnen, ist A Quadrat so gut wie neu. Was war geschehen?

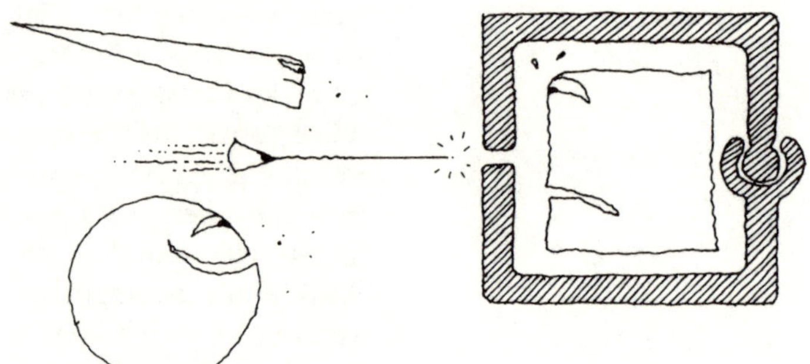

Abb. 74 A Quadrat unter dem «Fallbeil».

Um das zu verstehen, müssen wir uns den Raum von Flächenland zunächst als eine Art Gummifilm vorstellen oder noch besser als riesigen, reißfesten Seifenfilm. Wenn der Würfel ein Stückchen dieses Flächenraums packt und es hochzieht, dann könnte er einen Teil dieses Raums dehnen, so daß er größer wird, als man erwarten sollte. Und genau das tat er. Er packte das von der Guillotinekiste umschlossene Raumstück und zerrte nach Leibeskräften daran. Da war der zwölf Zoll lange Körper der Königin nicht mehr lang genug, um A Quadrat auf dieser «Raumbeule» zu erreichen. Und so erlebte A Quadrat diesen Moment (wieder zitiere ich aus den imaginären «Weiteren Abenteuern eines Quadrats»):

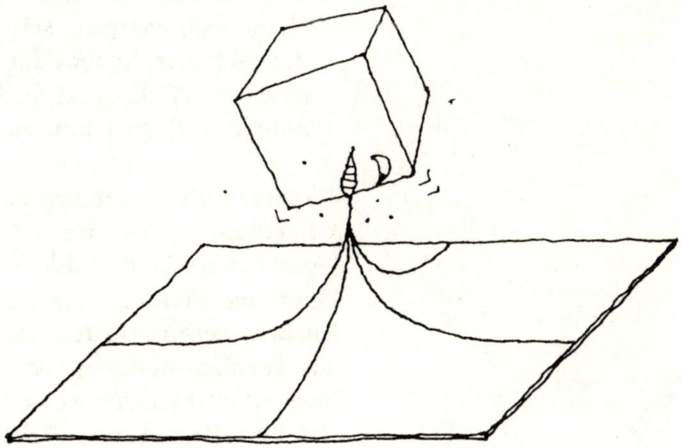

Abb. 75 Der Würfel dehnt den Raum von Flächenland.

Wem mein Bericht von diesen Geschehnissen wirr erscheint, dem kann ich nur sagen, daß diese Wirrnis widerspiegelt, was ich und meine Landsleute empfanden.

Der Würfel rief mir aus dem Raum zu, als die Guillotinekiste um mich geschlossen wurde. Lachend forderte er mich auf, gefaßt und wohlgemut zu sein. In meiner jämmerlichen Lage erschien mir das frivol und gar nicht nett.

Als die Königin sich näherte, surrte eine merkwürdige Spannung durch mein ganzes Sein. Die Kiste um mich herum schien eher räumliche Dimensionen anzunehmen. Irgendwie wurde das Loch in der Kistenwand so tief, daß der Königin blutdürstende Spitze sich meinem zitternden Fleisch nicht mehr nahen konnte.

Die spitzen Stecher der Frauen sind so gut wie nervenlos, und so entging der Königin dieser Fehlschlag. Mit dem Schrei, daß die Exekution vollzogen sei, zog sie sich zurück. Ein Gleichschenkliger machte sich daran, die Kiste zu öffnen.

Doch noch ehe er soweit war, fühlte ich wieder dieses

Drehen um meine Mittelachse. Mein hochedler Archetypus, der Würfel, hatte mich in meine ursprüngliche Lage zurückversetzt. Noch stotterte ich meinen Dank, als er einen weiteren, schicksalsschweren Schlag führte, durch den seit jenem Tag die Sicherheit meines Lebens gewahrt ist. Er griff in den Körper des üblen Kreises hinein und zermalmte dessen Tyrannenherz.

Wenn wir uns den Raum als kontinuierliches Äther-Gelee vorstellen, darin liegt der springende Punkt dieser Geschichte, dann wird es durchaus sinnvoll, von der Dehnung oder Verformung des Raums zu sprechen. Wie Einstein betont, dürfen wir uns den Raum zwar nicht als aus Teilchen bestehend denken, aber er kann sehr wohl höckrig oder gewellt sein. Es gibt keine Möglichkeit, die absolute Bewegung solcher Raumhöcker festzustellen, aber man kann beobachten, wie sie sich relativ zueinander bewegen.

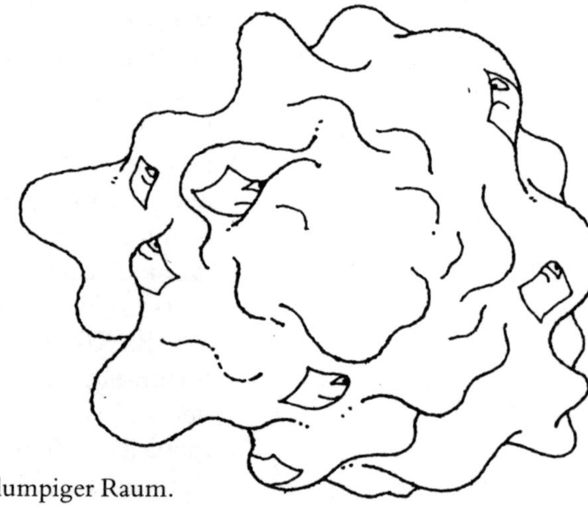

Abb. 76 Klumpiger Raum.

Höcker im Raum (genauer gesagt, in der Raum-*Zeit*) können uns das Erklärungsmodell für die Massenanziehungskraft liefern. Einsteins 1915 vorgestellte Allgemeine Relativitätstheorie enthält eine Gravitationstheorie, die wir auf diese beiden Aussagen reduzieren können: 1.

Materie und Energie verformen den Raum; 2. Die Verformungen des Raums beeinflussen die Bewegung von Materie und Energie. Der Äther – oder Raum – ist somit das Medium der Gravitationsphänomene. Masse beeinflußt Raum, Raum beeinflußt Masse. Wie geschieht das?

Wir müssen uns vorstellen, daß der Raum um jeden massetragenden Körper gedehnt ist. Je dichter die Masse, desto stärker die Dehnung. Ein gutes Bild dafür ist eine Billardkugel, die auf einer Gummihaut liegt und diese nach unten durchdrückt. Oder nehmen wir einen Heliumballon unter der Haut, der sie nach oben ausbeult wie in Abbildung 77. «Nach oben» oder «nach unten» spielt hier keine Rolle; wir wollen nur darauf hinaus, daß Masse den Raum dehnt.

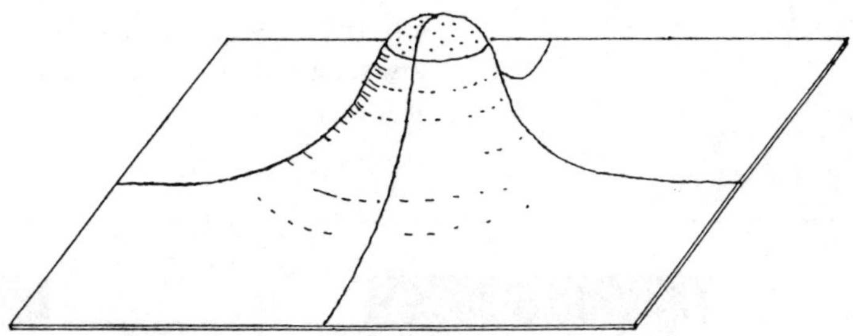

Abb. 77 Ein Körper von großer Masse macht einen Höcker im Raum.

Untersuchen wir jetzt einmal, wie die Krümmung des Raums die Bewegung von Teilchen beeinflußt. Lassen wir unser bewegtes Teilchen ein Photon sein, ein winziges Stückchen Licht. Üblicherweise gehen wir davon aus, daß Licht sich geradlinig ausbreitet. Wenn aber der Raum gekrümmt ist, gibt es so etwas wie eine wirklich gerade Gerade nicht. Nun gut, das Licht breitet sich also so geradlinig wie nur eben möglich aus. Wir können es auch so sagen: Ein Lichtstrahl von A nach B wird immer den kürzest möglichen Weg nehmen.

Wenn zwischen A und B ein großer Höcker liegt, führt der kürzeste Pfad nicht direkt über den Höcker. Der kürzeste Weg wird der mittlere Weg zwischen der Gipfel-

Abb. 78 Der kürzeste Weg von A nach B.

route und einer weiten Umgehung sein. Das wird leicht verständlich, wenn wir uns A und B als zwei Dörfer mit einem Berg dazwischen vorstellen. Der kürzeste Pfad zwischen den beiden Dörfern führt über den Fuß des Berges.

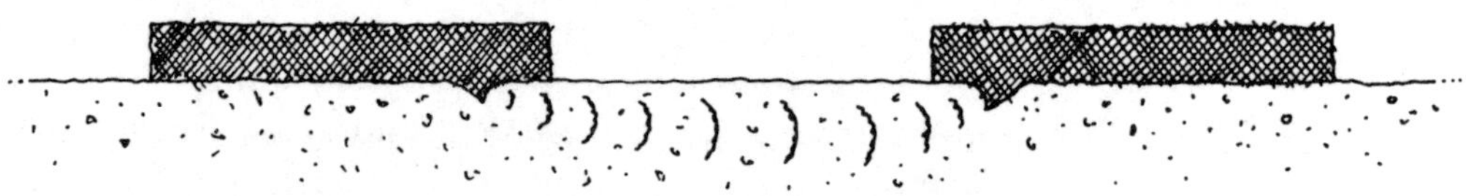

Seitenansicht der astrischen Telepathie

Denkakrobatik 6.1

In Astria, so setzt Charles H. Hinton, der Schöpfer dieses Flächenlandes, ausdrücklich voraus, besitzen die zweidimensionalen Wesen eine geringfügige Dicke und gleiten auf einer harten Oberfläche umher. Sie sind wie gemischter Aufschnitt auf einem Raumtablett, und dieser Raum dient als elastisches Medium für Schwingungen verschiedenster Art. Jeder Astrier verfügt über einen tief in sein Gewebe eingebetteten spitzen 3-D-Höcker, eine Art «Astralvibrator». Dieser Vibrator, ungefähr so groß wie eine Tonabnehmernadel, oszilliert im Rhythmus der Gedanken seines Trägers und erzeugt eine Resonanzschwinung im Raum unter ihm. Jeder andere Astrier in der näheren Umgebung kann – ohne genau zu wissen, wie – die Stimmungslage dieser Gedanken über seinen eigenen «Tonabnehmer» empfangen. Welchen Eindruck würden die Astrier von einem der ihren gewinnen, der durch eine dreidimensionale Bewegung umgedreht wurde?

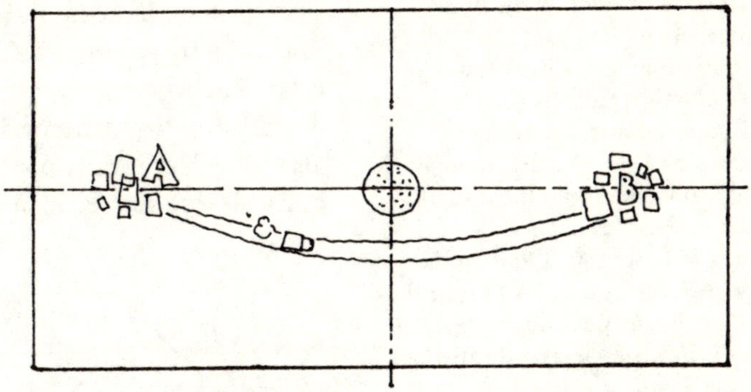

Abb. 79 Der kürzeste Weg von A nach B, von oben gesehen.

Schauen wir nun von oben auf unser Photon herunter, so sieht es wahrhaftig so aus, als hätte die Masse den Strahlengang durch «Anziehung» verbogen. Tatsächlich hat die Masse aber nur den Raum gedehnt, so daß der kürzeste Weg von A nach B eine Beule hat. Die gravitationelle Bahnkrümmung bei materiellen Objekten kann man in gleicher Weise erklären, allerdings wird die Sache hier ein bißchen komplizierter.

Die Schwerkraft kann also durch die Annahme erklärt werden, daß Materie den Raum krümmt. Aber wie kommt die Materie dazu, den Raum zu krümmen?

Eine Erklärung besagt, daß Raumkrümmung und Materie identisch sind. William K. Clifford trug diese Theorie 1870 als erster vor, und zwar in einer Arbeit mit dem Titel «On the Space Theory of Matter»:

> Ich halte dafür,
> 1. daß kleine Abschnitte des Raums tatsächlich von einer Natur sind, daß man sie kleinen Hügeln auf einer ansonsten flachen Oberfläche analog betrachten kann; daß also die normalen Gesetze der Geometrie in ihnen nicht gültig sind;
> 2. daß diese Eigenschaft des Gekrümmt- oder Verformtseins nach Art einer Wellenbewegung kontinuierlich von einem Raumteil auf den nächsten übertragen wird;
> 3. daß diese Veränderung der Raumkrümmung das ist,

Ist die stoffliche Welt, in der wir leben, ein rein mathematisches Konstrukt? Anders gefragt: Ist die Raumzeit nur die Arena, in der sich Felder und Teilchen als «physikalische Entitäten» oder «Fremdkörper» umherbewegen? Oder ist das vierdimensionale Kontinuum *alles*? Ist die Geometrie der gekrümmten leeren Raumzeit eine Art magisches Baumaterial, aus dem alles in der stofflichen Welt gemacht ist: 1. eine leichte Krümmung in einer Region des Raumes beschreibt ein Gravitationsfeld; 2. eine wellige Geometrie mit einer anderen Krümmungsart beschreibt ein elektromagnetisches Feld; 3. eine Ballungsregion hohen Krümmungsgrades beschreibt eine Konzentration von Ladung und Masse-Energie, die sich wie ein Teilchen bewegt? Sind Felder und Teilchen Fremdgegebenheiten *in* der Geometrie, oder sind sie nichts *als* Geometrie?

John A. Wheeler
«Curved Empty Spacetime as the Building Material of the Physical World», 1972

was in der phänomenalen Welt wirklich geschieht und was wir *Bewegung von Materie* nennen, sei sie wägbar oder flüchtig;
4. daß in der stofflichen Welt nichts anderes stattfindet als diese Veränderung, unterworfen (möglicherweise) dem Gesetz der Kontinuität.

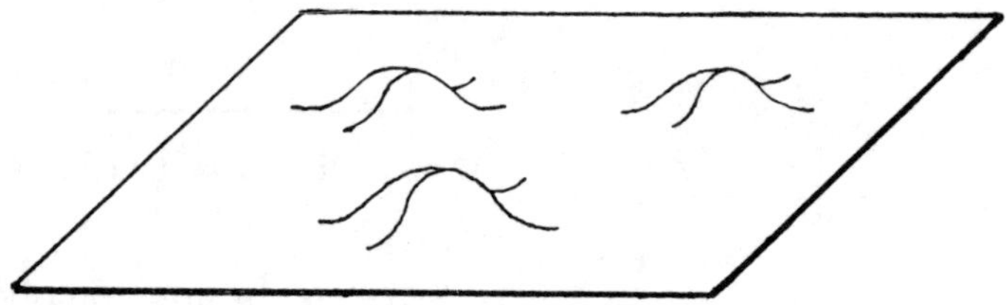

Abb. 80 Drei Materiestückchen im Raum.

Das ist eine sehr interessante Anschauung der Materie; John Wheeler, ein zeitgenössischer Physiker, hat ihr den Namen *Geometrodynamik* gegeben. Üblicherweise denkt man sich Materie als feste Substanz, die im leeren Raum schwebt. Aus dem Blickwinkel der Geometrodynamik ist der Raum jedoch nicht wirklich leer und die Materie nicht wirklich fest. Der Raum ist ein Äther, eine kontinuierliche und in höheren Dimensionen gekrümmte Substanz. Und Materie ist eine Art Strukturierung des Äthers.

Diese Idee ist sehr befriedigend für den Intellekt, weil sie die Abrundung zu einer dialektischen Triade bedeutet. Zuvor haben wir als *These* den Begriff der festen Materie und als *Antithese* den Begriff des vollständig leeren Raums. Masse contra Raum; etwas contra nichts. Die *Synthese* besteht nun darin, Masse und Raum gleichermaßen als Ausdrucksformen ein und desselben Äther-Kontinuums zu betrachten: wo der Äther glatt ist, sieht er wie leerer Raum aus, wo er eine scharfe Krümmung aufweist, erscheint er als Materie. These und Antithese sind einfach zwei Aspekte einer höheren Synthese.

Cliffords Gedanke, Materie einfach aus reinem gekrümmtem Raum herzustellen, war ein kühner Schritt nach vorn. Ein paar Jahre früher war diese Richtung bereits durch William Thomson angedeutet worden. Er betrachtete Materie nicht als höherdimensionalen Höcker im leeren Raum oder Äther, sondern entwickelte die Theorie, daß sie aus dreidimensionalen Wirbelringen im Äther besteht.

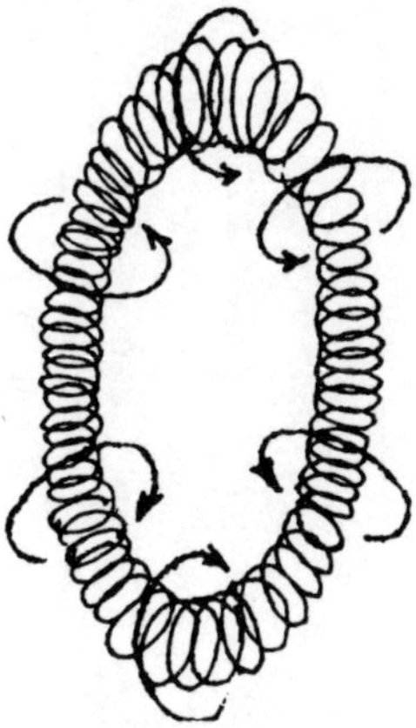

Abb. 81 Ein Wirbelring.

Ein Wirbelring ist so etwas wie die Gebilde, die manche Spezialisten aus Tabakrauch formen können. Ein Ring aus einer Substanz, die um sich selbst kreiselt. Thomson wurde durch die sogenannten Helmholtzschen Wirbelsätze zur Entwicklung seiner Theorie angeregt. In idealen (d. h. reibungsfreien) Fluiden (Flüssigkeiten und Gasen), so hatte Hermann von Helmholtz 1857 bewiesen, müssen Wirbel um Linien zentriert sein, die entweder zur Oberfläche des Fluids orientiert sind oder sich in sich selbst zurückkrümmen und einen Ring bilden. Wenn man zuschaut, wie das Wasser aus der Badewanne abfließt, beobachtet man eine Wirbelerscheinung des erstgenannten Typs, einen Linien- oder Hohlwirbel: einen wabernden, schlauchartigen Strudel von der Wasseroberfläche bis hinunter zum Abfluß. Der trichterförmige Schlauch eines Tornados ist ebenfalls ein Beispiel für einen Linienwirbel. Krümmt sich nun diese Linie zu einem Kreis, so entsteht ein Wirbelring. Bemerkenswert ist an einem solchen Ring, daß er eine abgeschlossene Region jenes Fluids darstellt, in dem er sich befindet. Das läßt sich zum Beispiel an einem Rauchring verfolgen. Die Luft ist zwar kein reibungsfreies Fluid, aber zumindest für eine Weile verliert der Ring weder Luft, noch nimmt er Luft auf, sondern bleibt so, wie er erzeugt wurde, ein Ring aus in sich selbst wirbelnder rauchiger Luft.

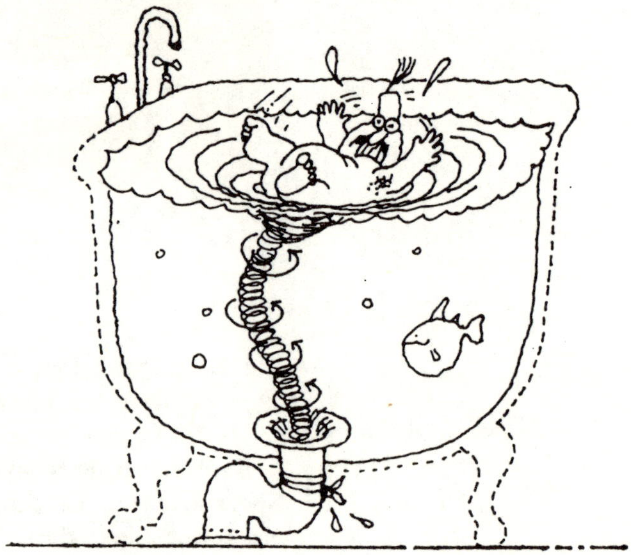

Abb. 82 Ein Linienwirbel.

Einige Forscher des 19. Jahrhunderts bauten sogar Rauchring-Projektoren und beobachteten unentwegt, wie Rauchringe sich bewegen, wie sie schwingen, oder was passiert, wenn sie zusammenstoßen. Man hoffte, die verschiedenen Eigenschaften von Materie erklären zu können, indem man Atome als Wirbelringe in einem vollkommen reibungsfreien Äther interpretierte. Ein besonders vielversprechender Zug der Wirbelring-Theorie bestand darin, daß sie erklärte, wie ein Atom von meßbarer Größe und doch zugleich unteilbar sein konnte: Versucht man, einen Rauchring zu teilen, so erhält man nichts als zwei sich rasch verflüchtigende Wölkchen.

Die Wirbelring-Theorie der Materie gelangte nicht zu

Wäre im Körper kein anderes Material als das sichtbare und im Gehirn kein anderes Material als eine gewisse Menge Phosphor und andere Dinge, wie wir sie in ihrem gewöhnlichen Zustand kennen, und wäre das individuelle Bewußtsein abhängig von der stukturgebenden Präsenz dieser Substanzen in Körper und Gehirn, so gäbe es beim Zerfall dieser Struktur natürlich gute Gründe anzunehmen, daß solches Bewußtsein gänzlich aufgehört hat. Es ist jedoch das Anliegen dieses Buches, verschiedene wissenschaftliche Gründe für die Annahme vorzulegen, daß es noch etwas jenseits dessen gibt, was wir das sichtbare Universum nennen; und daß das individuelle Bewußtsein auf wunderbare Weise mit der Wechselwirkung zwischen dem Sichtbaren und dem Unsichtbaren verknüpft beziehungsweise von ihr abhängig ist.

Balfour Stewart und Peter Guthrie Tait
The Unseen Universe, 1875

Abb. 83 Rauchring-Projektor (aus A. E. Dolbear: *Matter, Ether, and Motion*).

überprüfbaren Voraussagen und wurde schließlich aufgegeben. Eines der letzten Bücher, die diese Theorie vertraten, war ein kurioses Werk mit dem Titel *The Unseen Universe* (1875). Das Buch scheint sagen zu wollen, daß die Seele als geknoteter Wirbelring im Äther existiert. Als Illustration für diesen Gedanken setzten die Autoren einen Knoten auf das Titelblatt und den Einband ihres Buchs.

Was nicht sofort ins Auge springt: Das Bild des geknoteten Wirbelrings impliziert die vierte Dimension. Es ist nämlich unmöglich, einen Wirbelring durch sich selbst zu schlingen, da er ähnlich einem Ring aus fester Materie eine

Denkakrobatik 6.2

Wie in der Denkakrobatik 6.1 denken wir uns die Astrier als zweidimensionale Wesen, die über die Oberfläche ihres Äther-Raums gleiten. Jeder Astrier besitzt eine Art dreidimensionalen Zahn, den er durch die feste Trägersubstanz seines Raums zieht. Mit welcher «Meditationstechnik» könnten die Astrier wohl levitieren?

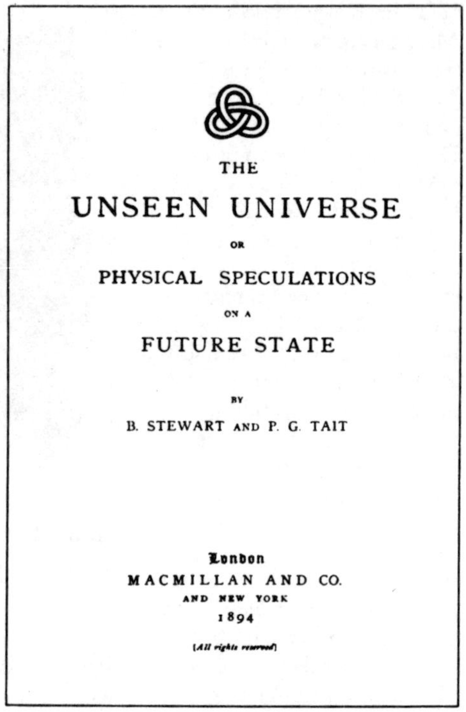
THE
UNSEEN UNIVERSE
OR
PHYSICAL SPECULATIONS
ON A
FUTURE STATE
BY
B. STEWART AND P. G. TAIT

London
MACMILLAN AND CO.
AND NEW YORK
1894
[All rights reserved]

Abb. 84 Das Titelblatt aus *The Unseen Universe* von Balfour Stewart und Peter Guthrie Tait.

Art Integrität oder Festigkeit besitzt. Wie Slade und Zöllner behaupteten, daß höherdimensionale Geister ihre versiegelten Schnüre knoten konnten, waren die Autoren von *The Unseen Universe* der Ansicht, daß Gott unsere unsterblichen Seelen erschafft, indem er Wirbelringe aus Äther zu verwickelten Knoten und Zöpfen bindet. James Clerk Maxwell, von diesem Gedanken ebenso amüsiert wie fasziniert, dichtete einen Spottvers darauf:

Meine Seele – eine Knotenschlinge
In einem Fluid-Wirbelringe,
Geknüpft von ungeseh'nen Geistes Walten.
Fest, einem Sträfling gleich, muß deine sitzen,
Enthaspelst du sie auch mit einem Pfriem, dem spitzen,
Bleibt ihr die Knotigkeit dennoch erhalten.
Denn was zu dem Entknoten nötig wäre,
Verbirgt sich in vierdimensionaler Sphäre.

Ob dieser endlos weite homogene Raum isotroper Materie [der Äther] dazu angelegt ist, nicht nur das Medium der Wechselwirkungen zwischen weit voneinander entfernten Körpern zu sein und andere physikalische Funktionen zu erfüllen, von denen wir vielleicht noch keine Vorstellung haben, sondern auch – wie die Autoren von *The Unseen Universe* anzunehmen scheinen – den materiellen Organismus von Wesen konstituiert, welche Funktionen des Lebens und Geistes zeigen, die unseren gegenwärtigen ebenbürtig oder überlegen sind, ist eine Frage, die weit jenseits der Grenzen physikalischer Spekulation liegt.

James Clerk Maxwell
«The Aether», 1876

Abb. 85 «Meine Seele – eine Knotenschlinge.»

Gegen Ende des 19. Jahrhunderts wurden die Theorien über Raum, Äther und die vierte Dimension immer bizarrer – man fühlt sich an Raumausschmückungen von barocker Überladenheit erinnert, an endlose Schichtungen viktorianischer Korsetts und Unterröcke, an üppige Fin-de-siècle-Dekadenz.

1892 vertrat beispielsweise Karl Pearson in seinem Buch *The Grammar of Science* die Anschauung, der Äther sei ein vierdimensionales Fluid, das in unseren dreidimensionalen Raum einsickert – etwa so wie Wasser durch Lecks im Schiffsrumpf einsickert.

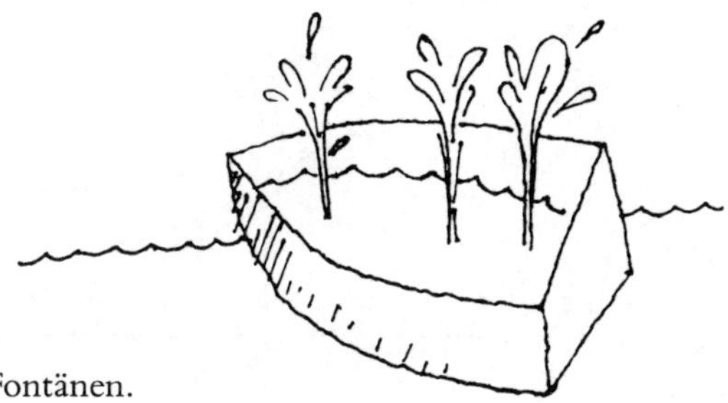

Abb. 86 Wasser-Fontänen.

Diese Theorie faßt ein Atom als einen Punkt auf, an dem Äther in allen Richtungen in den Raum einströmt; solch ein Punkt wird als *Ätherfontäne* bezeichnet. Eine Ätherfontäne im Wasser ist daher so etwas wie ein unter Wasser aufgedrehter Wasserhahn, nur daß die äußere Apparatur des Wasserhahns im Falle der Ätherfontäne nicht erforderlich ist. Zwei solche Fontänen im Äther

> bewegen sich relativ zueinander, genau wie es zwei gravitierende Teilchen tun, wobei die Masse beider Fontänen der mittleren Zustromrate von Äther entspricht.

Auch Pearson braucht für seine Theorie eine vierte Dimension, denn irgendwo muß ja die «Apparatur» sein, die den Ätherstrom durch die Atome leitet. Zwei solche Ätherfontänen werden sich tatsächlich anziehen, weil der Äther zwischen ihnen schneller strömt als in den umgebenden Raumteilen. Das liegt an einem Gesetz der Hydrodynamik, dem sogenannten Bernoullischen Gesetz, das folgendes besagt: Je schneller ein Fluid sich bewegt, desto geringer ist sein Druck. Da sich der Äther zwischen den Fontänen schnell bewegt, befindet sich dort eine Region

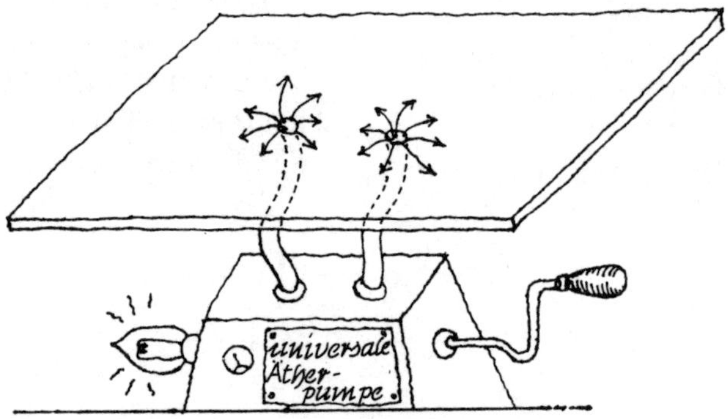

Abb. 87 Zwei Ätherfontänen in Flächenland.

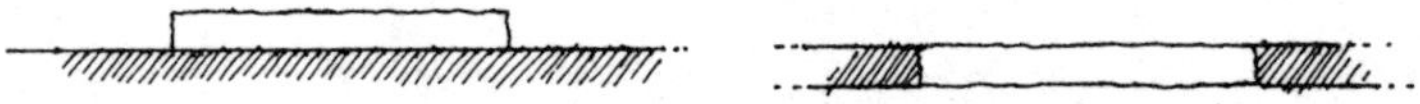

Ein Astrier gleitet auf seinem Raum, aber ein Flächenländer ist in seinen Raum eingebettet

Denkakrobatik 6.3

Nehmen wir an, daß Flächenländer *in* ihrem Raum sind wie Tintenkleckse in dünnem Papier oder die Farbwirbel in einem Seifenfilm. Ein Flächenländer kann nicht außerhalb seines Raums existieren. Wie hat es der Würfel dann angestellt, A Quadrat aus seinem Raum zu heben und umzudrehen?

niederen Drucks und der umgebende Äther komprimiert diese Niederdruckregion. Daher bewegen sich die beiden Fontänen aufeinander zu wie durch Schwerkraft angezogen. Verrückte Theorien – aber keine verrückt genug, um richtig zu sein.

Wie man heutzutage vom Raum-Äther zur Materie gelangt, werden wir uns im 11. Kapitel ansehen. Cliffords Gedanke, daß Materie ein Höcker im Raum ist, trifft grundsätzlich zu, aber er hielt noch an der Vorstellung fest, daß der Raum drei- oder vierdimensional sein muß. In der modernen Quantenmechanik ist ein Stück Materie ein «Höcker» im *unendlich*dimensionalen Hilbert-Raum!

Denkakrobatik 6.4

Nehmen wir an, wie Einstein es tat, daß es unmöglich ist, einem bestimmten Raumpunkt eine absolute Lage zuzuschreiben. Aber wenn wir nun ein Loch im Raum fänden, was dann? Wäre ein Loch nicht eine definitive Lokalität im Raum?

Denkakrobatik 6.5

Quasare sind sehr helle, sehr weit entfernte astronomische Objekte. In neuerer Zeit entdeckten die Astronomen zwei Quasare, die in ungewöhnlich enger Nachbarschaft zu stehen schienen. Weitere Untersuchungen förderten zutage, daß die beiden Lichtflecken tatsächlich nur zwei Bilder ein und desselben Quasars sind. Die Erklärung lautet, daß zwischen uns und dem Quasar eine ganze Galaxis liegen muß. Können Sie ein «Raumhöcker»-Diagramm zeichnen, aus dem hervorgeht, wie das Bild eines Quasars in zwei Bilder aufgespalten werden kann?

Denkakrobatik 6.6

Von Materiestücken verursachte Raumkrümmungen haben wir hier bisher als abgerundete Buckel dargestellt. Was aber, wenn solch ein Materiestück ein einziger Massepunkt ist? Wie könnten wir in diesem Fall die Raumkrümmung am besten darstellen?

7. Die Gestalt des Raumes

Im letzten Kapitel sprachen wir über den Gedanken, daß der Raum gekrümmt sein kann, sozusagen aus- oder eingebeult in Richtung der vierten Dimension. Dabei haben wir bislang zwei Größenordnungen der Krümmung berücksichtigt: die mittlere Größenordnung, die der Gravitation zugeordnet ist, und die untere Größenordnung, mit der man die Existenz von Materie erklären kann. Jetzt aber wollen wir über die obere Größenordnung sprechen, über die Krümmung des gesamten Weltalls.

Was mit diesen verschiedenen «Größenordnungen der Krümmung» gemeint ist, läßt sich folgendermaßen verdeutlichen: Wenn wir die Erde betrachten, so lautet die Aussage für die obere Größenordnung, daß die Erdoberfläche sich zu einer Kugel krümmt, die am Äquator ein wenig in die Breite geht. In der mittleren, unserer menschlichen Größenordnung stellt sich die Erdoberfläche als aus Erhebungen und Niederungen bestehend dar. In der unteren Größenordnung löst sich die Erdoberfläche schließlich in einzelne Steine und Erdklümpchen auf.

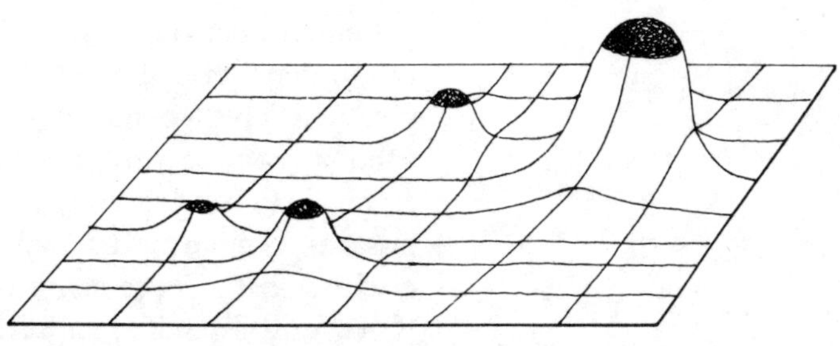

Abb. 88 Krümmung mittlerer Größenordnung.

In der Kosmologie sind wir mehr als anderswo auf Vereinfachungen, auf reines Denken und intuitive Einsichten angewiesen, weil hier kaum etwas auf direktem Wege erforschbar ist. Auf diesem manchmal recht verwegenen Kurs sind wir zu ein paar einfachen Anschauungen darüber gelangt, wie das Universum angelegt sein könnte. Das große Ziel besteht nun darin, mit dem Universum immer vertrauter zu werden, zu erforschen, ob einige dieser Bilder vielleicht vernünftige Annäherungen darstellen, und falls ja, ob diese Annäherungen präzisiert werden können. Das Aufregende an der Kosmologie ist, daß die Aussichten darauf ausgezeichnet zu sein scheinen.

P. J. E. Peebles
Physical Cosmology, 1971

Wenn ich nun von der Krümmung des Raums spreche, so denke ich in der unteren Größenordnung an winzige Höcker oder Blasen oder Wirbel, als die man sich die Elementarteilchen der Materie denken kann. In der mittleren Größenordnung meine ich Raumhöcker von Planeten- oder Galaxisgröße, die nach Einstein für Gravitationseffekte verantwortlich sind. In der oberen Größenordnung frage ich jetzt aber, welche Gestalt unser Universum *als Ganzes* hat.

Abb. 89 Welche Gestalt hat der Raum?

Welche Gestalt hat der Raum? Ist er eben oder gebogen? Ist er schön glattgezupft oder faltig und schrumpelig? Ist er endlich oder unendlich? Welche der folgenden Möglichkeiten trifft am ehesten zu? Der Raum ist wie a) ein Blatt Papier, b) eine endlose Wüste, c) eine Seifenblase, d) ein Hefekringel, e) eine Escher-Zeichnung, f) ein Eis in der Tüte, g) die Zweige eines Baums, h) ein menschlicher Körper.

Fragen über die Gestalt des ganzen Universums gehören in den Bereich einer Wissenschaft namens Kosmologie. Ich liebe Kosmologie: das ganze Universum als *ein* Objekt von bestimmter Gestalt zu betrachten, hat so etwas Erhebendes. Was, außer Gott, könnte edler und unseres Augenmerks würdiger sein als der Kosmos höchstselbst? Vergessen wir die Zinsfüße, vergessen wir Krieg und Totschlag: sprechen wir über den *Raum*.

Die Alten dachten sich unser Universum offenbar

begrenzt. Entweder hatte die Erde selbst Ränder, oder man betrachtete sie als einen Ball, in einer großen Kristallsphäre schwebend, an welche die Sterne geheftet waren. Für den modernen Denker ist die Vorstellung von einem Universum mit Grenzen ein Ding der Unmöglichkeit.

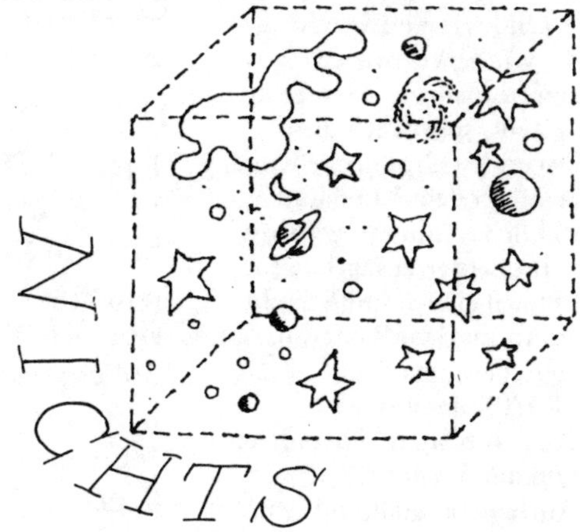

Abb. 90 Ein endliches, begrenztes Universum.

Wie wäre das, an eine Stelle zu kommen, wo der Raum aufhört? Denken wir uns eine schwarze Türöffnung zum Nichts hin. Was über diese Schwelle gelangt, hört einfach auf zu existieren. Jenseits der Tür gibt es keinen Äther, keinen Raum, in dem die Struktur irgendeines Gegenstands bestehen könnte. Solch eine Tür ins Nichts ist vielleicht so etwas wie die «schwarzen Löcher», die durch Gravitationszusammenbrüche großer Sterne entstehen sollen. Vielleicht gibt es in unserem Universum hier und da solche Türen. Aber in der obersten Größenordnung glauben wir irgendwie doch nicht an solche Ausgänge. Wir glauben nicht, daß unser Weltall, als Ganzes genommen, Ränder hat. Wir glauben mit anderen Worten, daß unser Raum unbegrenzt ist.

Auf den ersten Blick meint man, ein unbegrenzter Raum müsse auch unendlich sein, aber das ist nicht der Fall. In der Eindimensionalität (ein Freiheitsgrad) ist der

Wo die Strahlen der Sonne die Erde im Januar streifen und sich in der Dunkelheit verlieren, liegt eine geheimnisvolle Welt. Diese Welt ist eine riesige Kugel, wie aus Glas, doch härter und nicht durchsichtig.

Und wie eine Seifenblase, die wir hervorbringen, aus einer gedehnten Membran besteht, so ist auch diese unvergleichlich große Kugel aus einer dehnbaren und stabilen Membran geformt.

Im Laufe der Jahrtausende hat sich eine dünne Schicht Staub aus dem Weltall auf ihr abgesetzt, und ihre Oberfläche ist so glatt, daß der Staub hin und her gleitet und durch seine Anziehungskraft und seine Bewegungen Verdichtungen bildet.

Er wird durch die Anziehungskraft der riesigen Membran auf der blanken Oberfläche gehalten; doch auf dieser Fläche bewegt er sich frei in alle Richtungen. Hier und dort entstehen Verdichtungen, in denen sich unzählige der dahintreibenden Teilchen vereinigen, und wo der jahrtausendelang sich verdichtende Staub riesige Scheiben geformt hat.

Charles H. Hinton
«Eine flache Welt», 1884

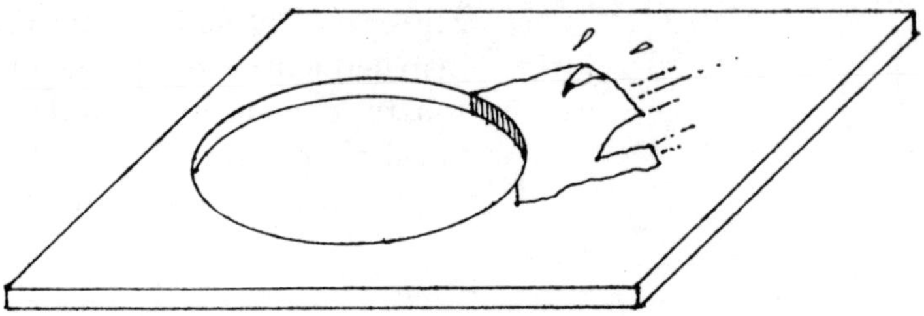

Abb. 91 Ein Loch im Raum.

Kreis ein Beispiel für eine Linie, die zwar von endlicher Länge, aber ohne Enden ist. Auf einer Kreislinie kann man bis zum Jüngsten Tag weitergehen. Die Oberfläche einer Kugel wie der Erde ist ein Beispiel für einen zweidimensionalen Raum (zwei Freiheitsgrade), der endlich, aber unbegrenzt ist. Bernhard Riemann sprach 1854 in seiner berühmt gewordenen Probevorlesung zur Habilitation («Über die Hypothesen, welche der Geometrie zu Grunde liegen») zum ersten Mal den Gedanken an, daß etwas ähnliches auch für den dreidimensionalen Raum möglich sei:

> Bei der Ausdehnung der Raumkonstruktionen ins Unmeßbargroße ist Unbegrenztheit und Unendlichkeit zu scheiden... Die Unbegrenztheit des Raumes besitzt... eine größere empirische Gewißheit als irgendeine äußere Erfahrung. Hieraus folgt aber die Unendlichkeit keineswegs; vielmehr würde der Raum, wenn man... ihm... ein konstantes Krümmungsmaß zuschreibt, notwendig endlich sein, sobald dieses Krümmungsmaß einen noch so kleinen positiven Wert hätte.

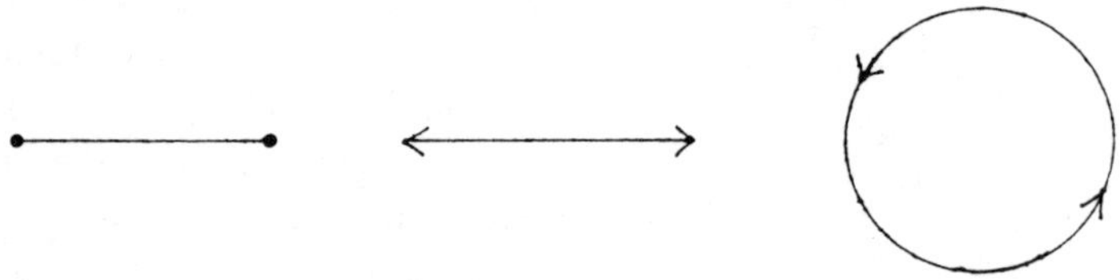

Abb. 92 Drei Arten von 1-D-Raum: endlich und begrenzt, unendlich und unbegrenzt, endlich und unbegrenzt.

Riemann deutet hier an, daß unser Raum die dreidimensionale Hyperoberfläche einer vierdimensionalen Hyperkugel sein könnte. Im dritten Kapitel haben wir erörtert, wie Hyperkugeln von außen aussehen mögen. Jetzt wollen wir versuchen uns vorzustellen, wie die Hyperkugel, von einem Punkt auf ihrer Oberfläche betrachtet, aussieht. Wie immer schauen wir uns bei A Quadrat nach Hinweisen um. Wie wäre es für die Flächenländer, wenn sie nicht auf einer ebenen Fläche wohnten, sondern auf einer dreidimensionalen Kugel?

Das Thema «Kugelland» oder «Sphärenland» ist schon viele Male behandelt worden. Ich möchte es hier noch einmal aus einem neuen Blickwinkel betrachten.

Um den Kurs zu verdeutlichen, den ich einschlagen möchte, sollte ich zunächst einmal bekennen, daß ich mich im vergangenen Sommer eine Zeitlang von der fixen Idee reiten ließ, es gebe Flächenland wirklich und Abbott sei häufig dagewesen, um es sich anzuschauen. Wir stellen uns Flächenland als eine endlose Ebene vor, aber so weit wir sehen können, schweben keine glitzernden, von Polygonen bevölkerten Ebenen dieser Art im Raum, jedenfalls nicht in der Nähe der Erde. Wenn wir Flächenland nicht sehen, überlegte ich mir, muß es irgendwo versteckt sein – vielleicht in einem Keller. Jetzt hatte ich ein interessantes Problem, über das ich grübeln konnte. Wie bringt man eine unbegrenzte zweidimensionale Welt in einem normalen dreidimensionalen Raum unter?

Nun, ich konnte mir drei Möglichkeiten denken. Hier ist die erste, dargestellt als Auszug aus dem Erlebnisbericht eines gewissen Arnold Wülfer. Die Episode beginnt damit, daß Wülfer in ein verlassenes Polytechnikum eindringt und dort im Keller das Sphärenland entdeckt.

Denkakrobatik 7.1

Keine Gerade auf einer gekrümmten Oberfläche ist wirklich gerade, aber einige sind doch gerader als andere in dem Sinne, daß sie kürzeste Entfernungen darstellen. Diese kürzesten Verbindungswege auf einer Oberfläche werden geodätische Linien genannt. Welche Linien sind wohl auf einer Kugeloberfläche die geodätischen?

Angenommen, wir hätten eine Röhre mit außerordentlich kleinem Innendurchmesser, die zu einem Kreis gebogen ist, und in dieser Röhre einen Wurm. In dem Grenzfalle, daß wir den Innendurchmesser der Röhre und den Wurm unendlich dünn machen, können wir diesen Raum als eindimensional betrachten. Selbst wenn nun der Wurm nichts außerhalb seines Röhrenraumes Liegendes erkennen könnte, wäre er – unter der Voraussetzung, daß er eine bestimmte Markierung in seiner Röhre erkennen kann – doch noch in der Lage, gewisse Schlüsse hinsichtlich der Natur seines Lebensraumes zu ziehen. Er würde dann bemerken, daß er auf seinem Weg an die markierte Stelle zurückkehrt, daß er immer wieder an diese Stelle gelangt; mit anderen Worten, er würde sehr bald die Endlichkeit des Raumes postulieren. Ferner, da der Wurm – aufgrund des Umstands, daß alle Teile des Röhrenkreises von gleicher Form sind – stets in gleicher Stärke gekrümmt wäre, wird er wohl annehmen, daß der Raum überall gleich ist oder daß er an allen Punkten die gleichen Eigenschaften besitzt.

William K. Clifford
Der Sinn der exakten Wissenschaft, 1879

Abb. 93 Verlegen wir Flächenland in den Keller.

Auszug aus Arnold Wülfers *Der Gott von Sphärenland*

Die Tür schloß sich hinter mir, und ich tastete mich vorsichtig die staubige Stiege hinunter. Unten fand ich einen Lichtschalter. Zögernd knipste ich ihn an.
Eine große, scheinbar gewichtslose Kugel beherrschte den kleinen Kellerraum. Fast zwei Meter von Pol zu Pol messend, schwebte sie einige Zentimeter über dem Boden. Sollte das etwa Flächenland sein?

Abb. 94 Flächenland im Keller.

Ich trat näher heran und betrachtete die schimmernde Oberfläche der Kugel. Sie ähnelte der glatten Haut einer großen Seifenblase, durchsichtig, aber von wandernden Farbflecken durchzogen. Zunächst wirkte das alles völlig regellos, aber als ich näher hinsah, entdeckte ich richtige Wege, entlang derer sich die Farbfleckchen bewegten. Diese hellen, hin und her schießenden Infusorien waren zweifellos die Flächenländer. An einer Seite des Raums fand ich einen Labortisch mit wissenschaftlichen Instrumenten, darunter als wichtigstes ein binokulares Standmikroskop. Ein wenig zitternd vor Aufregung, baute ich das Mikroskop vor der wundersamen Kugel auf.

Ich will die Fakten so knapp wie möglich darstellen. Die Welt, die ich entdeckt habe, besteht aus einem zweidimensionalen Film, der sich zu einer Kugel von etwa fünf Metern Umfang krümmt. Die Bewohner dieser Welt, die ich Sphärenland nenne, sind kleine vieleckige Punkte mit einer durchschnittlichen Breite von einem zehntel Millimeter. Der Umfang ihres Raums entspricht daher etwa 50 000 Körperlängen. Halten wir zum Vergleich fest, daß 50 000 menschliche Körperlängen etwa 100 Kilometer ergeben.
Ich lernte bald, den Sphärenländern ihre Worte von den «Lippen» abzulesen, und verstand ihre Sprache. Wie Abbott schon darstellte, glauben sie auf einer unendlichen Ebene zu leben. Wir können uns ohne weiteres vorstellen, eine Entfernung von 100 Kilometern zurückzulegen, aber bei den Sphärenländern ist es in der Tat so, daß keiner je den ganzen «Raum» umrundet hat. Und dafür gibt es gute Gründe. Wenn wir uns erinnern, daß die Oberfläche einer Kugel durch die Formel $4\pi r^2$ gegeben ist, so läßt sich leicht errechnen, daß Sphärenland nicht einmal einer Milliarde Einwohnern Platz bietet, selbst wenn sie wie die Sardinen gepackt sind. Nach meiner Schätzung umfaßt die Bevölkerung von Sphärenland etwa fünfzig Millionen Seelen. Damit hat ein Sphärenländer einen durchschnittlichen persönlichen Bewegungsfreiraum von etwa zwanzigmal der

Größe seines Körpers – das ist, auf unsere Verhältnisse übertragen, eine niedrige Gefängniszelle, die gerade lang genug ist, sich hinzulegen.
Sphärenland ist, kurz gesagt, schrecklich überfüllt. Aller Raum wird von Bewohnern und Gebäuden eingenommen. In den verwinkelten engen Gassen wimmelt es wie auf orientalischen Basaren. Diebe und Mörder gibt es überall, und so ist es praktisch unmöglich, weite Reisen zu unternehmen.
Die Tage reihten sich zu Monaten, und immer noch beobachtete ich aufmerksam die Kugel wie ein müßiggehender Gott. Ich fand Werkzeuge auf der Werkbank, die offenbar zum Hantieren an der Kugel bestimmt waren.
Meine Experimente klärten mich darüber auf, daß der Raum von Sphärenland doch nicht ganz zweidimensional ist. Er besitzt eine kaum wahrnehmbare, aber doch eindeutig vorhandene Dicke. Mit einem kleinen Schneidegerät und einer Spezialpinzette konnte ich tatsächlich kleine Raumproben entnehmen und untersuchen. Einmal schnitt ich ein quadratisches Lebewesen aus, drehte es um und setzte es zurück.
Sein verändertes Erscheinungsbild brachte seine Mit-Polygone derart in Rage, daß sie ihn umzubringen

Abb. 95 Arnold Wülfer.

trachteten. Ich rettete den Quadrat-Mann und vernichtete seinen Hauptwidersacher. Er ist mir seither treu ergeben, und aufgrund des Erscheinungsbildes gewisser Objekte, die ich in seinen Raum einführte, glaubt er nun, ich sei ein Würfel.

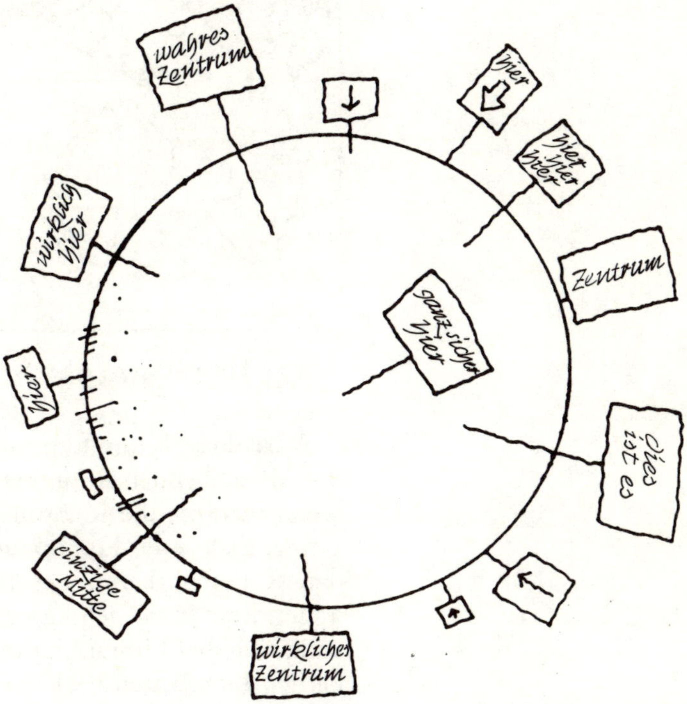

Abb. 96 Alle Punkte auf einer Kugel sind gleich zentral.

Viele heutige Wissenschaftler meinen, daß unser Raum tatsächlich zu einer Hyperkugel gekrümmt ist. Wie wir im letzten Kapitel sagten, können wir Einsteins allgemeine Relativitätstheorie dahingehend interpretieren, daß Materie den Raum krümmt. Wenn es genügend Materie in unserem Universum gibt, könnte die Summe aller Krümmungseinflüsse ausreichen, unseren Raum in sich selbst zurückzubiegen. Sollte unser Raum hypersphärisch sein, so gibt es zwar eine begrenzte Anzahl von Galaxien, aber keine von ihnen liegt «am Rand». Alle Galaxien sind von derselben zentralen Lage. Analog hierzu ist die Tatsache, daß jedes Land der Erde sich als Zentrum des Planeten fühlen kann.

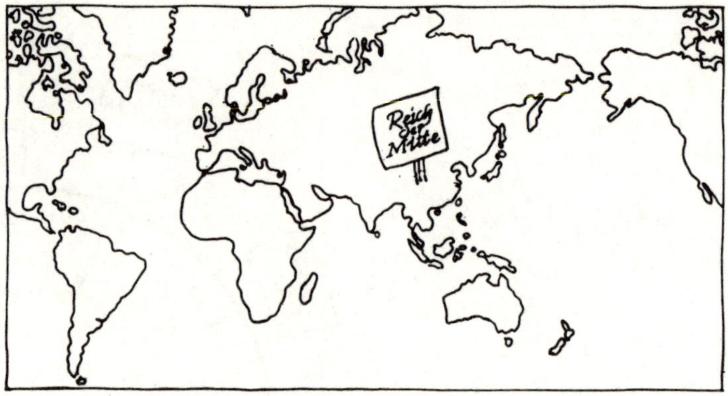

Abb. 97 Ein un-europäisches Weltbild.

Wäre unser Raum hypersphärisch, so würde jeder Flug ins All schließlich in unsere Galaxis zurückführen, auch wenn man nie die Richtung änderte. Leider ist aber der Umfang unserer Hyperkugel so groß, daß man nicht darauf hoffen kann, ein Raum-Magellan werde eines Tages diese Umsegelung bewältigen. Es gibt eine Schätzung, die den Umfang unseres Weltalls mit achtzig Milliarden Lichtjahren beziffert.

Stellen Sie sich zur Veranschaulichung des hypersphärischen Raums vor, daß Sie in einem Raum schweben, der sich zu einer Hyperkugel von hundert Metern Umfang krümmt. Außer Ihnen ist nichts und niemand in diesem Raum, und so herrscht pechschwarze Finsternis. Sie kramen ein Signallicht aus Ihrem Raumanzug und zünden es

Denkakrobatik 7.2

Angenommen, wir entdeckten einen großen Stern, der nur aus Licht und leerem Raum besteht. Was könnten wir daraus folgern?

an – und aus irgendeinem Grund sehen Sie zwei Lichter. Da ist das eine in Ihrer Hand und etwa fünfzig Meter entfernt ein zweites. Außerdem erkennen Sie jetzt, daß da noch jemand ist, jemand wie Sie, der ein Signallicht hält.

Sie fassen den Entschluß, die andere Person dort drüben aufzusuchen. Sie lassen ihr Signallicht zurück – es schwebt einfach weiterhin an derselben Stelle – und jetten mit einem kleinen Hand-Düsentrieb, den Sie zufällig gerade griffbereit haben, durch den leeren Raum. Die beiden Signallichter bleiben, wo sie sind, aber jetzt läuft der andere da drüben vor Ihnen weg. Er – oder womöglich sie? – steht für Sie auf dem Kopf, und wohin Sie sich auch wenden, er (sie) wechselt stets gleichzeitig mit Ihnen die Richtung, als wolle er (sie) Sie nicht näher kommen lassen. Ist die andere Person etwa ein Spiegelbild?

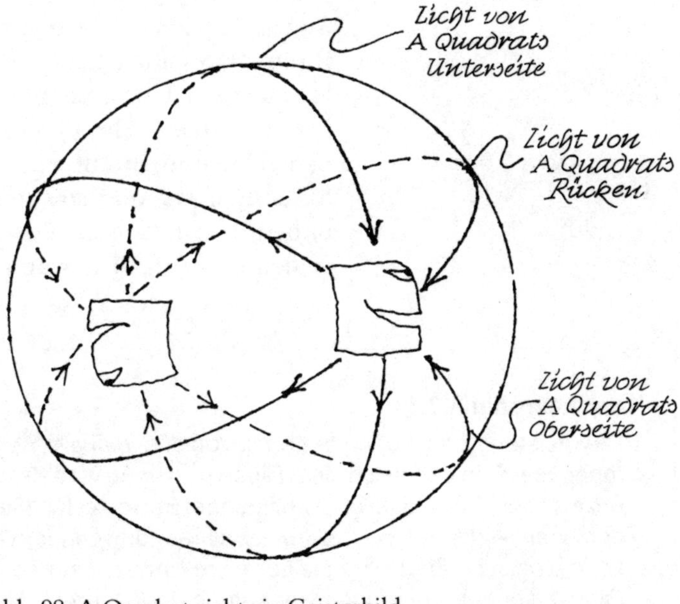

Abb. 98 A Quadrat sieht ein Geisterbild.

Ja. Denken wir uns A Quadrat auf der Oberfläche einer kleinen Kugel. Wir nehmen an, daß die Lichtstrahlen in Sphärenland sich in Kreisen entlang der Oberfläche ausbreiten. Alle Lichtstrahlen, die von A Quadrats Körper ausgehen, kreuzen sich auf der gegenüberliegenden Seite der Kugel. A Quadrat sieht also die Teile seines Körpers drüben auf der anderen Seite der Kugel widergespiegelt, und zwar so, daß sie sich zu einem Phantombild seiner selbst zusammensetzen, auf dem Kopf stehend und spiegelverkehrt.

Aber fahren wir mit unserem Gedankenexperiment fort. Da die andere Person nicht zu erreichen ist, wollen Sie sich zumindest ihr Signallicht ansehen. Dort schwebt es glühend, aber wenn Sie es in die Hand nehmen wollen, greifen Sie ins Leere. Weshalb? Weil dieses andere Licht nur ein virtuelles Bild Ihres eigenen ursprünglichen Signallichts ist. Es ist ein Phantombild, entstanden an der Stelle, wo alle Lichtstrahlen, die von dem realen Licht ausgehen, sich wieder kreuzen.

Das wird ja immer merkwürdiger. Sie kehren zu Ihrem Signallicht zurück. Irgendwie wird es Ihnen zu eng in Ihrem Raumanzug. Sie fördern aus ihrem Gepäck einen riesenhaften Gummiballon zutage, kriechen hinein und blasen ihn mit Ihrem Preßluftvorrat auf. Die Leuchte haben Sie mitgenommen, und es ist schön hell im Ballon. Sie atmen auf und sind froh, daß Sie nicht mehr diese unheimlichen Geisterbilder da draußen sehen müssen. Sie ziehen den Anzug aus und rekeln sich behaglich auf der

Denkakrobatik 7.3

Die meisten Kosmologen gehen davon aus, daß alle Regionen unseres Universums mehr oder weniger gleich sind. Diese Annahme wird als das «kosmologische Prinzip» bezeichnet. Nicht daß überwältigende Beweise für dieses kosmologische Prinzip sprächen – es ist so beliebt, weil es die Dinge vereinfacht. Und wenn das kosmologische Prinzip nun falsch wäre? Angenommen, es gäbe doch ein einzelnes Objekt von überragender Bedeutung in unserem Universum, ein einzigartiges Mammutobjekt von einer sehr viel größeren Masse als jedes andere. Verknüpfen wir nun diese Annahme mit der anderen, daß unser Raum sich zu einer Hyperkugel krümmt: was für eine Art von Universum haben wir dann? Können Sie eine Flächenland/Sphärenland-Analogie dazu zeichnen?

sanft gerundeten Ballonhaut. Aus dem Preßlufttank neben Ihnen zischt es, und der Ballon wächst...

Doch dann ist plötzlich irgend etwas faul. Die Ballonhaut flacht sich ab und wölbt sich von Ihnen weg. Sie sind jetzt außerhalb des Ballons! Der Tank ist noch neben Ihnen, aber die Luft wirkt jetzt dünner. Der Ballon schrumpft rapide von Ihnen weg, ist schon nur noch ein Wasserball – und fällt in sich zusammen. Was ist passiert?

Steigen wir eine Dimension tiefer und sehen uns A Quadrat an. Ein Flächenland-«Ballon» ist einfach ein elastischer Kreis. Wenn er sich immer weiter dehnt und schließlich den äquatorialen Umfang von Sphärenland erreicht, kann er drüben auf der anderen Seite zusammenschnurren bis auf seine ursprüngliche Größe.

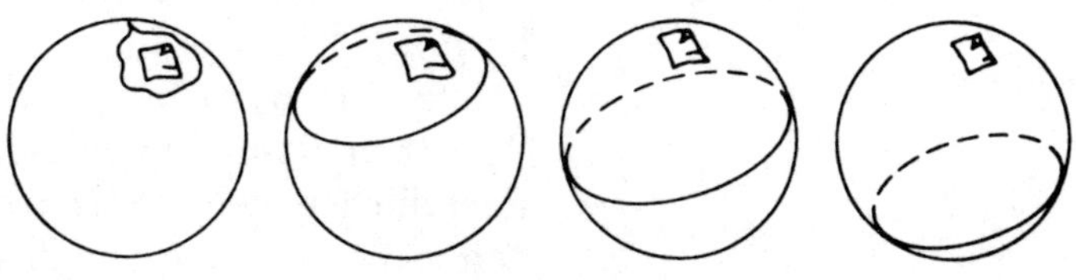

Abb. 99 A Quadrat im unheimlichen Ballon.

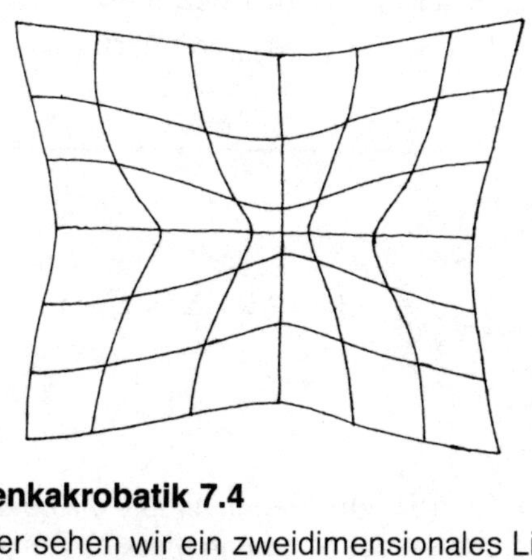

Ein ebener Raum mit verzerrten Distanzen

Denkakrobatik 7.4

Hier sehen wir ein zweidimensionales Linienmuster. Sie haben die Aufgabe, dieses Muster im dreidimensionalen Raum so zu strecken, daß die Abstände zwischen benachbarten Linien überall gleich sind. Was für eine Figur würde sich ergeben?

Das ist ein wirklich verblüffender Zug des hypersphärischen Raums. Jede Kugel, die sich weit genug dehnt, überschreitet schließlich ein Maximum, jenseits dessen sie sich einwärts «dehnt» bis hinunter zur Punktgröße. Denken wir uns eine Flotte von Erkundungs-Raumschiffen, die sich in allen Richtungen von der Erde entfernen. Wenn sie mit gleicher Geschwindigkeit fliegen, werden sie stets alle zusammen auf einer expandierenden Kugeloberfläche liegen, deren Mittelpunkt die Erde ist. Nach einer gewissen Zeit werden die Navigatoren zu ihrer Verwunderung feststellen, daß die Schiffe einander wieder näher kommen, obgleich keines von ihnen den Kurs geändert hat. Der noch nicht erkundete Raum ist eine schrumpfende Kugel! Wenn die Schiffe sich wieder treffen, werden sie so weit von der Erde entfernt sein, wie man nur jemals kommen kann.

Jetzt haben wir eine recht gute Vorstellung von zwei Arten von Raum: vom guten alten ebenen Raum und vom unendlichen, aber begrenzten hypersphärischen Raum. Mit «eben» meine ich den üblichen dreidimensionalen euklidischen Raum, der sich endlos in alle Richtungen erstreckt. Einen zweidimensionalen ebenen Raum nennt man Ebene, während ein dreidimensionaler ebener Raum gelegentlich als *homaloidaler* Raum bezeichnet wird.

Homaloidaler Raum und hypersphärischer Raum

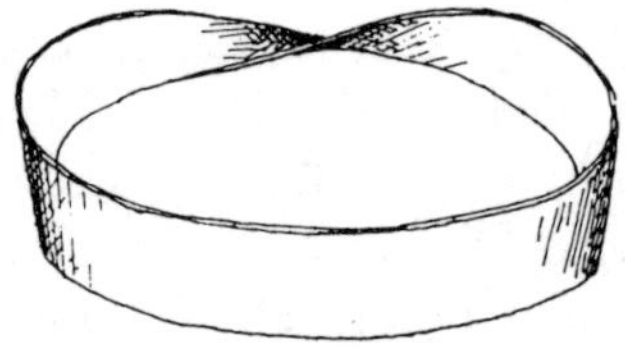

Eine Möbius-Schleife

Denkakrobatik 7.5

Eine Möbius-Schleife erhält man, indem man einen Streifen Papier nimmt, die beiden Enden um 180 Grad gegeneinander verdreht und sie dann zusammenklebt. Denken wir uns A Quadrat als beweglichen Tintenfleck in einer Möbius-Schleife. Was widerfährt ihm, wenn er nun die Schleife entlanggleitet?

Ich duselte ein und träumte. Aber sonderbar, ich sah keine Vision Linienlands vor mir. Ich besuchte nicht als ein besonders kluger Flächenländer Linienland, um die Einwohner dort zur Wahrheit zu bekehren, weil ich die richtigen Verhältnisse sehen konnte, die sie nicht wahrnehmen konnten. Nein, mir träumte etwas ganz anderes. Ich war eine Kugel, eine Kugel aus dem Land der drei Dimensionen, und ich besuchte meine eigene Welt, mein eigenes Flächenland. Nein, nicht Flächenland, sondern Kugelland, denn ich sah nun deutlich, daß meine Welt in einer Richtung gebogen war, die ich genau vor mir sah, eine Richtung, wie sie mir noch niemals sichtbar gewesen war...

Ich schaute nach links, nach rechts, nach allen Seiten, und doch, die Welt, meine Welt, erstreckte sich nicht unendlich weit in alle Richtungen. Natürlich nicht, denn meine Welt ist nicht unendlich. Sie erstreckt sich nicht nach allen Seiten hin ins Unendliche. Sie ist eine gebogene, eine gekrümmte Welt. Ich kann um sie herum. Ich kann um meine Welt, um mein kugeliges Flächenland, herumfliegen. Wie sonderbar doch!

Dionys Burger
Silvestergespräche eines Sechsecks, 1965

haben gemeinsam, daß sie überall gleich stark gekrümmt sind. Entsprechend sagen wir, daß Ebenen und Kugeln *Oberflächen* von konstanter Krümmung sind. Eine Kugel ist zwar gewiß keine Ebene, aber alle Punkte ihrer Oberfläche sind einander gleich – es gibt keine Unebenheiten. Man kann Oberflächen konstanter Krümmung auch mit der Aussage charakterisieren, daß Dreiecke über sie hingleiten können, ohne daß sich an den Seiten oder Winkeln etwas ändert. Analog sagen wir, daß ein dreidimensionaler Raum konstanter Krümmung ein Raum ist, in dem man feste Körper bewegen kann, ohne daß sich an ihren Proportionen etwas ändert.

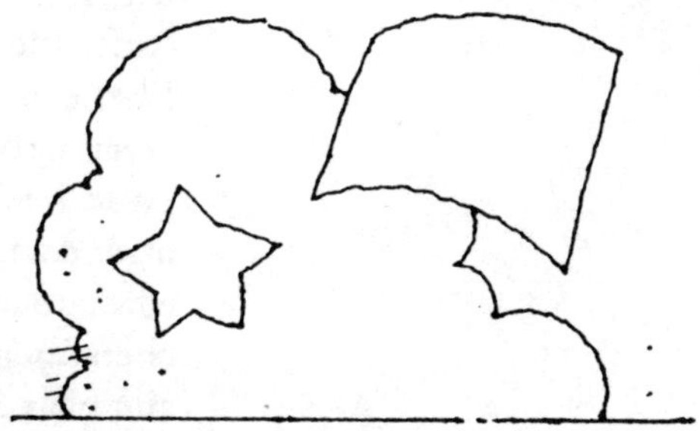

Abb. 100 Raumverbiegung durch Gravitation.

Nun ist unser Raum allerdings kein Raum mit konstanter Krümmung. Ein Quadrat, das man in die Nähe eines Sterns befördert, wird durch die Raumkrümmung, die dort von der Gravitation erzeugt wird, ebenfalls verbogen. Viele Kosmologen gehen aber davon aus, daß unser Raum, in der oberen Größenordnung betrachtet, doch von konstanter Krümmung ist. In der mittleren Größenordnung betrachtet, ist unsere Erde ja keineswegs von konstanter Krümmung, aber aus der weiteren Perspektive stellt sie sich als annähernd glatte Kugel dar: vielleicht egalisieren sich ja die Höcker und Dellen des Raums insgesamt auch zu einer gleichmäßigen Krümmung.

Wenn wir also annehmen, daß unser Raum insgesamt eine annähernd konstante Krümmung aufweist, welche Möglichkeiten ergeben sich dann? Zwei haben wir schon erwähnt, den ebenen (oder homaloidalen) und den hypersphärischen Raum. Es gibt noch eine dritte Art von Raum mit konstanter Krümmung. Dieser Raum wird meist *hyperbolischer* Raum genannt. Um uns klarzumachen, was ein dreidimensionaler hyperbolischer Raum ist, betrachten wir zunächst einmal wieder den zweidimensionalen hyperbolischen Raum. Wir haben uns Flächenland bereits als Oberfläche einer Kugel vorgestellt. Ein zweidimensionaler hyperbolischer Raum läßt sich nun am besten als eine sogenannte *pseudosphärische* Oberfläche darstellen. Aber was ist das nun schon wieder?

Eine Pseudosphäre oder Pseudokugel kann man sich wie eine Kugel als zweidimensionale Oberfläche vorstellen. Die Kugeloberfläche ist, da sie in sich selbst zurückläuft, kleiner als die Ebene; sie ist endlich, während die Ebene unendlich ist. Eine Pseudosphäre ist nun seltsamerweise größer als die Ebene. Ebene und Pseudosphäre sind zwar beide unendlich, aber die Pseudosphäre hat dabei irgendwie doch noch mehr Raum. Man kann sich das etwa so veranschaulichen: Stellen Sie sich vor, Sie kriechen über eine endlose Ebene aus Bonbonmasse, in die Sie alle paar Schritte hineingreifen und sie ordentlich ausziehen, so daß sie zu Falten und Beulen erstarrt – und immer mehr Oberfläche bekommt.

Weil die Pseudosphäre größer ist als die Ebene, läßt sie sich in dem normalen euklidischen Raum unserer Zeichnungen kaum darstellen. Es gibt aber einen Trick, mit dem man die Pseudosphäre so «einlaufen» lassen kann, daß sie in eine Kreisscheibe paßt. Um besser zu verstehen, wie diese Schrumpfung funktioniert, müssen wir uns zunächst einmal vergegenwärtigen, wie man eine normale Ebene so schrumpfen lassen kann, daß sie in ein gewöhnliches Quadrat paßt.

Diese Methode werde ich wiederum als Erlebnisbericht eines Mannes schildern, der Flächenland in einem Keller entdeckt. Dieser Mann heißt Felix Unglück, und er ist, man muß es leider sagen, äußerst ungeschickt.

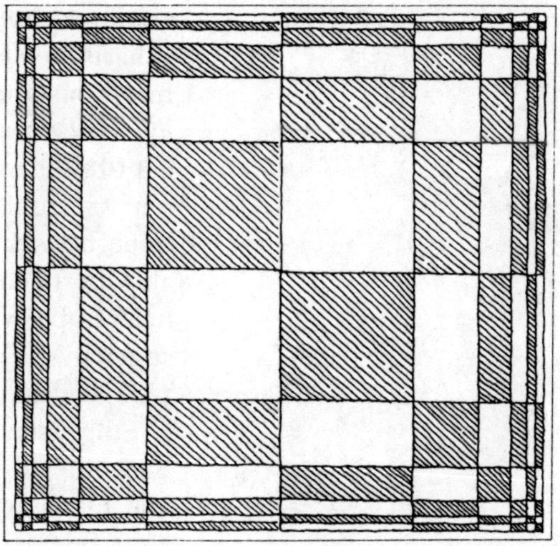

Abb. 101 Unendliches Schachbrett, in ein Quadrat gestaucht.

Auszug aus Felix Unglück: *Das Reine Land*

Die Tür fiel hinter mir ins Schloß. Für einen Moment konnte ich nichts sehen und hatte Angst zu fallen. Doch dann bemerkte ich unter mir einen Lichtschimmer. Irgend etwas war da unten.

Ich fand einen Schalter und knipste das Licht an. Unten an der Treppe schwebte ein gewichtsloses Quadrat von etwa zwei Metern Kantenlänge. Es war von einem unregelmäßigen Muster überzogen, das zu den verschwimmenden Rändern hin noch verwickelter wurde. Zuerst dachte ich an eine Art fliegenden Teppich, doch dann bemerkte ich, daß jeder Teil des Musters von ganz eigener Lebendigkeit zu sein schien. Dies war Flächenland, mit seiner unendlichen Weite irgendwie zur Größe eines Zwei-Meter-Quadrats komprimiert.

Wie hypnotisiert stieg ich tiefer und beugte mich über diese geschrumpfte Welt. Die polygonalen kleinen Bewohner von Flächenland schossen hierhin und dahin, wobei sie wuchsen, wenn sie sich der Mitte näherten, und schrumpften, wenn sie sich zu den Rändern hin bewegten. Das sah aus wie ein lebendiger Comic strip in der Sonntagsbeilage, ein unendlicher, lebendiger Comic strip mit zu den Seiten hin immer kleiner werdenden Bildern, ein trotz des begrenzten Raums von zwei mal zwei Metern endloser Verkleinerungsprozeß.

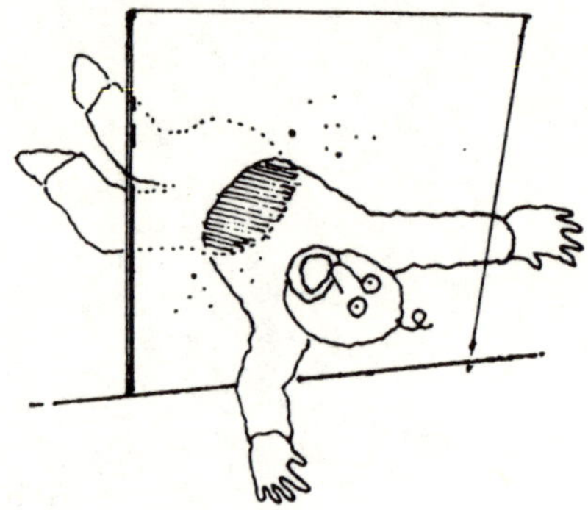

Abb. 102 Felix Unglück.

Oben tat es plötzlich einen lauten Krach. Ich erschrak, und da ich keinen besonders sicheren Stand hatte, fiel ich vornüber. Mein Körper glitt so leicht durch das Flächenland, wie man durch die Oberfläche eines Sees ins Wasser eintaucht. Die kleinen Wesen spritzten blitzschnell auseinander wie eine Schar von Wasserläufern. Und ich – wie ein Fluch aus dem Nichts – ließ mit meinem Körper einen riesenhaften Teil ihres Raums für einen Moment einfach verschwinden und fiel sehr unsanft auf den Boden. Ich glaubte, ganz schwach die verzweifelten Schreie der Flächenländer zu hören.
Ich sah an mir hinunter und bemerkte mit Entsetzen, daß ich ganze Völkerstämme dieser unschuldigen Wesen mit mir gerissen hatte. Sie hafteten an mir und rutschten hilflos auf der rauhen Oberfläche meiner Kleidung hin und her. Ich sah, daß sie alle tödlich verwundet waren. Langsam erstarb ihr blasses Schimmern. Ich schlug die Hände vors Gesicht und weinte.

Abbildung 101 zeigt noch keine Pseudosphäre, verdeutlicht aber bereits den Trick, der uns bald erlauben wird, eine Pseudosphäre zu zeichnen. Wir sehen in Abbildung 101 eine unendliche Ebene, die irgendwie in ein endliches

Abb. 103 «Ich schlug die Hände vors Gesicht und weinte.»

Quadrat gezwängt wurde. Wie man das macht? Indem man die Distanzen (hier die Felder eines unendlichen Schachbretts) zum Rand hin bei jedem Schritt halbiert.

Mancher Leser hat vielleicht schon von Zenos Paradoxen gehört. Zeno war ein früher griechischer Philosoph, der zeigen wollte, daß schon die schlichte Idee der Bewegung zu logischen Schwierigkeiten führen kann. Sein bekanntestes Paradox besagt, daß man den Raum, in dem man sich befindet, niemals verlassen kann. Denn um den Ausgang zu erreichen, muß man zunächst die Hälfte des

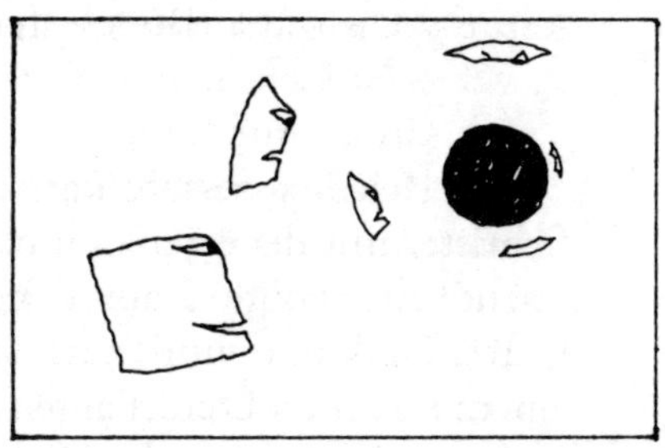

Ein unerreichbares Loch

Denkakrobatik 7.6

Nehmen wir an, daß Flächenland ein Loch hat, aber niemand hineinfallen kann, weil man um so kleiner wird, je näher man dem Loch kommt. Können Sie ein Bild zeichnen, in dem Sie diese Situation auf den gekrümmten Raum übertragen?

Weges bis zur Tür zurücklegen. Dann aber ist man immer noch im Zimmer, und um die Tür zu erreichen, muß man nunmehr die Hälfte der verbleibenden Entfernung zurücklegen. Man befindet sich immer noch im Zimmer, und um die Tür zu erreichen, muß man wiederum die Hälfte der verbleibenden Entfernung zurücklegen. Dann befindet man sich immer noch...

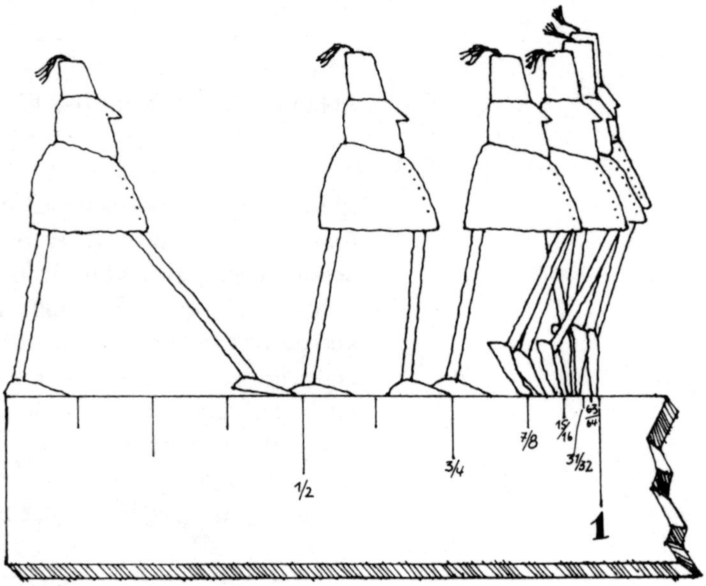

Abb. 104 Unendlich viele Schritte.

Das Paradox besteht darin, daß man die simplen zwei Schritte, mit denen man die Tür erreichen sollte, in eine unendliche Folge immer kleinerer Schritte aufspalten kann. Dadurch würde das Verlassen des Zimmers zu einem endlosen Unterfangen. Natürlich machen wir normalerweise nicht jeden Schritt halb so lang wie den vorhergehenden und gelangen ohne Schwierigkeiten aus dem Zimmer.

Was aber, wenn wir in einem Zimmer mit irgendeinem seltsamen Kraftfeld wären, das Sie jedesmal, wenn Sie einen Schritt in Richtung Tür tun, um die Hälfte schrumpfen ließe? Zwei normale Schritte von der Tür entfernt gehen Sie los, aber nach dem ersten Schritt sind Sie nur noch halb so groß wie zuvor. Jetzt sind Sie noch einen alten oder zwei neue Schritte von der Tür entfernt. Mit dem nächsten Schritt schrumpfen Sie wieder um die Hälfte und sind jetzt einen Schrumpfschritt beziehungsweise zwei Doppelschrumpfschritte von der Tür entfernt.

In Abbildung 101 und 105 zeigen wir, wie man eine unendliche Ebene mit Hilfe dieser Schrumpfung à la Zeno in ein Quadrat beziehungsweise einen Kreis zwängen kann. Bei Abbildung 101 nehmen wir an, daß alle Felder des unendlichen Schachbretts in Wirklichkeit gleich groß sind. Anders gesagt, können wir die hier gezeigte Figur wieder in eine unendliche Ebene verwandeln, indem wir alle Felder wieder zur Einheitsgröße der vier Mittelfelder ausziehen. In Abbildung 105 haben wir Dreiecke und gehen davon aus, daß sie in Wirklichkeit ebenfalls alle gleich groß sind. Man kann sich vorstellen, daß sie zu konzentrischen Ringen gruppiert sind, deren Dicke zum

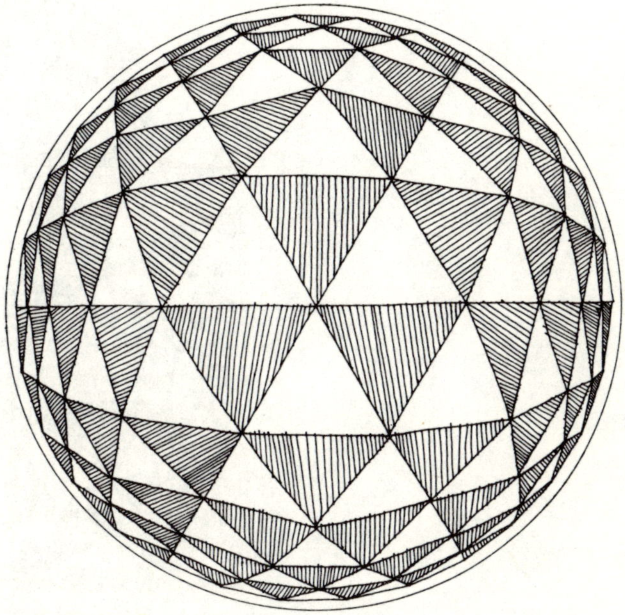

Abb. 105 Unendliche Ebene in einem Kreis.

Rand hin von Ring zu Ring um die Hälfte abnimmt. Auch hier gilt: Wenn wir alle Dreiecke zur Einheitsgröße ausziehen, erhalten wir eine unendliche Ebene.

Was ist aber nun mit der Pseudosphäre? Sie läßt sich am besten als endloses Muster verbogener Dreiecke darstellen, die in einem Kreis zusammengedrängt wurden. Der niederländische Künstler Maurits Escher verwendete in seinen Bildern manchmal solche Strukturen. Das Besondere an der Pseudosphäre ist nun, daß man durch Ausstrecken und Begradigung aller Dreiecke zur Einheitsgröße eine «Ebene» erzeugt, die Buckel und Falten aufweist. Wir finden in unserem Diagramm zum Beispiel Punkte, an denen sich bis zu acht «gleichseitige Dreiecke» treffen; in der Ebene können aber nur sechs gleichseitige Dreiecke an einem Punkt zusammentreffen.

So ist es zwar unmöglich, die Pseudosphäre in unserem Raum zu einer glatten Fläche auszuziehen, aber wir kön-

Abb. 106 Pseudosphärische Tesselation.

nen Teile von ihr so strecken, daß wir verschiedene begrenzte Oberflächen von konstanter Krümmung erhalten. Strecken wir etwa das Mittelstück unseres Pseudosphären-Diagramms, so erhält es die Gestalt eines Sattels. Anders als eine Kugel, die sich an jedem Punkt in derselben Richtung krümmt, ist die Sattel-Oberfläche an jedem Punkt in zwei verschiedenen Richtungen gekrümmt. Durch seine gleichzeitige Aufwärts- und Abwärtskrümmung ist der Sattel in gewisser Weise größer als eine flache Scheibe.

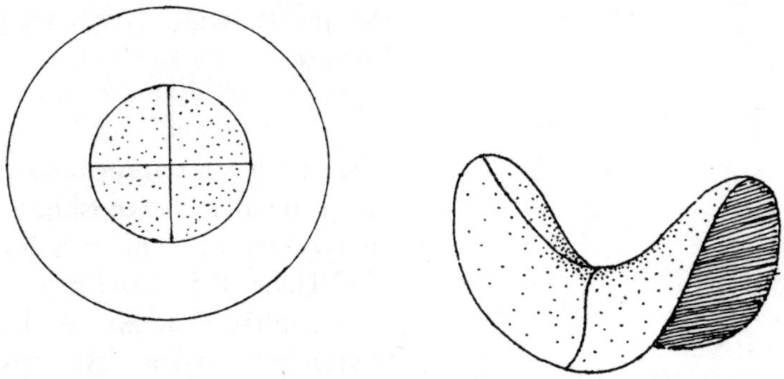

Abb. 107 Eine Scheibe aus der Pseudosphäre streckt sich zu einem Sattel.

Dramatischer wird die Sache, wenn wir einen Sektor der Pseudosphäre strecken, der zum «unendlich fernen» Rand hin ausläuft. Wenn wir die Figur entlang den Linien e, e' und H ausschneiden und e und e' zu ihrer «wirklichen» unendlichen Länge ausstrecken, biegt sich H zu einem Kreis, und es bildet sich eine Art Trichter, bis e und e' schließlich in E zusammenfallen. In den vierziger Jahren wurde die Figur rechts manchmal als Pseudosphäre bezeichnet, aber sie ist in Wirklichkeit nur ein an der Linie E zusammengenähter Sektor der Pseudosphäre. Wie wollen wir sie nennen? «Gabriels Posaune» wäre vielleicht angebracht, denn sie ist wie der Trichter einer Trompete geformt, deren Mundstück unendlich weit entfernt ist. Ich stelle mir dabei ein furchtbares Jüngstes Gericht vor und einen Engel in einem unendlich weit entfernten

Himmel, der eine lange, dünne Posaune bis zu mir herunter hält und mir ins Ohr trötet.

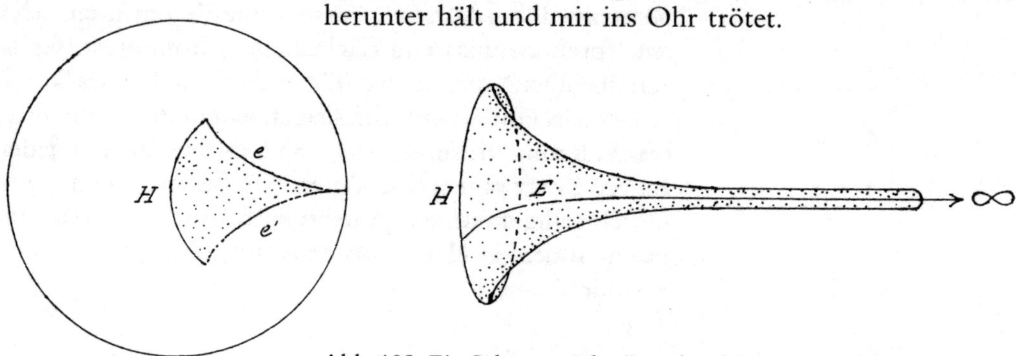

Abb. 108 Ein Sektor aus der Pseudosphäre streckt sich zu einer Trompete.

Indem wir uns vergegenwärtigen, was geschieht, wenn wir Teile der Pseudosphäre zu ihrer richtigen Größe ausstrecken, bekommen wir ein Gefühl für diese Art von Oberfläche. Erinnern wir uns, daß wir überhaupt auf die Pseudosphäre kamen, weil wir ein Beispiel für einen zweidimensionalen hyperbolischen Raum brauchten. Tatsächlich wollten wir aber etwas über den *dreidimensionalen* hyperbolischen Raum wissen.

Wir müssen uns den dreidimensionalen hyperbolischen Raum analog als endlosen dreidimensionalen Raum vorstellen, der irgendwie gedehnt und gestreckt ist und dadurch sozusagen mehr Raum enthält als der ebene (homaloidale) dreidimensionale Raum. Mathematisch kann man solch einen Raum nachbilden als die Innenseite einer Kugel, wobei man annimmt, daß Objekte in dieser

Denkakrobatik 7.7

Die Oberfläche von Gabriels Posaune hat eine sehr merkwürdige Eigenschaft: Die Posaune ist von unendlicher Länge, doch ihre Oberfläche ist endlich. Können Sie sich eine Möglichkeit denken, wie man ein Einheitsquadrat (Kantenlänge 1) in unendlich viele Stückchen schneiden und diese Stückchen zu einer unendlich langen Oberfläche mit dem Flächeninhalt 1 zusammenfügen kann?

Kugel um so stärker schrumpfen, je weiter sie sich vom Zentrum entfernen. Dies entspricht unserem Trick, ebene oder pseudosphärische Flächenländer in einem Kreis unterzubringen.

Es ist schon etwas wunderlich, sich vorzustellen, daß unser Raum vielleicht das unglaublich verschrumpelte Innere eines, sagen wir, Tennisballs ist. So auch Hamlet: «O Gott! Ich könnte in eine Nußschale gepfercht sein und mich für einen König des unendlichen Raumes halten, hätte ich nicht böse Träume.»

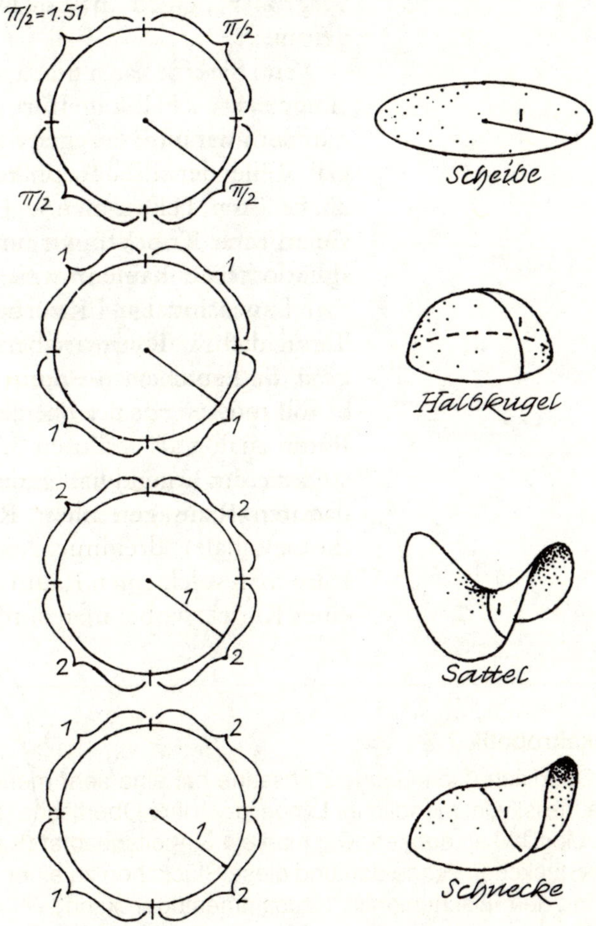

Abb. 109 Verschiedene Längenverhältnisse des Umfangs.

Die Idee, einen gekrümmten Raum als ebenen Raum darzustellen, den man dann in seine rechte Form strecken oder stauchen muß, stammt von Bernhard Riemann. Um die allgemeine Anwendbarkeit von Riemanns Technik zu demonstrieren, zeigen wir hier neben dem ebenen Kreis drei verschiedene gekrümmte Oberflächen, die man als Einheitskreise darstellen kann, bei denen verschiedenen Abschnitten des Umfangs verschiedene Längen zugeschrieben werden.

Man kann den Umfang kleiner machen, indem man die Kreisfläche gleichförmig in sich selbst zurückbiegt, oder vergrößern, indem man sie in zwei verschiedene Richtungen biegt.

Wenn Sie eine Faust machen, sehen Sie an den Knöcheln einige in etwa halbkugelförmige Höcker. Denken Sie sich die Sommersprossen Ihrer Haut als zweidimensionale Galaxien in einem «Flächenland», dessen Raum die Oberfläche Ihrer Haut ist. Die Bewohner einer Galaxis auf einem Ihrer Knöchel glauben vielleicht, daß sie in einem sphärischen Universum leben. In einer Galaxis auf dem Sattel zwischen zwei Knöcheln glauben die Bürger vielleicht, daß ihr Raum eine pseudosphärische Gestalt hat. Und die Leutchen, die die weite Fläche Ihres Unterarms bevölkern, werden wohl denken, daß der Raum eine Ebene ist.

In diesem Kapitel haben wir drei Arten von dreidimensionalem Raum betrachtet: den ebenen, den hypersphäri-

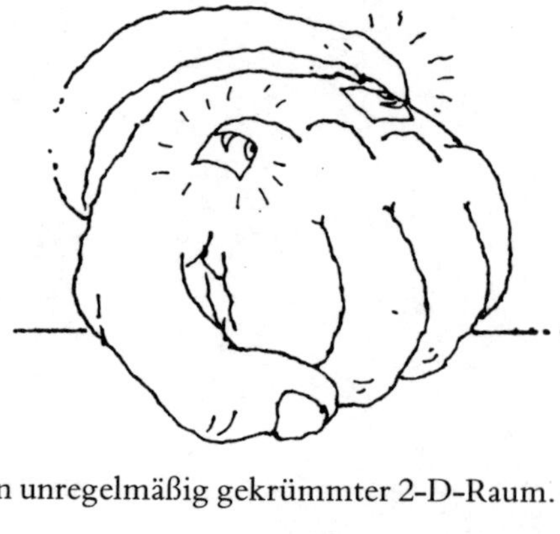

Abb. 110 Ihre Haut ist ein unregelmäßig gekrümmter 2-D-Raum.

schen und den hyperbolischen Raum. Diesen drei Arten von Raum ist gemeinsam, daß sie in der oberen Größenordnung gleichförmig gekrümmt sind. Keine Region des Raums unterscheidet sich grundsätzlich von allen anderen. Halten wir aber fest, daß unsere vereinfachende Annahme, unser Raum sei gleichförmig gekrümmt, auch falsch sein kann. Die Gestalt des Raums könnte verrückter sein, als wir glauben.

Abb. 111 Die Gestalt des Raums könnte verrückter sein, als wir glauben.

8. Magische Türen zu anderen Welten

Kurz vor Baltimore gibt es eine Highway-Ausfahrt namens «Brooklyn». Wäre das nicht toll, wenn diese Ausfahrt direkt nach New York hineinführte? Oder noch besser, wäre es nicht hübsch, eine spezielle Supertür in der Wohnung zu haben, die, beispielsweise, aus dem Wohnzimmer geradewegs in die Tuilerien führt? Ah, und wie wäre es erst mit einer Hypertür, die aus unserem Raum hinaus in ein ganz anderes Universum führt?

Die Menschen haben schon immer voll Wonne über solche magischen Türen spekuliert. Als perfektes Symbol für die Freiheit des Geistes von der räumlichen Beschränktheit des Körpers sind magische Türen ein Leitmotiv der phantastischen Literatur von Lewis Carroll über C. S. Lewis bis hin zu Robert Heinlein. In der Regel äußern sich die Erzähler nur sehr vage über die tatsächliche Konstruktion solcher Türen; bestenfalls erzählen sie einem etwas von einem «Tunnel durch den Hyperraum». Die moderne Kosmologie hat dagegen einige gute Veranschaulichungsmöglichkeiten für magische Türen (bekannt als Einstein-Rosen-Brücken oder Schwarzschild-Wurmlöcher) entwickelt.

Um uns ein Bild zu machen, wenden wir uns wie üblich an A Quadrat. Angenommen, parallel zur Ebene von Flächenland liege eine zweite Ebene namens Klecksland. Normalerweise ist es den Bewohnern dieser beiden zweidimensionalen Universen unmöglich, auf die andere Ebene überzuwechseln. Nehmen wir aber an, es sei gelungen, aus beiden Welten eine Art Lasche auszuschneiden und diese beiden Laschen miteinander zu vernähen. Jetzt können die Kleckse das Flächenland besuchen und die

Abb. 112 Ein Raumstreifen verbindet Flächenland und Klecksland.

Flächenländer das Klecksland. Abermals zitiere ich aus dem imaginären Klassiker «Die weiteren Abenteuer eines Quadrats»:

> Die Anders-Tür, die der Würfel baute, war absolut einzig in ihrer Art. Ein Raumländer, soviel ist mir klar, sieht in diesem Verbindungsweg nichts weiter als einen Raumstreifen, der von Flächenland nach Klecksland hinüberführt. Uns aber erschien die Anders-Tür als ein rahmenloser Durchgang, der vollkommen neue Ausblicke eröffnete. Dies von vorn betrachtet.
> Von hinten gesehen war sie ein schwarzes Nichts, ein Loch im Raum. Die Gegend hinter der Tür war nur unter Lebensgefahr zu begehen, denn da war überhaupt kein Raum; hier hatte man den Raum entnommen, der zum Bau des Verbindungsweges nach Klecksland gebraucht wurde.
> Ich selbst habe die Reise mehrmals unternommen. Die Kleckse sind zwar im äußersten Maße unregelmäßig geformt, aber trotzdem ein sehr liebenswürdiges Völkchen, von heiter beschaulicher Gemütsart und sehr

Abb. 113 Die Anders-Tür.

«Oh, Miez, wär's nicht fein, wenn wir das Spiegelhaus betreten könnten? Bestimmt gibt's da Wunderdinge zu sehen! Laß uns mal so tun, als ob es einen Weg hinein gäbe! Laß uns mal so tun, als ob die Spiegelscheibe lose wie Gaze wird und uns durchläßt. Guck mal, sie verwandelt sich jetzt in richtigen Nebel! Durch den kann man ohne weiteres schlüpfen!» Sie stand plötzlich oben auf dem Kaminsims, ohne daß sie recht wußte, wie sie dahingelangt war, die Spiegelscheibe schmolz tatsächlich, wurde zu flimmerndem, silbrigem Nebel.

Im nächsten Augenblick schritt Alice hindurch und sprang leichtfüßig ins Spiegelzimmer hinein. Zuallererst sah sie nach, ob im Kamin ein Feuer brannte, und war recht erfreut, eines vorzufinden, das ebenso hell flackerte wie das in der Wohnstube. «Demnach werd ich's hier genauso warm haben wie im alten Zimmer», sagte sie sich. «Nein, noch wärmer, denn hier ist keiner, der mich vom Feuer verdrängt. Oh, das wird ein Spaß werden, wenn die anderen mich im Spiegel hier sitzen sehen und nicht zu mir reinkönnen!»

Lewis Carroll
Alice im Spiegelland, 1872.

gastfreundlich. Auch von ihnen haben sich etliche in unser ebenes Land gewagt, obgleich die Reise für sie nicht so einfach war. Mancher fand gar ein vorzeitiges Ende auf dem Weg von Raum zu Raum. Ihre Größe und eine gewisse Unbeholfenheit machten es ihnen schwer, nicht an den Rand des Nichts zu geraten, das den Weg zu beiden Seiten säumte. Und aus dem Nichts gibt es keine Wiederkehr.

Das Problem bei dieser Welt-zu-Welt-Kupplung besteht also in den tödlichen Rändern des Raums. Zum Glück gibt es eine viel bessere Art, zwei Ebenen miteinander zu verbinden:

> Nach einem Tag des Nachdenkens tauchte der Würfel wieder in meiner Studierstube auf. Drei hochgestellte Frauen waren gerade bei mir zu Besuch, und die plötzliche Materialisation eines Querschnitts des Würfels stürzte sie in unsägliche Ängste. In ihren Augen war ich ein Magier und der Würfel mein Helfergeist. Ich war nur zu begierig, diesen holden Strecken etwas wahrhaft Staunenswertes zu bieten, und spielte deshalb den Part des Zauberers.

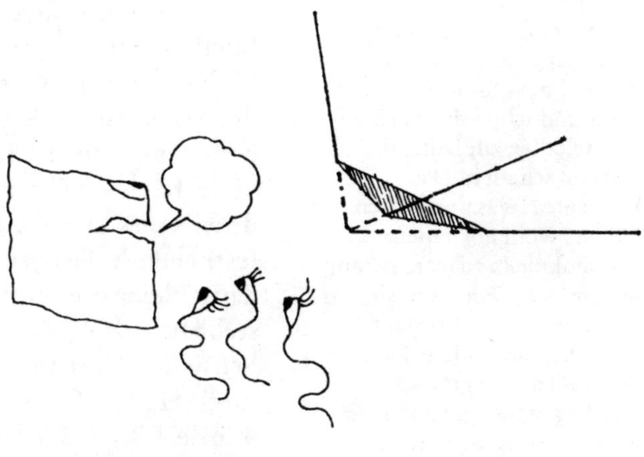

Abb. 114 A Quadrat gibt mächtig an vor den Damen.

Was steckt wohl in dem Schrank, dachte sie, und obgleich sie sicher glaubte, daß der Schrank verschlossen sei, öffnete sich die Tür zu ihrer Überraschung ganz leicht, und zwei Mottenkugeln rollten heraus. Als sie hineinschaute, sah sie verschiedene Mäntel hängen, hauptsächlich lange Pelze. Nichts mochte Lucy lieber als Pelze, ihren Geruch und das weiche Fell zwischen den Fingern. Sie kroch flugs zwischen die Pelze und rieb ihr Gesicht dagegen... Bald kroch sie tiefer hinein und entdeckte dabei hinter der ersten Mantelreihe eine zweite. Es war beinahe ganz dunkel im Schrank, und um nicht mit der Nase an die Hinterwand zu stoßen, hielt sie die Arme vor sich ausgestreckt. Vorsichtig wagte sie erst einen, dann zwei, ja sogar drei Schritte, erwartete jeden Augenblick, mit ihren Fingerspitzen an die Wand zu tasten, aber die kam nicht und kam nicht.

Das muß ja ein geradezu riesenhafter Schrank sein, dachte Lucy. Sie ging noch tiefer und schob die weichen Mantelfalten zur Seite, um Platz zu schaffen. Da knirschte etwas unter ihren Füßen. Wohl noch mehr Mottenkugeln? dachte sie und beugte sich nieder, um sie aufzuheben. Aber sie faßte nicht das harte, glatte Holz des Bodens, sie griff etwas weiches, Pulvriges und ganz Kaltes. Das ist doch recht sonderbar, überlegte sie und

Ich: Nun also, mein ergebenes Sechseck?
Würfel: Ich habe mir überlegt, wie man die Sache in Ordnung bringt, Quadrat. Ich werde den Weg einfach zu einer Röhre zusammenbiegen, dann sind wir die ganzen Ränder los.
Ich: s'ist gut. Geh denn und erfülle deinen Auftrag.
Würfel: Was sind denn das für Sprüche?
Ich: Fort mit dir!
Würfel: Hör mal, du lausiges, flaches...
Ich: Wünsche gutes Gelingen, edler Herr.
Würfel: Aha, schon besser. Bis später.

Die Erscheinung verschwand, und Una, die lieblichste der drei edlen Frauen, schmiegte sich an mich, ihr natürliches Schwingen jetzt ein berauschendes Beben. Ich versprach ihr auf der Stelle, sie nach Klecksland zu geleiten oder, wie sie es gern nannte, auf die Astrale Ebene.

Die Anders-Tür bot jetzt einen ganz veränderten Anblick. War sie früher von vorn als ein Fenster zum Klecksland hin und von hinten als ein Stück Nichts erschienen, so sah sie jetzt von allen Seiten gleich aus: ein linsenartiges Fenster, welches das gesamte Klecksland zu einer Scheibe zu kondensieren schien. Mein Freund, der Würfel, hatte es auf irgendeine Weise bewerkstelligt, die Ränder des Raumes da zusammenzufügen, wo bisher den Zwischenweltenreisenden das Nichts gedräut hatte.

Noch hatte niemand die neugestaltete Anders-Tür durchschritten. Begierig, meine Eroberung Unas zu besiegeln, schritt ich wacker fürbaß auf die geheimnisvolle Kreisscheibe zu. Sie machte den seltsamen Eindruck eines kreisrunden Spiegels, wie sie hier bei uns zu festlichen Anlässen die Bäume schmücken. Ich erkannte darin kleine und immer kleinere Kleckse, auf das unvorstellbar ferne Zentrum hin scheinbar in rapidem Schwund begriffen. Ich fürchtete mich einzutreten, fürchtete, daß ich durch Schrumpfung zermalmt würde. Doch Una war bebend an meiner Seite und drängte mich mit ihrer leisen, klangvollen Stimme ging noch einige Schritte weiter.

Nun fühlte sie gar keine weichen Pelze mehr an Gesicht und Händen, sondern etwas Hartes, Rauhes, sogar Stachliges. Was war denn das? Sind das nicht Baumzweige? Da sah sie ein Licht vor sich. Die Rückwand des Schrankes sollte doch nur wenige Zentimeter von ihr entfernt sein und war weiß Gott wo! Etwas Kaltes und Weiches rieselte auf sie nieder, und gleich darauf stand sie mitten in einem Wald in stockdunkler Nacht. Unter ihren Füßen lag Schnee, und aus der Luft sanken Schneeflocken herab.

C. S. Lewis
Der König von Narnia, 1960

weiter. «Komm, Una», sagte ich und glitt hinein in die unheimliche Scheibe, die irgendwie das gesamte Klecksland umfing.

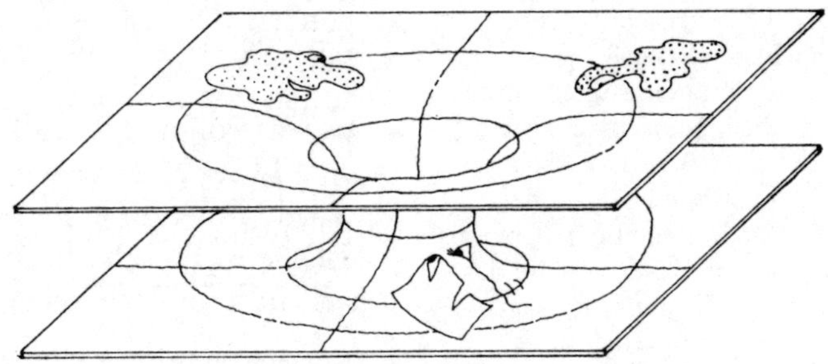

Abb. 115 A Quadrat und Una am Eingang zum Raumtunnel.

Die Kleckse, die zuvor geschrumpft und verzerrt gewirkt hatten, nahmen nun wieder ihr vertrautes unregelmäßiges Erscheinungsbild an. Waren wir etwa auf ihre Größe geschrumpft? Um uns her lag die endlose Weite von Klecksland. War dies wirklich das Innere einer magischen Scheibe? Meine Gedanken wurden durch Unas erregte Ausrufe unterbrochen.

Una: Schau nur, liebes Quadrat, Flächenland ist nun selbst eine Scheibe!
Ich (*mich umwendend*): Wahrhaftig. Also doch vollkommene Symmetrie. Durch den Raumtunnel betrachtet, erscheint Flächenland als Scheibe im Klecksland und Klecksland als Scheibe im Flächenland. All dies schuf ich zu deiner Erbauung, o meine Gebieterin.
Una: Wohl gelungen, o mein Gebieter. Mein Gemahl kann uns hier nicht stören in diesem verzauberten Land.
Ich: Dann laß uns kosen, schönste Una.
Una: Von Herzen gern, mein Geliebter... doch schau nur, schau in die Scheibe von Fächenland. Dort gleitet ein Sechseck einher, mein Gatte!
Ich: Er ist so klein und nichtig, eine Ameise.
Una: Doch ach, liebstes Quadrat, er nimmt zu, indem er sich dem Rand der Scheibe nähert!

Ich (*zu einem in der Nähe stehenden Klecks*): Hör er, Bursche, will er mir einen Dienst erweisen?
Klecks: Blubb jubba gluup.
Ich (*ihn mit dem Munde packend*): Streck er sich nur (mmpf) sooo... (mmpfmmp) und so, mein Bester. Und derart schirmen wir unseren Serail.

Es war vollbracht, und Una und ich waren nun frei, uns der Lust hinzugeben. Mein vollkommenes Glück wurde nur durch eine Frage verdunkelt: Wie kam es, daß beim Durchschreiten des Raumtunnels das Innere sich nach außern kehrte und das Äußere nach innen?

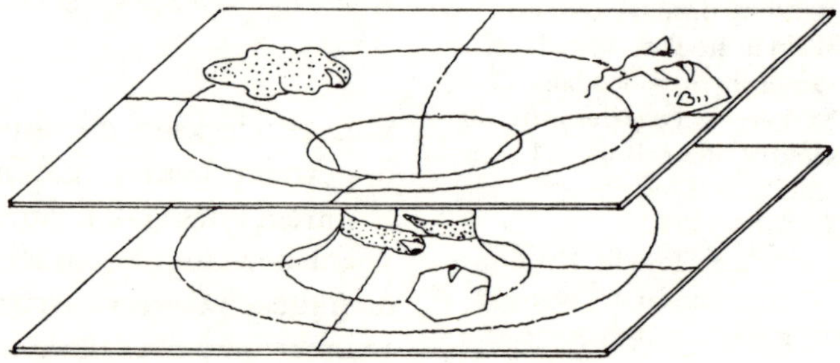

Abb. 116 Ein Klecks verstellt dem Sechseck den Blick auf Unas transdimensionales Stelldichein.

Betrachten wir den Raumtunnel von einem Standpunkt außerhalb der beiden Ebenen von Flächenland und Klecksland, so springt uns die Antwort auf A Quadrats Frage direkt ins Auge. Der Wurmgang, den wir Raumtunnel nennen, hat von beiden Seiten betrachtet eine kreisrunde Begrenzung. Ein Flächenländer, der in diese Kreise schaut, sieht Licht aus allen Teilen von Klecksland. Daher sein Eindruck, daß Klecksland irgendwie auf eine Kreisscheibe zusammengedrängt wurde. Ebenso sieht ein Kleckländer das Licht aus dem gesamten Flächenland so, als käme es nur aus der kreisrunden Öffnung des Wurmgangs.

Jetzt können wir, wie schon so oft, versuchen, das Ganze um eine Dimension anzuheben. Stellen wir uns

Abb. 117 Das Sechseck glaubt, Flächenland sei eine Scheibe.

vor, es gäbe im vierdimensionalen Raum ein weiteres dreidimensionales Universum, parallel zu unserem. Könnten wir uns *ana* durch den Hyperraum bewegen, so würden wir in das andere Universum gelangen. Es fällt uns jedoch äußerst schwer, die Richtung der vierten Dimension einzuschlagen. Aber wie sollen wir dann je in das andere Universum kommen? Durch einen Hyperraum-Tunnel, eine sogenannte Einstein-Rosen-Brücke. Wie würde solch ein Tunnel aussehen? Der Eingang würde uns wie eine Kugel erscheinen, die ein ganzes Universum enthält, unvorstellbar geschrumpft und verzerrt. Wenn sie sich mit einem Kopfsprung hineinstürzen, haben Sie das Gefühl, hindurchzutauchen. Aber wenn Sie sich dann umschauen, werden Sie feststellen, daß Sie sich jetzt im anderen Universum befinden; und schauen Sie zurück in den Hyperraum-Tunnel, so sehen Sie eine Kugel, die Ihr gesamtes altes Universum enthält, unglaublich geschrumpft und verzerrt.

Es gibt einen jedermann vertrauten Gegenstand, der tatsächlich so ähnlich aussieht wie der der Eingang zu einer Einstein-Rosen-(E-R-)Brücke: die Christbaumkugel. Dieser kugelförmige Spiegel reflektiert – im Prinzip – das gesamte umgebende Universum. Je weiter ein Objekt von der Spiegeloberfläche entfernt ist, desto mehr rückt

Joe bemerkte etwas Glänzendes auf dem nächsten Beet. Es war eine glitzernde Kugel, wie vom Christbaum oder aus einem großen Kugellager. Wie kommt so was ins Spargelfeld?

Er sprang über das dazwischenliegende Beet und beugte sich über den kleinen Spiegelball. Er sah den Himmel darin und sein Gesicht und den Horizont und das Feld. Hübsch. Aber . . .

Moment mal, das war ja gar nicht *dasselbe*. Das Feld im Spiegelbild war rötlich und voller hoch aufragender technischer Apparaturen, die sich zur Spiegelmitte hinbogen. Und das Schlimmste: Das Zerrspiegelgesicht, das ihm da entgegenstarrte, war gar nicht seins, war überhaupt kein menschliches Gesicht.

Der Mund bewegte sich, rief andere herbei. Weitere Gesichter drängten sich um das erste, zwei, drei, fünf, klein und verzerrt auf der Spiegelwölbung.

Joe stockte dr Atem. Er trat zurück und dann wieder vor, stupste die Kugel an. Sie kullerte vom Beet herunter. Nichts veränderte sich an dem Bild. Die Gestalt in der Mitte hielt eine dreifingrige Hand hoch und machte Zeichen. Der weiblich anmutende Mundschlitz bewegte sich lautlos. Über dem Kopf dieser Gestalt erkannte Joe ein winziges Raketenflugzeug, das über den gebogenen Himmel zog und sich zum unendlich fernen Mittelpunkt der Spiegelfläche hin verlor. Ein ganzes Universum war da in dieser Kugel.

Rudy Rucker
«The Last Einstein-Rosen Bridge», 1983

Abb. 118 Hyperraum-Tunnel in ein anderes Universum.

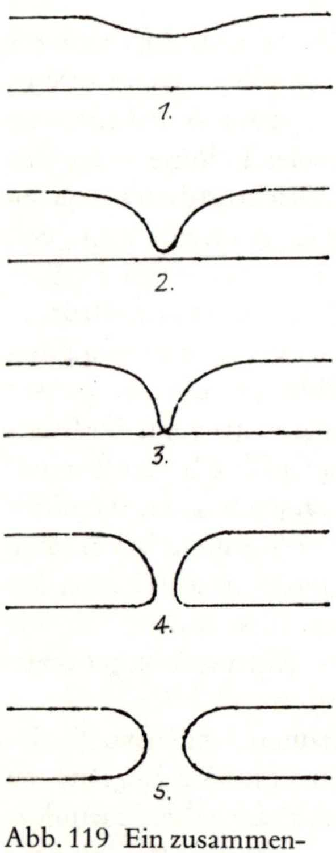

Abb. 119 Ein zusammenbrechender Stern könnte eine Einstein-Rosen-Brücke bilden.

sein Bild ins Zentrum des Spiegels. Wenn man in den Eingang eines Hyperraum-Tunnels zu einem anderen Universum schaut, sieht man natürlich nicht das Spiegelbild des eigenen Universums, sondern etwas, das wie das Spiegelbild eines anderen Universums aussieht.

Gibt es – abgesehen von der Intervention höherdimensionaler Wesen – die Möglichkeit, daß sich in unserem Kosmos tatäschlich eine E-R-Brücke bildet? Ja. Sollte es tatsächlich andere dreidimensionale Universen parallel zu unserem geben, so könnte ein hinreichend dichtes Objekt unseren Raum so weit vorwölben, daß er einen anderen berührt. Und dann könnten die beiden Räume verschmelzen wie zwei Fettaugen auf der Suppe.

Schauen wir uns zum besseren Verständnis noch einmal zwei Flächenuniversen von der Seite an. Wie wir schon sagten, erzeugt die Anwesenheit von Materie eine Verformung des Raums. Und wie der Absatz eines hochhackigen Damenschuhs eine Gummimatte tiefer eindrückt als ein breiterer Männerschuhabsatz, so wird auch die Raumverformung um so größer, je dichter die Materie ist. Könnten wir unsere Sonne auf einen viel kleineren Umfang komprimieren, so würde sie den Raum weit stärker verformen.

Die Sonne ist ein Ball aus heißen Gasen. Ihre inneren Gravitationskräfte wirken kontraktiv, würden also die

Von allen Schöpfungen des menschlichen Geistes – von den Einhörnern über die Wasserspeier gotischer Kathedralen bis hin zur Wasserstoffbombe – ist wohl keine phantastischer als das schwarze Loch: ein Loch im Raum mit einem richtigen Rand, über den alles abstürzen kann, um dann nie wieder zu entkommen; ein Loch mit einem so starken Gravitationsfeld, daß selbst das Licht eingefangen und festgehalten wird; ein Loch, das den Raum krümmt und die Zeit in Falten wirft. Wie das Einhorn und der Wasserspeier scheint das schwarze Loch viel eher in der phantastischen Literatur oder in alten Mythen zu Hause zu sein als im wirklichen Universum. Nichtsdestotrotz fordern die Gesetze der morderne Physik geradezu die Existenz der schwarzen Löcher. Allein in unserer Galaxis könnte es Millionen von ihnen geben.

Die Suche nach den schwarzen Löchern ist eine der großen astronomischen Unternehmungen des letzten Jahrzehnts geworden. Dutzende von Kandidaten, über den ganzen Himmel verstreut, sind bislang schon aufgespürt worden. Zunächst schien es praktisch unmöglich, hieb- und stichfest zu beweisen, daß einer dieser Kandidaten tatsächlich ein schwarzes Loch ist. In den letzten beiden Jahren hat sich jedoch eine eindrucksvolle Menge von

Sonne verkleinern, stünde dem nicht der thermische Druck der heißen Gase entgegen, der nach außen wirkt. Die beiden Kräfte gleichen sich aus und lassen die Sonne gerade so groß sein, wie sie ist. Irgendwann einmal wird die Sonne jedoch abkühlen. Dadurch wird sich der nach außen gerichtete Druck verringern, so daß die Gravitation die Oberhand gewinnt und die Sonne kleiner und dichter macht. Diese Kompression wird die Sonne dann zwar für eine Weile wieder aufheizen, aber schließlich kühlt sie dann doch weiter ab und zieht sich noch mehr zusammen.

Alle Sterne altern und durchlaufen diesen schrittweisen Kontraktionsprozeß. Von der Anfangsmasse eines Sterns hängt es ab, was bei dieser Kontraktion letztlich herauskommt, und dafür gibt es verschiedene Möglichkeiten. Kontrahiert der Stern zu rasch, so explodiert er und wird zu einer Nova oder Supernova. Besitzt er zu Beginn nicht allzu viel Masse, so kann er langsam schrumpfen und wird zu einem festen, glühenden Metallklumpen. Wenn er aber nur ein wenig mehr Masse besitzt, kann es sein, daß er noch weiter schrumpft, weil die Metallatome unter der gewaltigen Kraft der Gravitation zusammenbrechen. Protonen vereinigen sich mit Elektronen zu Neutronen, und es bildet sich ein «Neutronenstern» von unglaublicher Dichte. Er besteht aus einer Substanz namens Neutronium, und diese besitzt eine Masse von etwa einer Milliarde Kilogramm pro Kubikzentimeter.

Richtig abenteuerlich wird es aber erst, wenn der Stern eine so große Anfangsmasse besaß, daß auch das Neutronium unter dem Gravitationsdruck schließlich zermalmt wird. In diesem Fall schrumpft der Stern auf ein immer kleineres Volumen zusammen – vielleicht bis auf einen ausdehnungslosen Punkt! Solche superdichten Sterne nach einem Gravitationskollaps sind die «schwarzen Löcher», von denen man so oft hört. Ihren Namen verdanken diese Gebilde dem Umstand, daß ihre Anziehungskraft so groß ist, daß nicht einmal das Licht ihr entkommen kann. Kurz, ein Stern, der eine ausreichende Dichte erreicht hat, erscheint als schwarze Region, die absolut kein Licht aussendet. Es liegt auf der Hand, daß man ein schwarzes Loch schlecht sehen kann – aber es gibt

Indizien auf ein Objekt im Sternbild Schwan (Cygnus) versammelt: Cygnus X-1. Diese Indizien geben mir und den meisten anderen Astronomen, die das Objekt studiert haben, die etwa neunzigprozentige Gewißheit, daß sich im Zentrum von Cygnus X-1 tatsächlich ein schwarzes Loch befindet.

Kip S. Thorne
«The Search for Black Holes», 1974

indirekte Beobachtungsmöglichkeiten, die darauf hindeuten, daß solche schwarzen Löcher tatsächlich durch unseren Raum schweben.

Abb. 120 Ein schwarzes Loch absorbiert Licht.

Nach dem Muster von Abbildung 119 können wir uns vorstellen, daß ein Stern von großer Masse oder ein schwarzes Loch den Raum so stark verformt, daß eine E-R-Brücke zu einem anderen Universum entsteht. Wer in ein solches schwarzes Loch fliegt, wird vielleicht in eine andere Welt katapultiert. Auf amüsante Weise wird dieses Thema in dem Walt-Disney-Film *Das schwarze Loch* verarbeitet. Hier stürzen die Guten und die Bösen am Ende alle miteinander in ein riesiges schwarzes Loch. Es erweist sich allerdings als E-R-Brücke mit zwei Ausgängen: Himmel und Hölle. Hier wird offenbar an die Ideen der Hyperraumtheologen aus Abbotts Zeit angeknüpft.

Denkbar sind auch Wurmgänge oder E-R-Brücken, die in denselben Raum zurückführen, in dem sie beginnen. Das könnte von großer Bedeutung sein, denn es bietet vielleicht die Möglichkeit, extrem lange Wege abzukürzen.

Nach Einsteins spezieller Relativitätstheorie gibt es nichts, das sich schneller als mit Lichtgeschwindigkeit bewegen kann. Das war für gewissenhafte Science-fiction-Autoren schon immer ein übles Hindernis. So braucht das Licht schon vier Jahre, um auch nur zu unserem nächsten Nachbarstern, Alpha Centauri, zu gelangen. Und Gespräche oder ein kultureller Austausch, in denen Lücken von jeweils vier Jahren klaffen, werden vermutlich nicht einmal eine fesselnde Lektüre abgeben. Wer gar in eine andere Galaxis reisen möchte, ist noch schlechter dran: Unser nächster galaktischer Nachbar ist die große Magellanwolke – gut zehntausend Lichtjahre entfernt.

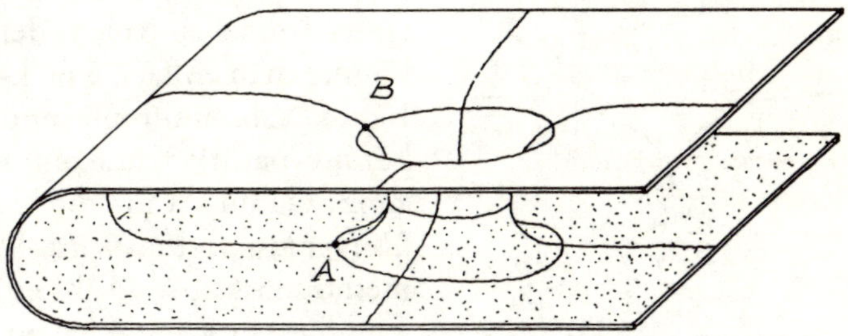

Abb. 121 Der Wurmgang ist eine Abkürzung von A nach B.

SF-Autoren umgehen diese Schwierigkeit gern, indem sie annehmen, daß unser Raum gefaltet ist und es zwischen den Falten Wurmgang-Abkürzungen gibt. Findet man den richtigen Hyperraum-Tunnel, so gewinnt eine endlos lange Reise überschaubare Proportionen. Als einer der ersten Schriftsteller bediente sich Robert Heinlein, der Vater der modernen Science-fiction, dieses Kniffs. Man kann ihn sich am Beispiel einer Ameise auf einem Seidenschal verdeutlichen. Es würde sie normalerweise ziemlich viel Zeit kosten, von einem Ende zum anderen zu krabbeln, aber wenn der Schal recht zusammengeknüllt daliegt, kann die Ameise die «zweidimensionale» Schal-Oberfläche verlassen und die Abkürzung durch den dreidimensionalen Raum nehmen.

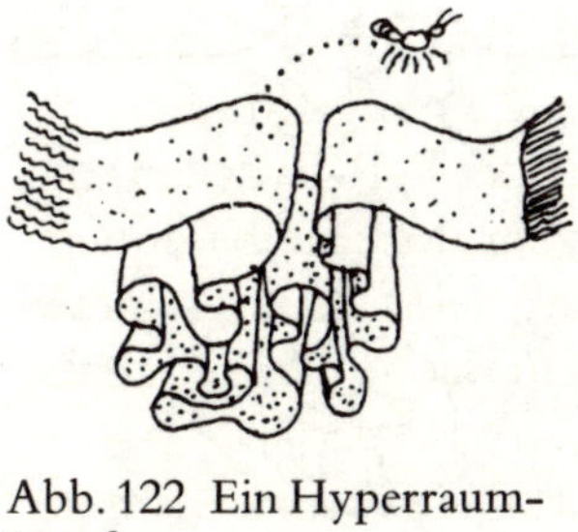

Abb. 122 Ein Hyperraum-Hupf.

Diese Abkürzungsmethode funktioniert demnach nur, wenn sich an der richtigen Stelle eine geeignete E-R-Brücke findet. Da man Science-fiction-Geschichten nun nicht dem Zufall überlassen kann, befähigen die Autoren ihre Raumreisenden, solche Brücken selbst herzustellen. In Piers Anthonys verblüffendem Roman *Makroskop* besteht die Methode der Reisebeschleunigung darin, ins

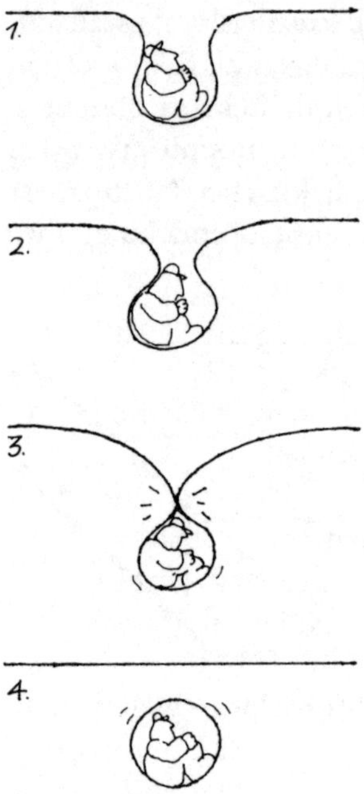

Abb. 123 Ein Stück Raum schnürt sich ab.

Innere eines großen Objekts (etwa des Neptun) zu gelangen, es durch geheimnisvolle Strahlen zu einem schwarzen Loch zusammenschnurren zu lassen, um dann hindurchzuschlüpfen und ganz woanders wieder aufzutauchen.

Wenn wir die Krümmung des Raums wirklich nach Belieben ändern könnten, gäbe es für Reisen durch den Hyperraum noch eine andere Alternative. Anstatt erst einen Tunnel zu bauen, der in einen anderen Raum führt, könnte man einfach eine kleine Hyperkugel von unserem Raum «abschnüren» und mit ihr entschweben. Das könnte natürlich riskant werden, da man nicht wissen kann, wo und wann die kleine Raumblase auf ein anderes Universum treffen wird. Das Schöne an dieser Abschnürmethode ist aber, daß keine Löcher zurückbleiben.

In diesem Kapitel haben wir bislang erörtert, wie man möglicherweise durch den Hyperraum zu anderen Universen reisen kann und daß diese Art des Reisens vielleicht auch innerhalb unseres Raums Abkürzungsmöglichkeiten eröffnet. Wir haben uns allerdings bislang noch nicht um die Frage gekümmert, ob es überhaupt andere Universen gibt.

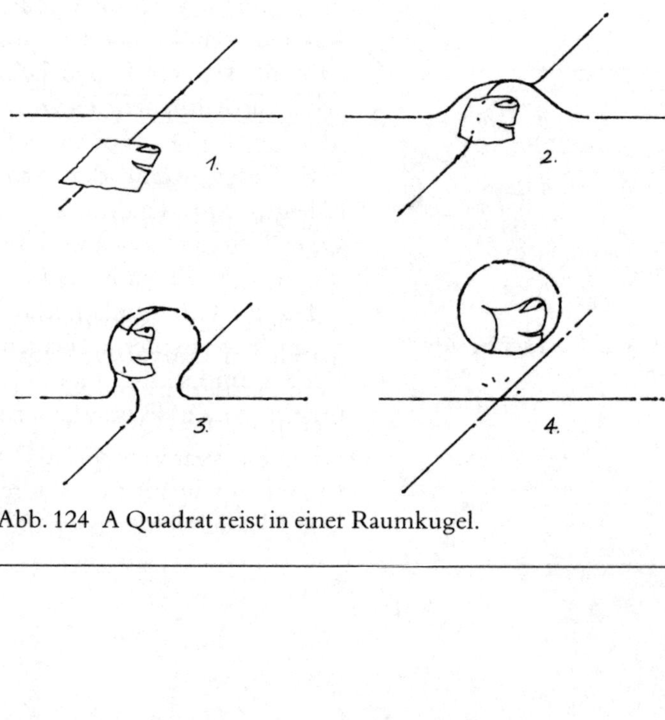

Abb. 124 A Quadrat reist in einer Raumkugel.

Wie im letzten Kapitel angedeutet wurde, kann man die Gravitationsverformung des Raums als eine Art Dehnung oder Stauchung des ebenen Raums betrachten – im Gegensatz zu der Annahme, daß der ebene Raum sich in Richtung einer höheren Dimension auswölbt. Viele Wissenschaftler meinen, daß der «gekrümmte Raum» nur eine phantasievolle Metapher ist, während es in Wirklichkeit außerhalb unserer drei Raumdimensionen nichts gibt. Für diese eher vorsichtigen Denker existiert nur das sichtbare Universum, und alles Reden über Parallelwelten halten sie für inhaltslose Tagträumerei.

Wenn wir die vierte Dimension aber ernst nehmen, ergibt sich ganz natürlich die Vermutung, daß es andere Welten geben könnte. All diese Universen zusammengenommen bilden den Kosmos oder Superraum. Nach der traditionellen christlichen Anschauung besitzt der Kosmos drei parallele Ebenen, den Himmel, die Welt und die Hölle. Für die Theosophen besitzt der Kosmos sieben Ebenen, von denen sechs «astral» sind. Die SF-Literatur

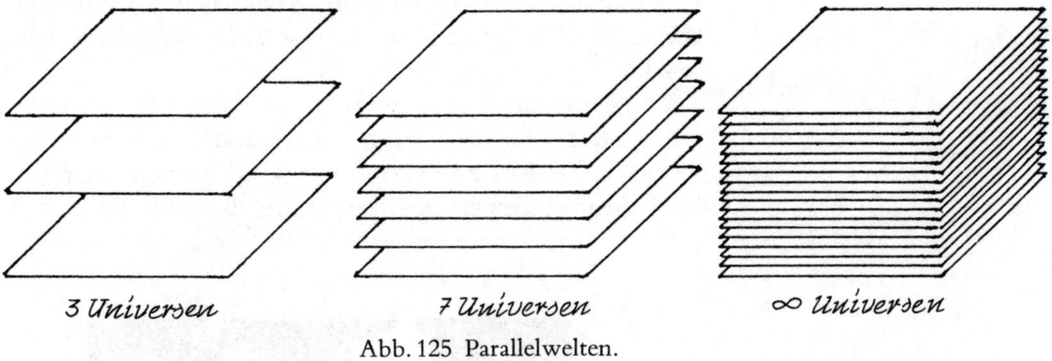

Abb. 125 Parallelwelten.

operiert ganz selbstverständlich mit unendlich vielen parallelen Universen – und jedes nur mögliche Universum existiert irgendwo. Etwas Ähnliches gibt es auch in der modernen Quantenmechanik, und wir werden darauf in einem späteren Kapitel zurückkommen.

Der am wenigsten interessante Standpunkt zur Frage der Parallelwelten ist wohl dieser: «Die ganze Frage ist bedeutungslos. Niemand hat auch nur eine blasse Ahnung, wie man solch ein anderes Universum ausmachen soll. Da Aussagen über andere Universen nicht unmittelbar wissenschaftlich überprüfbar sind, besagen sie im Grunde eigentlich gar nichts.»

Diese Anschauung beruht auf der Kombination zweier Annahmen: 1. *Sehen bedeutet glauben,* das heißt, wenn etwas real ist, muß es auch einen Weg geben, es zu beobachten. 2. *Es gibt nichts Neues mehr zu entdecken,* das heißt, wir haben bereits jede Art von Phänomen, die uns je begegnen mag, gesehen. Die erste Annahme ist von zentraler Bedeutung für die philosophische Schule des logischen Positivismus, eines modernen Ablegers des traditionsreichen britischen Empirismus. Für den Positivisten oder Empiristen ist die Welt letztlich der Gesamtheit aller möglichen Sinneserfahrungen äquivalent. Gegen diese Anschauung habe ich nichts einzuwenden; ich werde sogar im dritten Teil eine ähnliche Position vertreten. Wogegen ich mich aber wende, ist die zweite Annahme. Niemand hat bisher einen Weg gefunden, andere Universen zu beobachten, das ist wahr. Aber das beweist durchaus nicht, daß niemand je einen solchen Weg entdecken wird.

Über Atome wurde schon spekuliert, als noch für Jahrhunderte keinerlei Hoffnung bestand, ein einzelnes Atom zu Gesicht zu bekommen. Und hätte niemand je über Atome gesprochen, so wären die Mittel für ihre

Abb. 126 Hypersphärische Universen, die im Hyperraum schweben.

Entdeckung vielleicht nie entwickelt worden. Gewiß, über andere Universen zu sprechen, wäre ein weniger anrüchiger Zeitvertreib, wenn wir sie tatsächlich vorweisen könnten. Aber wenn wir uns nicht ein Herz nehmen und uns vorzustellen versuchen, wie das vielleicht geschehen kann, wird dieser Tag nie kommen. Wir haben bereits gesehen, daß es so etwas wie Einstein-Rosen-Brücken tatsächlich geben könnte und daß sie vielleicht wirklich Verbindungswege zu anderen Universen sind. Jetzt möchte ich darüber nachdenken, auf welche anderen Arten diese Universen sich noch bemerkbar machen könnten.

Um nun nicht in einem Meer von Möglichkeiten zu versinken, wollen wir uns auf ein gerade noch überschaubares Modell des Kosmos beschränken. Nehmen wir einen vierdimensionalen Hyperraum an, in dem etliche Hyperkugeln schweben. Jede dieser Hyperkugeln ist ein Universum. Wir können sie uns als Blasen in einer Flüssigkeit oder als Planeten im Raum vorstellen.

Wenn wir an die dreidimensionale Hyperoberfläche unserer Hyperkugel gebunden sind, gibt es dann überhaupt die Möglichkeit, andere Hyperkugeln wahrzunehmen? Eine direkte Beobachtungsmöglichkeit bestünde wohl nur dann, wenn eine andere Raumblase mit unserer

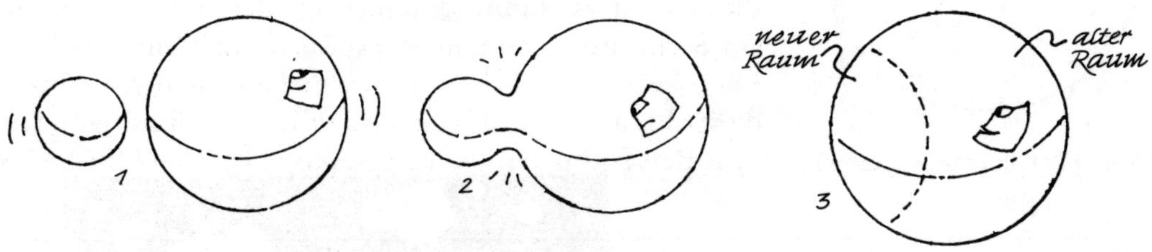

Abb. 127 Zwei Räume vereinigen sich.

Denkakrobatik 8.1

Was würde geschehen, wenn der Kleckständer in Abbildung 116 den Raumtunnel ganz zuschnürte?

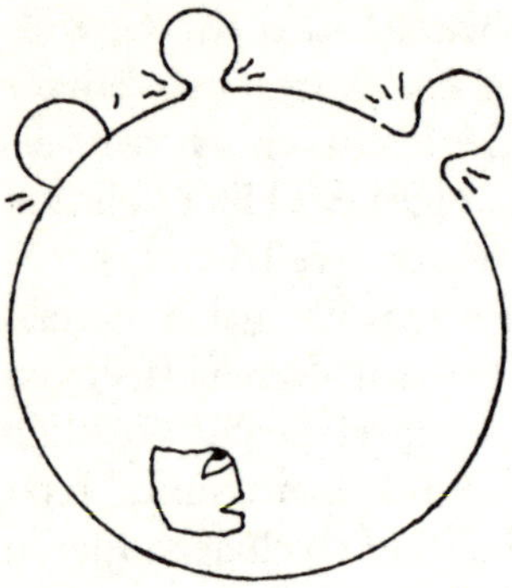

Abb. 128 Quasare?

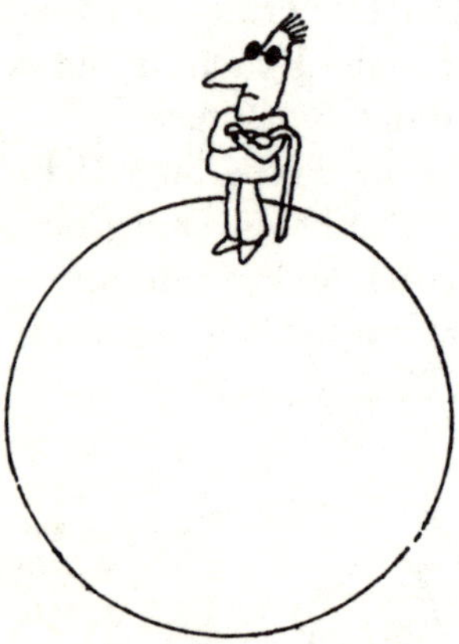

Abb. 129 Blind und verstockt.

zusammenstoßen und verschmelzen würde. Für uns würde sich das so darstellen, daß alle sichtbaren Sterne sich auf den Horizont zubewegen und im Zenith Platz machen für eine Menge neuer Sterne. Wenn der andere Raum beträchtlich kleiner ist als unserer, werden die Phänomene natürlich weniger dramatisch ausfallen. Im Falle einer kleinen Hyperkugel, die mit unserer verschmilzt, sehen wir vielleicht nur einen ungewöhnlich hellen Lichtfleck am Himmel. Denkbar ist, daß die sehr fernen und sehr hellen Lichtquellen, die Quasare («quasistellare Objekte») genannt werden, Stellen darstellen, wo kleine energiegeladene Hyperkugeln sich gerade mit unserer Hyperkugel vereinigen.

Aber gibt es vielleicht auch weniger weiträumige und weniger augenfällige Effekte, die einen indirekten Hinweis auf andere hypersphärische Räume geben können? Versetzen wir uns einmal in die Lage eines von Geburt an blinden Mannes. Angenommen, er habe sich in den Kopf gesetzt, Sonne, Mond und alle anderen Himmelskörper existierten gar nicht. Angenommen, er beharrt einfach darauf, daß der Raum eine weite Leere ist, die nur ein einziges Ding enthält, den runden Planeten Erde. Wie könnten wir ihn davon überzeugen, daß er irrt?

Aus dem Stegreif kann ich mir dazu drei Ansätze denken: 1. Man könnte versuchen, ihn so empfindlich für die Sonneneinstrahlung zu machen, daß er die Wanderung der Sonne über den Himmel spürt. Man könnte auch eine Photozelle an ein Teleskop anschließen und den Strom aus dieser Photozelle als Regelstrom für einen Summer benutzen. Bewegt man nun das Teleskop über den Himmel, so

Denkakrobatik 8.2

Eine Einstein-Rosen-Brücke würde in etwa wie ein sphärischer Spiegel aussehen, der die seltsame Eigenschaft besitzt, daß die Welt im Spiegel eine andere ist als die Welt um den Spiegel. Stellen wir uns nun einen gewöhnlichen flachen Spiegel vor, der ebenfalls nicht die Welt zeigt, wie sie diesseits des Spiegels liegt. Welche Art von Verbindung zwischen zwei Räumen wird hier beschrieben?

wird der Mann lernen, die Sterne als laute Stellen wahrzunehmen. 2. Man könnte ihm das Steigen und Fallen von Flut und Ebbe demonstrieren und ihm erklären, daß dieses Phänomen von der Anziehungskraft des Mondes ausgelöst wird. 3. Man könnte ihm die verschiedenen Auswirkungen der Erdrotation vergegenwärtigen, also etwa die äquatoriale Verdickung, die sogenannte Corioliskraft und die Existenz der Pole. Und wenn ihm glaubhaft erscheint, daß die Erde sich tatsächlich dreht, könnte man nachhaken mit der Bemerkung, daß es Drehung im leeren Raum nicht gibt, daß die Erde sich also relativ zu etwas anderem drehen muß.

Betrachten wir nun die höherdimensionalen Entsprechungen dieser drei Arten, andere Welten wahrzunehmen.

1. Das Licht einer anderen Hyperkugel kann diese nicht verlassen und in unsere gelangen, es sei denn, die beiden Welten berührten sich. Wir können andere Welten also nicht sehen. Auch jede andere Strahlung kann, soweit wir wissen, den Raum nicht verlassen, in dem sie entstand. Es ist also nicht sehr wahrscheinlich, daß wir durch Training oder neue Geräte je imstande sein werden, andere Hyperkugeln zu sehen. Da sind wir letzten Endes weniger in der Lage eines Blinden auf der Erde als vielmehr in der Lage der Polygone auf der Kugel von Sphärenland – und es scheint keinen Grund zu geben, weshalb irgendein Sphärenland Licht zu anderen Sphärenländern aussenden sollte. Aber selbst wenn irgendeine höherdimensionale Strahlung in unseren Raum einfallen sollte, würde sie nicht auf einen bestimmten Punkt gebündelt. Bestenfalls würde man in Raumgegenden, die sich in der Nähe anderer Hyperräume befinden, ein Mehr an Strahlung bemerken.

2. Die Schwerkraft scheint eher ein Zustand des Raums als eine Strahlung zu sein. Es könnte durchaus ein höherdimensionales Gegenstück unserer Gravitation geben, und zwar in dem Sinne, daß vierdimensionale Objekte den Hyperraum verformen, in dem sie schweben. So wie die Bewegung des Mondes um die Erde einen Wellenberg über die Erdoberfläche wandern läßt, könnten auch nahe

gelegene Hyperkugeln die Gestalt unserer Hyperkugel verändern. Aber die heutigen wissenschaftlichen Forschungseinrichungen reichen nicht einmal aus, den Radius unserer Hyperkugel zu messen – von den «Gezeiten»-Schwankungen dieses Radius ganz zu schweigen.

3. Nun zum vielleicht wichtigsten Ansatz. Angesichts der Tatsache, daß es nichtrotierende Kugeln in unserem Universum nicht zu geben scheint, dürfte auch die Hyperkugel, die unseren Raum bildet, sich drehen. Wenn das aber der Fall ist, dann darf als so gut wie sicher gelten, daß es außerhalb unseres Universums andere gibt. Diese letzte Schlußfolgerung, die einem nicht unmittelbar einleuchtet, beruht auf einer wenig bekannten Anschauung, die den Namen Machsches Prinzip erhielt. Ernst Mach (1838–1916) formulierte dieses Prinzip zur Erklärung der Massenträgheit, also jener Tendenz aller massetragenden Dinge, sich einer Änderung ihres Bewegungszustandes zu widersetzen. Das Neue an Machs Aussage besteht in dieser Überlegung: Wäre irgendein Objekt vollkommen allein im leeren Raum, so hätte es keinen Sinn zu sagen, es rotiere oder werde beschleunigt. Ein solches Objekt besäße keine Trägheit, keine Schwere, und würde einer Beschleunigung keinen Widerstand entgegensetzen. Daher, so überlegt Mach weiter, hängt die Tatsache, daß Dinge auf der Erde Schwere besitzen, ursächlich mit dem Vorhandensein all der fernen Sterne und Galaxien zusammen. Ebenso ist auch die Erdrotation auf die Existenz der Himmelskörper zurückzuführen. Auf den Hyperraum übertragen ergibt sich aus dem Machschen Prinzip dieser Gedanke: Wenn wir Hinweise darauf finden könnten, daß unser hypersphärisches Universum sich dreht, dann hätten wir gute Gründe anzunehmen, daß es andere Universen gibt, denn Bewegung oder Drehung eines Objekts gibt es nur *in Relation* zu anderen. Gut. Die Frage lautet nun: Wie könnten denn die Hinweise aussehen, die für eine Rotation unseres Universums sprechen?

Nun – woran kann der Blinde merken, daß die Erde rotiert? Eine der Wirkungen der Erdrotation ist die leichte Verdickung des Globus um den Äquator. Aber wie schon gesagt, wir können die Krümmung unseres Universums

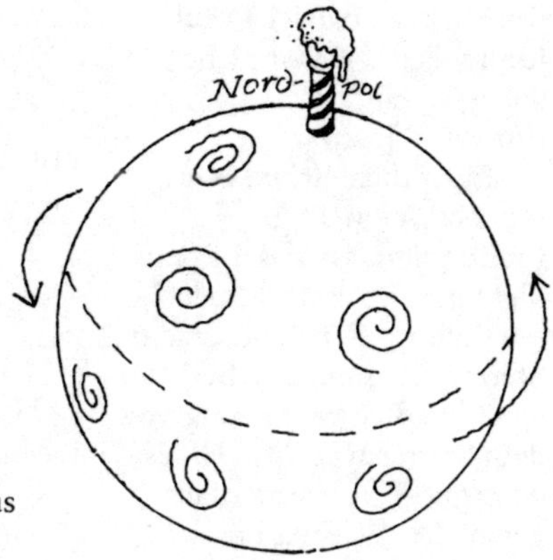

Abb. 130 Rotierender Globus mit Sturmtiefs.

«Ich weiß nicht genau, wie ich es dir erklären soll; man braucht Gleichungen dazu. Sag mal, könntest du mir das Tuch, das du umhast, einen Moment leihen?»

«Hm? Ja, sicher.» Sie band es sich vom Hals.

Es war ein Fotodruck, ein stilisiertes Bild vom Sonnensystem, Andenken an den Solar Union Day. In der Mitte des quadratischen Tuchs lag der Sonnenball, umgeben von kreisförmigen Planetenbahnen und ein paar verstreuten Kometen. Der Maßstab stimmte natürlich überhaupt nicht, aber für den augenblicklichen Zweck genügte die Abbildung. Max nahm das Tuch und sagte: «Hier ist der Mars.»

Eldreth sagte: «Du hast abgelesen. Das gilt nicht.»

«Sei mal still. Hier ist der Jupiter. Um vom Mars zum Jupiter zu kommen, muß du von hier nach da, oder?»

«Offensichtlich.»

«Jetzt nimm an, ich falte

noch nicht messen – und leichte Abweichungen von perfekter hypersphärischer Krümmung schon gar nicht. Eine weitere Wirkung der Erdrotation ist die Corioliskraft. Sie ist dafür verantwortlich, daß Sturmtiefs sich auf der nördlichen Halbkugel im Uhrzeigersinn und auf der südlichen Halbkugel entgegen dem Uhrzeigersinn drehen.

Wie wirkt die Corioliskraft? Wenn Sie diese Kraft in Aktion erleben wollen, können Sie einen Spielplatz aufsuchen, auf dem es eines dieser kleinen Kinderkarussells gibt. Steigen Sie auf, und bringen Sie es in Schwung. Nun lassen Sie ein Bein in Richtung des Zentrums vor- und zurückpendeln. Wenn es vorschwingt, so werden Sie bemerken, wird es von einer geheimnisvollen Kraft nach rechts abgelenkt und beim Rückschwung nach links. Diese ablenkende Kraft, die Corioliskraft, resultiert aus der relativen Bewegung des Karussells gegenüber dem Rest des Universums. Wäre das Karussell das einzige Objekt im Universum, so hätte es keinen Sinn, von Rotation zu sprechen, und man würde in der Tat keine Corioliskraft spüren. Betrachten wir noch einmal das pendelnde Bein: Offenbar macht die Corioliskraft aus einer einfachen Pendelbewegung ein Kreisen im Uhrzeigersinn. Auf dieselbe Kraft geht auch die Tatsache zurück, daß die Luftmassen sich auf der nördlichen Erdhalbkugel im Uhrzeigersinn drehen.

das Tuch, so daß Mars auf Jupiter liegt. Was spräche dagegen, einfach rüberzusteigen?»

«Eigentlich nichts. Nur, was bei einem Tuch funktioniert, ist in der Praxis nicht ganz so einfach, oder?»

«Richtig, so nah bei einem Stern geht es nicht. Aber wenn du dich weit genug von dem Stern entfernst, geht es ganz gut. Das ist jedenfalls genau das, was wir unter einer Anomalie verstehen: ein Ort, wo der Raum in sich selbst gefaltet ist und dadurch eine weite Entfernung zu einer Null-Entfernung macht ... Die Mathematik dafür ist einfach, aber man kann schlecht darüber reden, weil man so was nicht sehen kann. Der Raum – *unser* Raum – könnte so klein zusammengeknüllt sein, daß man ihn mit all seinen Hundertausenden von Lichtjahren in eine Kaffeetasse stopfen könnte. Eine vierdimensionale Kaffeetasse, versteht sich.»

Robert A. Heinlein
Starman Jones, 1953

Abb. 131 Die Corioliskraft im Alltagsleben.

Daß Wirbelstürme sich auf der Nord- und der Südhalbkugel gegenläufig drehen, stellt eine unbezweifelbare Asymmetrie dar. Gelänge es, eine im ganzen Weltall anzutreffende Asymmetrie dieser Art zu entdecken, so könnten wir daraus auf den Gesamtcharakter unseres Universums schließen. Ich habe keine spezifischen Vorschläge zu machen, nach welcher Art von Asymmetrie wir Ausschau halten sollten; ich halte es aber für wahrscheinlich, daß wir sie im Bereich sehr kleiner Teilchen finden werden. Weshalb? Ich glaube, wenn unser Raum eine geringfügige Dicke in Richtung der vierten Dimension besitzt, könnten sehr kleine Teilchen einen gewissen vierdimensionalen Bewegungsspielraum haben und daher leichter auf Einflüsse aus dem Hyperraum reagieren. Eine

Denkakrobatik 8.3

Im letzten Kapitel sagte ich, es gebe drei Arten, Flächenland in einem Keller unterzubringen, beschrieb aber nur zwei davon: die Ebene zu einer Kugel zu biegen oder sie durch unendliche Stauchung in ein Quadrat zu zwängen. Was wäre nun die dritte Art?

direkte Beobachtung wird natürlich dadurch kompliziert, daß die Rotation einer Hyperkugel im Hyperraum komplexer ist als die Rotation einer Kugel im dreidimensionalen Raum.

Doch damit genug von diesen Spitzfindigkeiten. Ob es andere Universen gibt oder nicht, ist nicht annähernd so wichtig wie die Erkenntnis, daß wir als unablösbare Teile in dieses Universum verwoben sind. Das Gewebe des Raums verbindet uns alle; wir alle sind kleine Wellen auf dem Äthermeer. Der Raum ist keine tote Abstraktion, sondern ein lebendes und sich regendes Wesen. Wir sind Strukturen *des* Raums, und trotzdem ist es uns gegeben, über die Gestalt zu spekulieren, die unser Raum als Ganzes haben mag.

Dritter Teil

«Einmal Vierte Dimension und retour»

9. Raumzeit-Tagebuch

Montag, 15. November 1982

Wäre die Zeit nicht, ich könnte ewig leben. Hat dieser Satz irgendeinen Sinn? Wäre der Raum nicht, ich könnte überall sein. Ist das ein anderer Satz? Ich möchte zurück in mein lustiges Studentenleben. Ich will drei Käse hoch sein und meiner Mutter auf dem Schoß sitzen. Ich will nicht sterben. Ich möchte die Zukunft erleben. Aber die Zeit läßt mich nicht. Schlagen wir die Zeit tot. Vertreiben wir die Zeit. Greifen wir durch die Zeit hindurch nach der Ewigkeit. Jetzt ist keine Zeit. Keine Zeit jetzt.

Abb. 132 Schlagen wir die Zeit tot.

Später. Haßt du die Zeit? Den Wecker ganz sicher. Und die Uhren zu verstellen, um Strom zu sparen, das ist das Allerschlimmste. Wie können die einem so mir nichts dir nichts eine Stunde wegnehmen?

«Je älter ich werde, desto schneller vergeht die Zeit», sagte meine Mutter zu mir. «Die Jahre verfliegen einfach. Alle naselang ist Weihnachten oder Thanksgiving.» Partyzeit rast oder schleicht abwechselnd wie ein außer Kontrolle geratener Film. Zehn Minuten dauern zwei Stunden, aber dann schaust du wieder mal auf die Uhr, und plötzlich ist es drei Uhr morgens. Flughafenzeit. Sexzeit. Straßenzeit. Schnell oder langsam, alles vergeht.

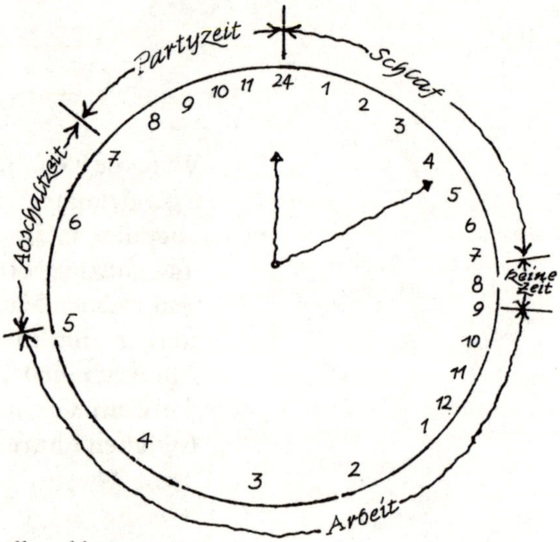

Abb. 133 Schnell und langsam.

Das war meine große Erkenntnis vor zwanzig Jahren. Alles vergeht. Da stehe ich an der Badezimmertür, aber wie soll es möglich sein, daß ich je das Waschbecken erreiche? Daß die High School je zu Ende ist, daß ich das College-Studium je abschließe, daß ich je verheiratet bin – unvorstellbar. Doch dann stehe ich am Waschbecken, bin wieder an der Tür, habe den Dr. phil., verheiratet, drei Kinder, und zwanzig Jahre sind vergangen. Und hier bin ich und lebe: unvorstellbar, daß ich je sterben werde. Aber ich werde sterben, irgendwo weiß ich es in meiner Seele.

Der Tod. Das scheint das Lebensrätsel zu sein, das jedem von uns bei der Geburt aufgegeben wird. *Hallochen, jetzt bist du also lebendig, ist das nicht nett? Eines Tages wirst du sterben, und dann ist alles vorbei. Was fängst du jetzt damit an?* Entsetzlich ist das, grauenhaft, es könnte einen glatt in den Selbstmord treiben!

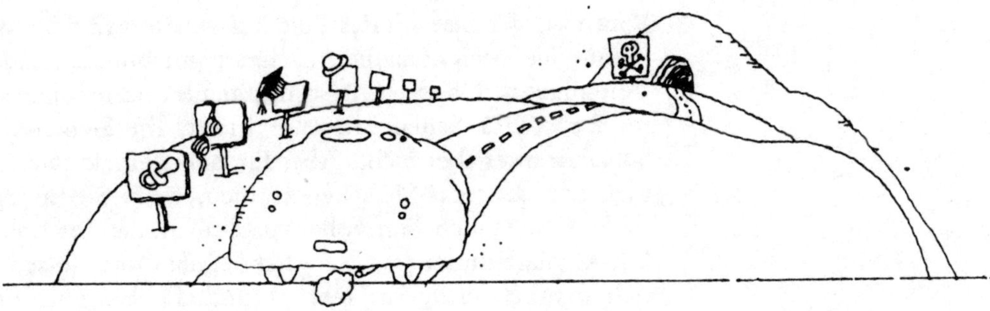

Abb. 134 All das vergeht.

Philosophia perennis – der Ausdruck wurde durch Leibniz geprägt, aber die Sache – die Metaphysik, die hinter der Welt der Dinge, des Lebens und des menschlichen Geistes eine göttliche Wirklichkeit erkennt, die Psychologie, die in der Seele etwas findet, das dieser göttlichen Wirklichkeit ähnlich oder mit ihr sogar identisch ist; die Ethik, die das Endziel des Menschen in der Erkenntnis des immanenten und transzendenten Urgrundes jedes Seins erblickt – die Sache besteht seit undenklicher Zeit und ist universal.

Aldous Huxley
Die ewige Philosophie, 1944

Verginge die Zeit nicht, ich bliebe immer hier und schriebe an diesem Kapitel. Ich habe Angst vorm Sterben. Ich denke gern, daß die Zeit eigentlich doch nicht vergeht. Ich möchte in diesem Kapitel wissenschaftliche Argumente anführen für die Überzeugung, daß das Verstreichen der Zeit eine Illusion ist.

Normalerweise denken wir uns die Welt als dreidimensionalen Raum, der sich mit der Zeit ändert. Das Vergangene ist weg, die Zukunft existiert noch nicht, und nur die Gegenwart ist real. Aber man kann die Welt auch anders betrachten, nämlich als *Block-Universum.* Die Welt als Blockuniversum zu sehen, bedeutet, daß wir allen Raum und alle Zeit zu einem einzigen riesengroßen Ding zusammenwerfen. Das Blockuniversum besteht aus *Raumzeit.* Raumzeit ist vierdimensional: drei Raumdimensionen plus eine Zeitdimension. Die Raumzeit von außen zu betrachten, bedeutet, außerhalb der Geschichte zu stehen und die Dinge *sub specie aeternitatis* zu betrachten.

Manch einem mag «Raumzeit» zu technisch klingen, zu weit entfernt von normaler Alltagserfahrung. Ich möchte aber behaupten, daß Raumzeit eigentlich ein natürlicherer Begriff ist als die Vorstellung von einem «Raum, der sich mit der Zeit ändert».

Angenommen, Sie arbeiten in einem Büro, das meilenweit von Ihrer Wohnung entfernt ist. Um sieben Uhr sehen Sie Ihr Schlafzimmer, um zehn Ihren Schreibtisch. Eines Tages sitzen Sie um zehn im Büro und fragen sich, was wirklich ist. Wenn Sie glauben, daß die Welt ein

Raum ist, der sich mit der Zeit ändert, dann sind Sie auch mehr oder weniger an die Anschauung gebunden, daß die Vergangenheit weg ist. Also müßten Sie annehmen, daß Ihr Zehn-Uhr-Schlafzimmer existiert, Ihr Sieben-Uhr-Schlafzimmer aber nicht. Aber Ihr Zehn-Uhr-Schlafzimmer ist nichts, das Sie sehen können, wenn Sie im Büro sind. Wäre es nicht sinnvoller zu glauben, daß Ihr Sieben-Uhr-Schlafzimmer (das Sie *gesehen haben* und dessen Sie sich deutlich erinnern) real ist und die Existenz Ihres Zehn-Uhr-Schlafzimmers eher zweifelhaft?

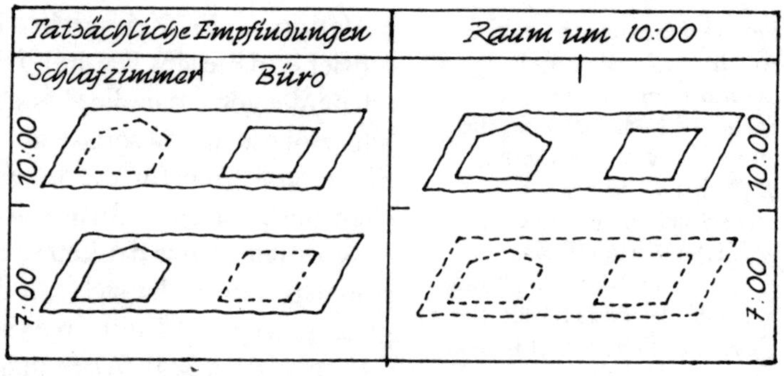

Abb. 135 Was ist wirklich?

Meine Welt ist letzten Endes die Gesamtheit meiner Sinneseindrücke und Empfindungen – und die lassen sich als Struktur in der vierdimensionalen Raumzeit auffassen. Mein Leben ist eine Art vierdimensionaler Wurm in einem Blockuniversum. Zu jammern, daß mein Lebenswurm nur, sagen wir, zweiundsiebzig Jahre lang ist, erscheint so albern, als beklagte ich, daß mein Körper nur eins siebzig groß ist. Die Ewigkeit ist außerhalb von Raum und Zeit: Sie ist jetzt.

Das ist keineswegs eine neue Idee. Die Lehre, daß alle Geschichte ein ewiges Jetzt ist, bildet den Kernbestand der klassischen mystischen Traditionen, Meister Eckehart, der große Mystiker des 14. Jahrhunderts, ist nur einer unter vielen, die dies zu formulieren versucht haben:

> Die Tage, die seit sechs oder sieben Tagen verflossen sind, und die Tage, die da waren vor sechstausend Jahren, die sind dem heutigen Tage so nahe wie der Tag, der gestern war. Warum? Weil da die Zeit in einem gegenwärtigen Nun ist...
> Würden wir sagen, daß Gott die Welt gestern oder morgen erschüfe, so würden wir uns töricht verhalten. Gott erschafft die Welt und alle Dinge in einem gegenwärtigen Nun, und die Zeit, die da vergangen ist vor tausend Jahren, die ist Gott ebenso gegenwärtig und ebenso nahe wie die Zeit, die jetzt ist.

Man mag Meister Eckeharts Glauben an Gott teilen oder nicht, das Bild der «in einem Stück» erschaffenen Raumzeit jedenfalls ist von großer Kraft. Sooft ich diese Worte lese, sehe ich einen großen alten Mann mit weißem Rauschebart vor mir, der schwungvoll einen Kübel Farbe über ein Scheunenwand leert. *Patsch:* die gesamte Raumzeit in einem einzigen Augenblick erschaffen, und zwar in *diesem* Augenblick, jetzt.

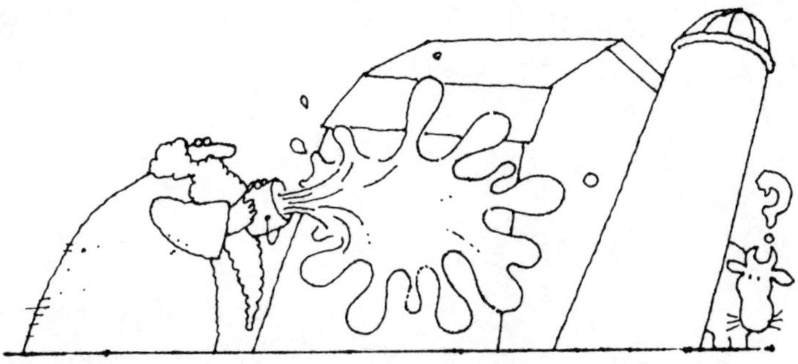

Abb. 136 «Gott erschafft die Welt und alle Dinge in einem gegenwärtigen Nun.»

Dienstag, 16. November 1982

Der Raum besteht aus *Orten,* die Raumzeit aus *Ereignissen.* Ein Ereignis besteht aus einer räumlichen und einer zeitlichen Komponente. Jeder Ihrer Sinneseindrücke ist ein kleines Ereignis. Das Ereignis, das Sie erleben, fügt sich in eine natürliche vierdimensionale Ordnung: Nord/Süd, Ost/West, oben/unten, früher/später. Blicken Sie auf Ihr Leben zurück, so betrachten Sie eigentlich ein vierdimensionales Raumzeit-Muster. Es gibt also nichts Seltsames oder Verwirrendes an der Raumzeit, solange wir sie von «innen» betrachten.

Sie von «außen» zu betrachten, ist schon schwieriger; vierdimensionale Dinge sind immer schwer zu visualisieren. Versuchen wir uns der Sache noch einmal auf dem Umweg über Flächenland zu nähern. A Quadrat schlummert ganz allein in einer Wiese, und kurz nach Mittag gleitet sein Vater, ein Dreieck, herzu und entfernt sich dann wieder. Nehmen wir die Zeit als dritte Dimension senkrecht zu den beiden Raumdimensionen von Flächenland, so können wir dieses Ereignis durch das Raumzeit-Diagramm in Abbildung 137 illustrieren. Hier sind Quadrat und Dreieck wurmartige Strukturen oder Raumzeit. Die Begegnung um 12:05 Uhr ist hier die Stelle, wo der Dreieck-Lebenswurm sich zum Quadrat-Lebenswurm hinbiegt. Hier bewegt sich eigentlich nichts; wir haben

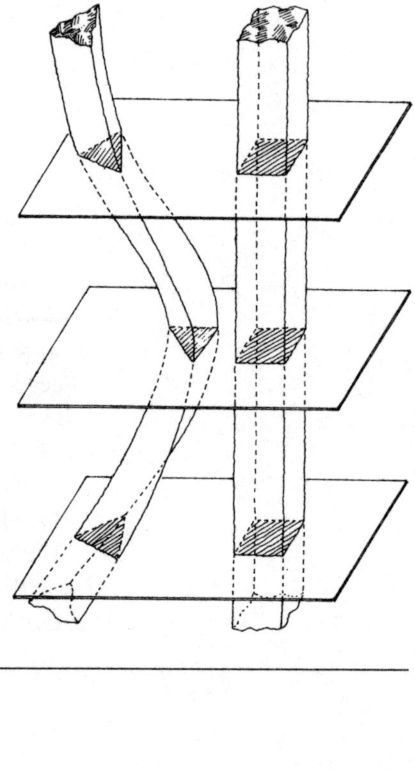

Abb. 137 Eine Region der Raumzeit von Flächenland.

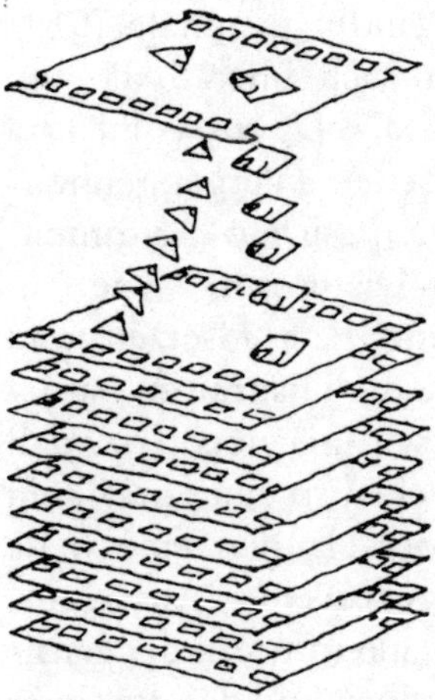

Abb. 138 Flächenlands Raumzeit ist wie ein Stapel von Filmbildern.

hier einfach ein ewiges Raumzeit-Muster vor uns. Um 12:05 Uhr steht Vater Dreieck neben A Quadrat; das ist eine zeitlose Tatsache, die sich nie ändern kann.

Versuchen Sie, sich nach Art der Darstellung in Abbildung 137 ein Bild des gesamten Raums und der gesamten Zeit von Flächenland zu machen. Dieses ungeheure Gewirr von Würmern und Strängen wäre dann das, was wir als Flächenland-Blockuniversum bezeichnen könnten. Sie könnten sich das zum Beispiel so vorstellen, daß Sie über der Ebene von Flächenland stehen und das bunte Treiben der Polygone filmen. Wenn Sie den Film anschließend in seine einzelnen Bilder zerschneiden und sie in ihrer zeitlichen Reihenfolge übereinanderstapeln, haben Sie ein gutes Modell für einen Teil vom Flächenland-Blockuniversum.

Bevor wir weitergehen, sollte ich vielleicht erst einmal eine Frage beantworten, die sich manchem Leser inzwischen gestellt haben mag: Wenn wir uns die Zeit als die vierte Dimension denken, heißt das dann, daß alles, was wir über die vierte Dimension gesagt haben, sich in Wirklichkeit auf die Zeit bezieht? Nein. Wie es keine ein für allemal festgelegte Richtung im Raum gibt, die wir «Breite» nennen, muß es auch keine festgelegte höhere Dimension geben, die ein für allemal «Zeit» heißt. Aufgrund der bisherigen Überlegungen sind wir in der Lage, uns verschiedene höhere Dimensionen zu denken: eine Richtung, in der man aus dem Raum herausspringen kann, eine Richtung, in welcher der Raum gekrümmt ist, eine Richtung, die in andere Universen führt. Wenn wir unbedingt wollten, könnten wir sagen, die Zeitachse sei *die* vierte Dimension. Dann aber müssen wir auch sagen, die aus dem Raum hinausführende *ana/kata*-Achse sei *die* fünfte Dimension und die Richtung, die in andere gekrümmte Raumzeiten führt, sei *die* sechste Dimension. Niemand stellt sich hin und behauptet, Breite sei *die* zweite Dimension und Höhe *die* dritte. Wir sagen einfach, daß Höhe und Breite Raumdimensionen sind. So brauchen wir die Zeit auch nicht als *die* vierte Dimension aufzufassen, sondern bezeichnen sie einfach als eine der höheren Dimensionen.

Wenn wir uns Linienland als eindimensionale (Ost/West) Welt denken, deren Raum sich überall da, wo Materie ist, in den Hyperraum (*ana/kata*) auswölbt und deren Raum zu verschiedenen Zeiten (Vergangenheit/Zukunft) verschieden ist, so erhalten wir ein dreidimensionales Raum-Hyperraum-Zeit-Diagramm wie in Abbildung 139. Würde Linienland Fett ansetzen und dreidimensional werden, so müßte das Diagramm natürlich fünfdimensional sein. Halten wir hier noch fest, daß sich in dieser Abbildung zwei Strecken zu einer größeren vereinigen und aus einer besonders langen eine neue geboren wird. Dieses Bild zeigt uns also einen Ausschnitt aus der Ost/West-Welt von Linienland mitsamt der zeitlichen Entwicklung mehrerer Individuen und der durch sie bedingten Raumverformung; es zeigt mit anderen Worten etwas, das wir als Linienland-Blockuniversum bezeichnen können.

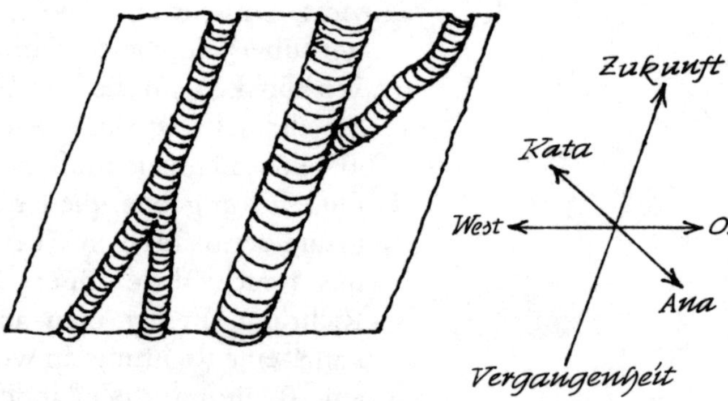

Abb. 139 Raum, Zeit und Hyperraum von Linienland.

Wir sagen also, daß die Zeit eine höhere Dimension ist, daß aber noch andere höhere Dimensionen denkbar sind. Man ahnt schon: Im weiteren Verlauf dieses Buchs werde ich zu delirieren anfangen und den Raum als unendlichdimensional hinstellen. Einstweilen gibt es aber noch einiges über die Raumzeit und den Begriff des Blockuniversums zu sagen.

Viele Denker halten es für falsch, unsere Wirklichkeit

als Blockuniversum zu bezeichnen. Sie verwahren sich dagegen, unser Universum mit seiner verstreichenden Zeit als statisches vierdimensionales Raumzeit-Muster darzustellen. Ihrer Ansicht nach wird in diesem Bild ewiger Unwandelbarkeit etwas Wichtiges ausgelassen: die *Empfindung* der verstreichenden Zeit. Der Wunsch, das Verstreichen der Zeit loszuwerden, dürfte in der Tat der entscheidende Grund für die Einführung des Blockuniversums sein. Wie kann man einfach behaupten, diese universale Erfahrung sei nichtexistent?

Mittwoch, 17. November 1982

Wieder ist ein Tag vergangen, und immer noch versuche ich zu behaupten, das Verstreichen der Zeit sei eine Illusion. Wirklich lächerlich! Ich erinnere mich noch, das mag etwa fünf Jahre her sein, wie ich meinen Vater im Krankenhaus besuchte. Er hatte Herzbeschwerden und war deprimiert. Ich wollte ihn ein wenig aufmuntern und erklärte ihm das Blockuniversum, insbesondere die Schlußfolgerung, daß unser Leben ein permanentes, unwandelbares Muster in der Raumzeit ist. «Rudy», erwiderte er matt, «ich weiß von der Zeit nur, daß man alt wird und dann stirbt.»

Das *Gefühl* der verstreichenden Zeit ist zweifellos sehr real; dagegen zu argumentieren, wäre töricht. Ich möchte aber zeigen, daß dieses Gefühl eine Art Illusion ist. Veränderung ist irreal. Nichts geschieht. Das Gefühl, daß die Zeit vergeht, ist nur eben dies: ein *Gefühl*, welches mit der Tatsache einhergeht, daß wir eine bestimmte Art von Raumzeit-Mustern sind.

Lassen Sie mich diesen Gedanken mit einem weiteren Auszug aus dem imaginären Klassiker *Die weiteren Abenteuer eines Quadrats* illustrieren:

> Am Nachmittag kam mein Vater, um mich von meiner bevorstehenden Verhaftung zu unterrichten. Unas Ehemann hatte Anzeige erstattet. Noch in seliger Entkräftung von den Freuden des Vormittags, lachte ich nur über die Warnungen des alten Herrn und schickte ihn fort. Was brauchte ich die Rache flacher Polygone zu

fürchten? Wer von ihnen konnte *mir*, dem Freund und Anhänger des Würfels, etwas anhaben? Von der köstlichen Trägheit nach verrauschter Leidenschaft erfüllt, schlummerte ich ein. Im Traum sah ich die Kugel wieder, schwebte neben ihr in einem höheren Raum. Auf ihrer Oberfläche lag ein feierlicher Glanz, und mich ergriff Scham über meinen Fehltritt. Um mir nichts anmerken zu lassen, entbot ich beherzt einen Gruß.

Ich: Heil Euch, hochwürdige Kugel. Lange suchte ich Euch, lange hieltet Ihr Euch fern meines Gesichtskreises.
Kugel: Der Würfel wollte dich allein unterweisen. Den Raum hat er dich gelehrt, doch jetzt, da der Tod sich naht, will ich dich die Zeit lehren.
Ich: Wozu vom Tode reden? Ich habe nicht gesündigt!
Kugel: Ah, Quadrat, dein Erkennen ist so klein, wie deine Niedertracht groß ist. Mich, der alles sieht, willst du belügen? Ich sehe deine Vergangenheit, ich sehe deine Zukunft – und deine Zukunft ist voll Verderben.
Ich: Was muß ich tun, dem zu entkommen?
Kugel: Frag den Schurken Würfel, wenn du ihn wieder siehst. Vielleicht weiß er eine List, deine Spanne zu verlängern. Doch das ist alles Torheit, denn du und deinesgleichen, ihr seid nun einmal sterblich. Was ich dich lehren will, ist von ganz anderer Art als dein armseliges Ringen um mehr Zeit. Höre: Zeit ist unwirklich, Ewigkeit ist jetzt.
Ich: Welche Art von Tod seht Ihr voraus?
Kugel: Still, du Narr. Schau!

Und da, gerade vor uns, glaubte ich ein befremdliches und verwickeltes Gebilde zu gewahren. Es war wie ein Würfel, aber durchsichtig und von mannigfaltigem Innenleben. Allerlei Röhren liefen vom Boden des seltsamen Würfels zu seiner Oberseite; einige waren von rundem, andere von dreieckigem oder quadratischem Querschnitt. Die Oberfläche des Würfels erschien mir vertraut, und plötzlich erkannte ich, daß es meine Welt war.

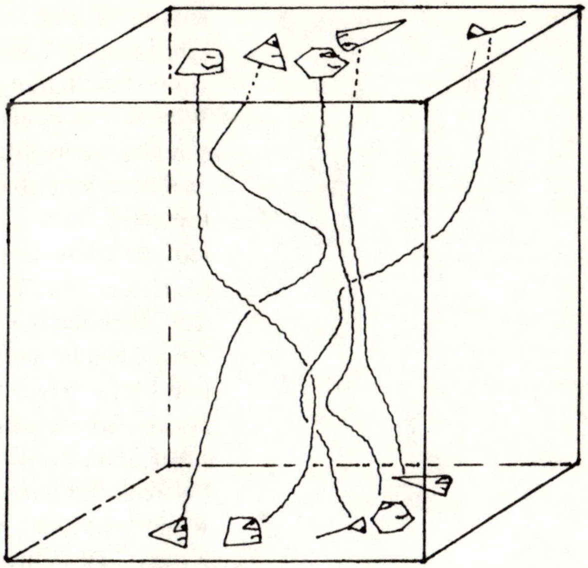

Abb. 140 Eine verwickelte Geschichte.

Dort schlummerte meine quadratische Gestalt, dort war das vertraute Dreieck meines Vaters, und weiter entfernt kauerte eine gezüchtigte Una. Ein Sechseck und ein gleichschenkliges Dreieck standen neben meiner schlafenden Gestalt, offensichtlich Gewalttätigkeit im Schilde führend. Nur meines loyalen Vaters Einschreiten wehrte ihnen noch.

All dies sah ich oben auf dem Würfel. Den Blick langsam senkend, konnte ich alle Irrungen und Wirrungen dieser Geschichte von Liebe und Haß verfolgen. Die Spitze des gleichschenkligen Dreiecks zog mehr als alles andere meine Aufmerksamkeit auf sich, und ich flehte die Kugel um Hilfe an.

Ich: Ihr werdet mich retten, hochedle Kugel, nicht wahr?

Kugel: Deine Rettung liegt nicht in meiner Hand. Was ist das Gebilde, das wir hier anschauen?

Ich: Ein geniales Modell eines Teils von Flächenland. Dort ist meine schlafende Gestalt, dort mein Vater...

Kugel: Was ist das Innere des Würfels, Quadrat?
Ich: Ihr habt viele solcher Modelle meiner Welt aufeinandergeschichtet, o Lehrer. Jeder ebene Querschnitt des Würfels zeigt eine Szene meiner jüngst vergangenen (und bedauerten) Laufbahn. Das ist in der Tat ein kluges Machwerk, eine inspirierte Anwendung des höheren Raumes.
Kugel: Und wenn ich dir nun sage, daß dies kein Machwerk ist? Was du hier siehst, ist eine höhere Ebene der Wirklichkeit. Du siehst deinen Raum und deine Zeit. Dies ist deine Welt.
Ich: Hoher Herr und Gebieter, Ihr beliebt zu scherzen. Dieses tote, unbewegte Machwerk soll das leidenschaftliche Treiben flächenländischen Lebens ersetzen? Da könnte man geradesowohl sagen, daß ein Gemälde atmet und eine Statue weint!
Kugel: Die Lehre ist sonderbar, doch kein Scherz. Der Block, den du siehst, ist eine Region von Flächenlands Raumzeit.
Ich: Raumzeit, edler Herr?
Kugel: Raum plus Zeit, du Dumpfling. Höre die Worte eines großen Raumland-Denkers: *Von Stund an sollen Raum für sich und Zeit für sich völlig zu Schatten herabsinken, und nur noch eine Art Union der beiden soll Selbständigkeit bewahren.* Der Raum ist ein Schatten, das Verstreichen der Zeit eine Illusion; nur die Raumzeit ist wirklich.
Ich: Abermals muß ich widersprechen, o Sphärischer. Das Leben besteht aus Wandel und Bewegung. Wo ist in diesem Gebilde aus Flächenlands Raumzeit die Bewegung?
Kugel: Bewegung kannst du dir folgendermaßen *vorstellen.* Nimm an, eine Ebene bewegte sich durch den Würfel der Raumzeit hinan. Denke dir diese Ebene als ein sich bewegendes «Jetzt». Hefte deine Aufmerksamkeit an sie, und du wirst deine Gestalt ihre jammervolle Gigue tanzen sehen.
Ich: Mithin sagt Ihr, daß mein Bewußtsein einen Querschnitt der Raumzeit beleuchte und das Verstreichen der Zeit eine Aufwärtsbewegung des Bewußtseins ist?

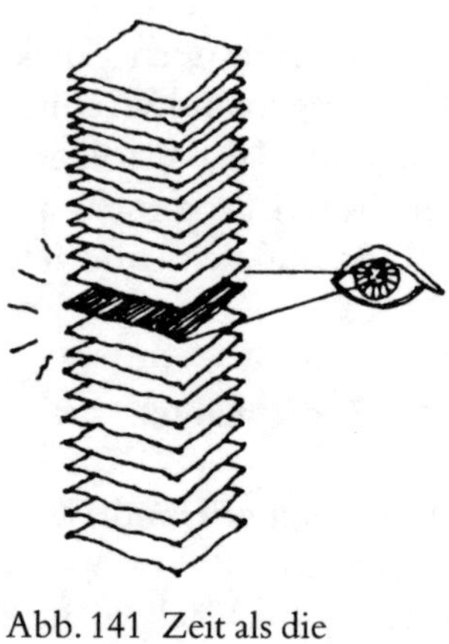

Abb. 141 Zeit als die Bewegung des inneren Auges.

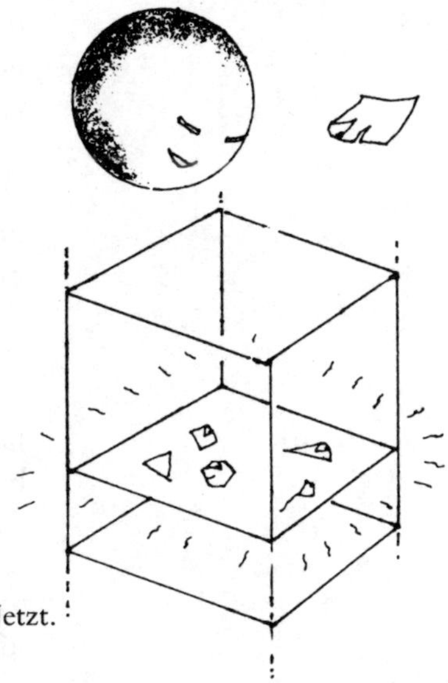

Abb. 142 Das sich bewegende Jetzt.

Kugel: Ich sage nichts dergleichen. Es gibt in der Raumzeit keine Bewegung. Dein Geist, so wie er ist, umgreift die ganze Länge deiner Lebensspanne. Richtiger gesagt ist der Geist überall, und du selbst besitzt überhaupt keinen Geist.
Ich: Ich verstehe nicht, edler Herr.
Kugel: Nicht einmal ich verstehe meine Worte.

Donnerstag, 18. November 1982

Mit diesem Dialog wollte ich etwas vorführen, was der Physiker David Park als den «Irrtum des belebten Minkowski-Diagramms» bezeichnet hat. Ein Raumzeit-Diagramm wie in Abbildung 140 wird Minkowski-Diagramm genannt – zu Ehren des russischen Mathematikers Hermann Minkowski (1864–1909), der als erster solche Bilder zeichnete (und von dem auch das von der Kugel angeführte Zitat stammt). A Quadrat sagt, solch einem Diagramm fehle etwas, nämlich das Verstreichen der Zeit. Wir erfahren Kindheit, Jugend und Erwachsenenzeit nicht als gleichzeitig. Wir durchleben ein Stadium, dann das nächste und so weiter. Für A Quadrat zeigt Abbildung 140 nur ein *Modell* der Wirklichkeit, während wir zur wirklichen Wirklichkeit erst gelangen, wenn wir eine beleuchtete Ebene durch den Raumzeit-Körper aufwärts bewegen. Dann leuchtet ein Querschnitt nach dem anderen auf, und dadurch wird das statische Minkowski-Diagramm *lebendig*. Betrachten wir das Raumzeit-Diagramm als einer Filmrolle ähnlich, so wäre A Quadrats Meinung, daß man den Film aus seiner Blechbüchse nehmen und projizieren muß. Vergleichen wir das Diagramm mit einem Roman, so würde A Quadrat sagen, daß der Roman einen Leser braucht, der ihn Seite für Seite liest.

Aber mit der Vorstellung des belebten Minkowski-Diagramms sind allerlei Probleme verbunden. Wenn wir beispielsweise die Raumzeit als statisch annehmen und uns dann außerhalb einen Geist vorstellen, der wie ein Suchscheinwerfer darüber hintastet, führen wir eine zweite Zeitebene ein: die Zeit, die verstreicht, während der Geist die Raumzeit abtastet. Wenn aber die Raumzeit *alles* sein soll, dann wirkt es etwas unglücklich, eine zweite Zeit einzuführen, die außerhalb verstreicht. Bei einem Roman oder ähnlichem stellt das kein Problem dar; das Buch hat seinen eigenen inneren Zeitablauf, und die Zeit, die man zum Lesen braucht, ist etwas ganz anderes. Wir stehen aber nicht außerhalb des Universums wie ein Leser außerhalb eines Buchs; wir sind *in* unserer Raumzeit.

Das ist natürlich auch meine Meinung. Ich bin wirklich Menschen begegnet, die glauben, die Raumzeit sei tatsächlich so etwas wie ein Roman, der von ihrer Seele gelesen wird, wobei «Seele» eine Art Auge oder Beobachter ist, der außerhalb der Raumzeit steht und seinen Blick entlang der Zeitachse langsam aufwärts gleiten läßt. Ich finde das wenig zufriedenstellend.

Wenn mein Leben ein Roman ist, den meine Seele liest, dann ist die Vergangenheit doch nicht so wirklich. Schlimmer noch, der Tod ist so real wie eh und je: Tod, das ist, wenn der Seele die Raumzeit-Muster zum Lesen ausgehen.

Ein weiterer heikler Punkt des belebten Minkowski-Diagramms zeigt sich in der Frage: Was wäre, wenn das Diagramm mehr als einmal belebt würde? Was also, wenn der Roman einen zweiten, einen dritten, einen vierten... unendlich viele Leser hätte? Was, wenn viele Seelen durch

Zu den Zügen der Relativitätstheorie, die philosophisch Gesinnte besonders fesseln müssen, gehört die Tatsache, daß sie neue und überraschende Einsichten über das Wesen der Zeit gab, jenes rätselhaften und scheinbar in sich widerspruchsvollen Etwas, das doch die Grundlage für die Existenz der Welt und unserer selbst bildet. Schon der Ausgangspunkt der speziellen Relativitätstheorie ist die Entdeckung einer neuen und äußerst erstaunlichen Eigenschaft der Zeit, nämlich der Relativität der Gleichzeitigkeit, die weitgehend die der Sukzession zur Folge hat. Die Behauptung, die Ereignisse *A* und *B* hätten gleichzeitig stattgefunden (und für eine große Gruppe von Ereignispaaren auch die Behauptung, *A* habe vor *B* stattgefunden), verliert ihren objektiven Sinn insofern, als ein anderer Beobachter mit dem gleichen Anspruch auf Richtigkeit behaupten kann, *A* und *B* hätten nicht gleichzeitig stattgefunden (oder *B* habe vor *A* stattgefunden).

Wenn wir die Konsequenzen dieses seltsamen Sachverhalts verfolgen, kommen wir zu sehr weitreichenden Schlüssen über das Wesen der Zeit. Es scheint, kurz gesagt, daß man einen eindeutigen Beweis für die Ansicht jener Philosophen erhält, die, wie

Ihre Raumzeit gingen und Ihr Leben immer und immer wieder lebten. Und wenn es ein unendliches Kontinuum von Seelen wäre, die sich aufwärts durch Ihr Leben bewegen, jeder Augenblick von einer Seele ausgefüllt? Aber dann ist ja Ihr ganzes Leben «beleuchtet» – wozu also sagen, daß sich überhaupt etwas bewegt?

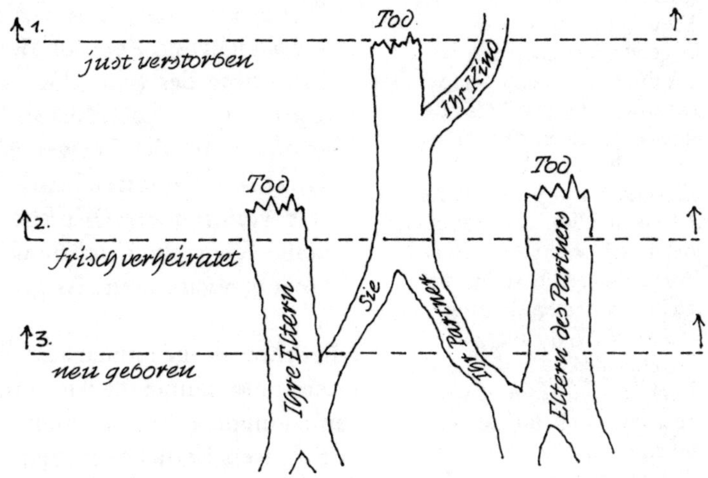

Abb. 143 Drei «Belebungen» desselben Lebens.

Freitag, 19. November 1982

Ich möchte also sagen, daß jeder von uns ein bestimmtes Raumzeit-Muster im Blockuniversum ist. Der heutige Tag oder der Tag meiner Geburt oder der Tag meines Todes sind alle gleichermaßen wirklich, verschiedene Stücke des Blockuniversums. Ich werde nie aufhören, diesen Augenblick zu leben. Dieser Augenblick wird nie aufhören zu existieren; dieser Augenblick hat immer schon existiert.

Vor etwa zehn Jahren hatte ich Gelegenheit, den großen Logiker Kurt Gödel kennenzulernen. Ich rief ihn manchmal an und stellte ihm Fragen über Philosophie. In meinem Buch *Infinity and the Mind* habe ich ein Gespräch wiedergegeben, das ich einmal mit Gödel über das Verstreichen der Zeit führte:

Parmenides, Kant und die modernen Idealisten, die Objektivität des Wechsels leugnen und diesen als eine Illusion oder als eine Erscheinung betrachten, die wir unserer besonderen Art der Wahrnehmung verdanken. Die Argumentation ist die folgende: Veränderung wird nur durch das Vergehen der Zeit möglich. Die Existenz eines objektiven Zeitverlaufs aber bedeutet (oder ist zumindest äquivalent damit), daß die Realität aus unendlich vielen Schichten des «jetzt Vorhandenen» besteht, die nacheinander zur Existenz gelangen. Wenn aber die Gleichzeitigkeit in dem oben geschilderten Sinne etwas Relatives ist, kann die Realität auf eine objektiv bestimmte Weise nicht in solche Schichten aufgespalten werden. Jeder Beobachter hat seine eigene Reihe von solchen Schichten des «jetzt Vorhandenen», und keines dieser verschiedenen Schichtensysteme kann das Vorrecht beanspruchen, den objektiven Zeitverlauf darzustellen.

Kurt Gödel
«Eine Bemerkung über die Beziehungen zwischen der Relativitätstheorie und der idealistischen Philosophie», 1955

Wir plauderten noch ein wenig, und schließlich stellte ich ihm meine letzte Frage: «Wodurch wird die Illusion der verstreichenden Zeit erzeugt?»
Gödel ging nicht direkt auf diese Frage ein, sondern auf die Frage, was meine Frage bedeutete – weshalb also überhaupt jemand glaubt, daß es die Wahrnehmung der verstreichenden Zeit gibt.
Weiterhin setzte er das Ablegen des Glaubens an die verstreichende Zeit zur Bemühung der Mystik um die Erfahrung des Einen Geistes in Beziehung. Schließlich sagte er: «Die Illusion der verstreichenden Zeit erwächst aus der Verwechslung des *Gegebenen* mit dem *Wirklichen*. Verstreichende Zeit ergibt sich daraus, daß wir verschiedene Wirklichkeiten einzunehmen glauben. Tatsächlich nehmen wir aber nur verschiedene Gegebenheiten ein. Es gibt nur *eine* Wirklichkeit.»

Mit einem «Gegebenen» oder einer «Gegebenheit» meint Gödel die Sinnesempfindungen einer Person zu einer bestimmten Zeit. In jedem Augenblick «gibt» uns die Welt einen ganzen Fächer verschiedenster Sinneseindrücke, und wir organisieren diese Empfindungen in einem unbewußten Prozeß zu einem festen Rahmen. Dieser Hintergrundsrahmen, dem jeder stillschweigend zustimmt, ist die Wirklichkeit: ein Kontinuum aus drei Raumdimensionen und einer Zeitdimension. Wenn ich im Büro bin, zweifle ich nicht an der Existenz meiner Wohnung. Und wenn es zehn Uhr ist, zweifle ich nicht an der Existenz von sieben Uhr. Ich halte einen Menschen nicht für ein im luftleeren Raum schwebendes Objekt; ein Mensch ist eine bestimmte Art von Struktur in der Raumzeit.

Ein menschlicher Körper tauscht alle paar Jahre seine sämtlichen Atome aus. Täglich ißt und atmet man Milliarden neuer Atome und scheidet Milliarden alter Atome aus. Physisch hat mein jetziger Körper so gut wie nichts mehr mit dem zu tun, den ich vor zwanzig Jahren hatte. Da ich immer noch derselbe zu sein glaube, muß «ich» etwas anderes sein als die Ansammlung der Atome, die meinen Körper bilden. «Ich» bin weniger meine Atome als vielmehr das *Muster,* zu dem meine Atome arrangiert sind. Manche der Atommuster in meinem Gehirn sind kodierte Erinnerungen; der Fortbestand dieser Muster gibt mir ein Gefühl persönlicher Identität.

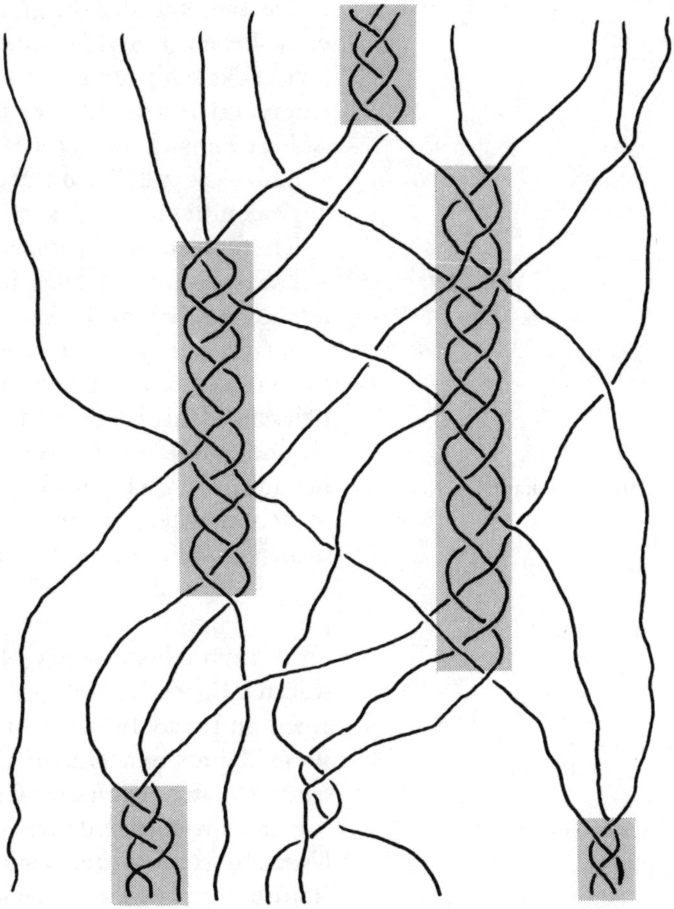

Abb. 144 Menschen sind Raumzeit-Zöpfe von Atomfäden.

In Abbildung 144 haben wir dargestellt, daß Menschen Raumzeit-Muster von einer gewissen Beständigkeit sind. Um die Sache überschaubar zu halten, stellen wir eine Person als Zopf aus drei «Atomfäden» dar (wobei ein Atomfaden die Raumzeit-Spur eines einzelnen Atoms sein soll). An keiner der beiden Personen in der Bildmitte finden wir einen Atomfaden, der sich durch den ganzen Zopf zieht. Wie man hier sieht, kann ein Atom auch den einen Zopf verlassen und Teil eines anderen werden.

Was ich an diesem Bild besonders eindrucksvoll finde, ist die Tatsache, daß die grauen Kästchen, die ein individuelles Leben umschließen, vollkommen *imaginär* sind. Schon das schlichte Essen und Atmen verwebt uns alle zu einem unermeßlichen vierdimensionalen Teppich. Wie isoliert Sie sich manchmal auch fühlen mögen und wie einsam – letztlich sind Sie doch niemals vom Ganzen abgeschnitten.

Ich finde diese Einsicht sehr tröstlich. Anstatt mich selbst als hinfälligen Fleischbatzen zu betrachten, kann ich mich jetzt als Teil der ewigen Raumzeit fühlen. Dies ist eine Art, dem Tod ein Schnippchen zu schlagen. Anstatt mich mit einem bestimmten physischen Muster zu identifizieren, identifiziere ich mich mit dem Blockuniversum als Ganzem. Ich bin sozusagen ein Auge, das der Kosmos benutzt, um sich selbst zu betrachten. Dieser Geist ist nicht allein meiner; der Geist ist überall. Wenn es mich gar nicht gibt, wie kann ich dann sterben?

Montag, 22. November 1982

«Wie kann ich sterben?» Na ja, ich hätte von der eingestürzten Brücke fallen können, an deren Rand ich Samstag abend in meinem Suff herumturnte, nur um anzugeben! Was habe ich in meinem Alter auch solchen Blödsinn zu treiben? Um zu beweisen, daß ich einen freien Willen habe.

Immer wieder mal juckt es einen, etwas Dummes oder Unerwartetes zu tun. Vieles am Leben ist so absehbar – erst die verrückten Hakenschläge geben dem menschlichen Leben seine besondere Würze. Es muß natürlich nicht unbedingt etwas Törichtes oder Gefährliches sein. Ihre Frau am Mittwoch abend zum Essen auszuführen, kann schon ungewöhnlich genug sein.

Wenn wir wirklich Raumzeit-Muster in einem Blockuniversum sind, dann existiert die Zukunft bereits. Widerspricht das der Anschauung, daß wir einen freien Willen besitzen?

Eigentlich nicht. Wenn ich sage, daß die Zukunft schon da ist, meine ich nicht, daß die Zukunft vorausgesagt werden kann. Wenn Sie Ihren Krimi halb gelesen haben, ist das Ende schon da, schwarz auf weiß auf der letzten Seite. Das heißt aber nicht, daß Sie mit Sicherheit wissen können, wie das Ende aussieht. Für mein Gefühl existiert mein ganzes Leben als zeitloses Ganzes. Das heißt aber nicht, daß ich mit Sicherheit wissen kann, was ich morgen schreiben werde oder wo ich nächstes Jahr leben werde.

Wenn ich jemandem die raumzeitliche Sicht der Dinge zu erklären versuche, erhalte ich manchmal als Antwort: «Wenn du nur ein Muster in der Raumzeit bist und die Zukunft schon feststeht, warum jagst du dir dann nicht eine Kugel in den Kopf und bringst es hinter dich? Ich meine, du stirbst doch sowieso, oder? Da kannst du dich doch auch gleich umbringen.» Die Antwort ist einfach: «Ich will nicht.» Vielleicht stelle ich mich an den Rand eines hundert Meter tiefen Abgrunds, um die Wahl zwischen Leben und Tod dramatisch zuzuspitzen – aber ich werde verdammt aufpassen, daß ich nicht abstürze.

Abb. 145 Ich mag nicht sterben.

Es ist die Natur einer Pflanze, der Sonne entgegenzuwachsen, zu blühen und Früchte zu tragen. Es ist die Natur eines Menschen, zu leben, zu lieben und zu arbeiten. Höchstwahrscheinlich gibt es keine «große Antwort», und das Leben hat über sich selbst hinaus keine Bedeutung. Aber das genügt doch. In Carlos Castanedas *Eine andere Wirklichkeit* spricht Don Juan es aus:

> Ich dagegen habe beschlossen zu leben und zu lachen, nicht weil es mir etwas bedeutet, sondern weil ich von Natur aus zu einer solchen Entscheidung veranlagt bin . . . ein Wissender wählt den Weg mit Herz und folgt ihm . . . Da nichts wichtiger ist als alles andere, wählt der Wissende alle Handlungen und führt sie aus, als bedeuteten sie ihm etwas.

Ihr Leben ist ein Ganzes, und das übergreifende Muster ist das, was zählt. Die unerwarteten Bocksprünge im Muster sind die Stellen, wo Sie das Gefühl haben, eine Entscheidung des freien Willens zu treffen.

Manche Leute widersprechen dieser Anschauung ganz entschieden. Sie sind von der überragenden Wichtigkeit ihres freien Willens so sehr überzeugt, daß sie glauben, die Zukunft existiere überhaupt nicht. Sie mögen zugeben, daß die Vergangenheit existiert, aber das Blockuniversum ist für sie etwas, das *mit der Zeit* aufwärts wächst. In Abbildung 146 zeigen wir diese Anschauung in der Mitte, daneben aber auch das Blockuniversum und die Anschauung, daß nur dem gegenwärtigen Augenblick Wirklichkeit zukommt.

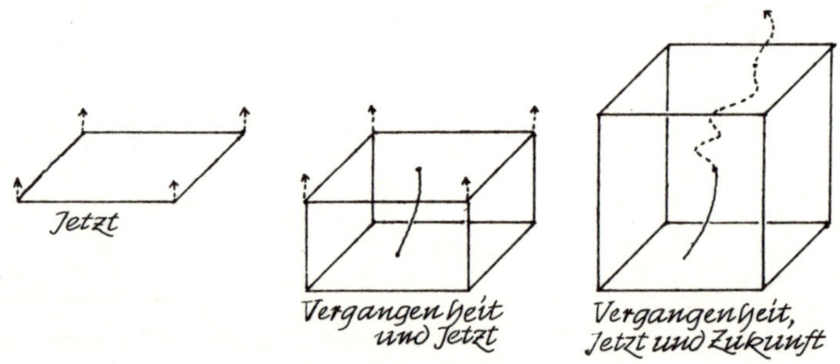

Abb. 146 Unterschiedliche Weltanschauungen.

Der große Vorteil des Blockuniversums besteht darin, daß es in ihm kein objektiv existierendes Jetzt gibt. Nichts bewegt sich im Blockuniversum, und man ist hier nicht gezwungen, eine absolute oder objektive Bedeutung für die horizontale Raumscheibe zu finden, die für die beiden anderen Modelle so wichtig ist.

Im übrigen ist es tatsächlich unmöglich, eine objektive und universell gültige Definition für «den gesamten Raum zum gegenwärtigen Zeitpunkt» zu finden. Dies folgt, wie wir sehen werden, aus Einsteins spezieller Relativitätstheorie. Die Idee des Blockuniversums ist daher mehr als eine ansprechende metaphysische Theorie. Sie ist ein gesichertes naturwissenschaftliches Faktum.

Dienstag, 23. November 1982

Heute möchte ich eine Menge Minkowski-Diagramme zeichnen: Bilder der Raumzeit. Um die Sache zu vereinfachen, denken wir uns den Raum als eindimensionale Linie und Objekte als Punkte, die sich auf dieser Linie bewegen. Die Raumzeit-Spur eines Punktes bezeichnen wir als seine *Weltlinie*. In Abbildung 147 sehen wir fünf verschiedene Arten von Weltlinien. A stellt einen bewegungslosen Punkt dar, B einen Punkt, der sich stetig bewegt. C bewegt sich schneller werdend; D ist zunächst in Ruhe, macht dann einen Ausflug, um schließlich seine Bewegungsrichtung umzukehren und wieder den Ausgangspunkt aufzusuchen; E beschreibt eine oszillierende Bewegung.

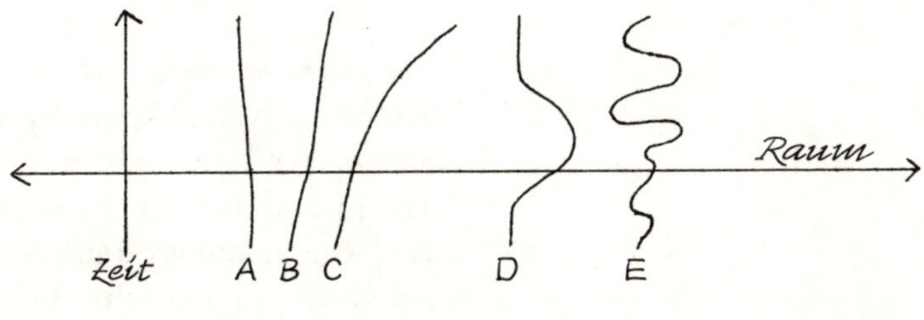

Abb. 147 Verschiedene Bewegungsarten.

Denkakrobatik 9.1

Wenn wir sagen, die Zeit sei die vierte Dimension, ist es möglich, eine Hyperkugel in Raum und Zeit zu konstruieren. Wie?

Tatsächlich ist es ein wenig irreführend zu sagen, A sei in Ruhe und B bewege sich. Wären A und B Menschen, zum Beispiel Astronauten im leeren Raum, so könnte man eigentlich nur aussagen, daß sie sich voneinander entfernen, denn da man im leeren Raum keinen Bezugspunkt markieren kann, gibt es so etwas wie absolute Bewegung nicht. Die einzige Art von Bewegung, die hier konstatiert werden kann, ist die Bewegung eines Objekts relativ zu einem anderen. Dies ist der Inhalt des Einsteinschen

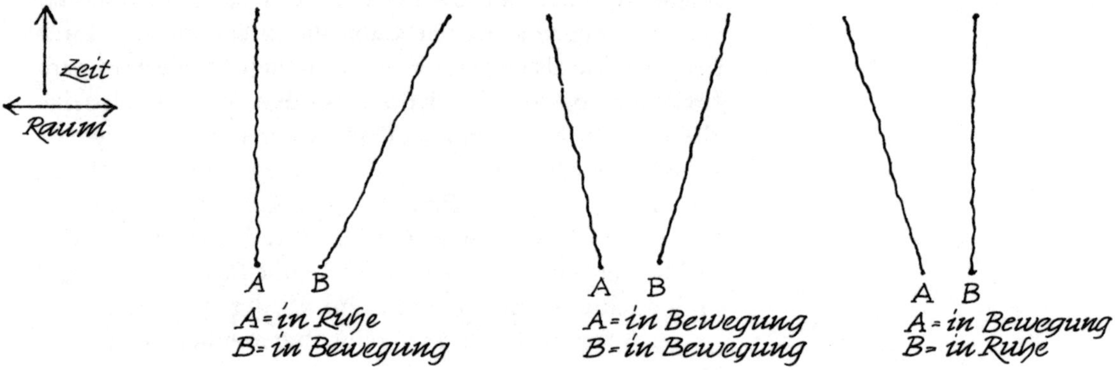

Abb. 148 Drei Beschreibungen desselben Geschehens.

Relativitätsprinzips: «Die Gesetze, nach denen die Zustände physikalischer Systeme Veränderungen durchmachen, werden nicht davon beeinflußt, ob man diese Zustandsänderungen dem einen oder dem anderen von zwei Koordinatensystemen in gleichförmiger, rotationsfreier Bewegung zuschreibt.» Einstein legte der Formulierung seiner Theorie von Raum und Zeit noch eine weitere Annahme zugrunde, das Prinzip von der Konstanz der Lichtgeschwindigkeit: Wo und unter welchen Umständen man die Lichtgeschwindigkeit auch messen mag, man kommt immer auf denselben Wert c von knapp 300 000 Kilometern pro Sekunde oder gut einer Milliarde Kilometern pro Stunde. Beide Annahmen sind empirisch gut abgesichert. Zusammengenommen führen sie zu einer Anzahl überraschender Konsequenzen.

Wenn man ein Minkowski-Diagramm zeichnet, legt man den Maßstab für gewöhnlich so fest, daß der Weg eines Lichtstrahls durch eine Linie von 45 Grad Neigung dargestellt werden kann. Da das Licht sich mit einer Geschwindigkeit von etwa einer Milliarde Kilometern pro Stunde ausbreitet, unterteilt man die Raumachse des Koordinatensystems in Abschnitte von einer Milliarde Kilometern und die Zeitachse in Abschnitte von je einer Stunde. Das haben wir in Abbildung 149 getan und schon die Weltlinie eines Lichtimpulses eingezeichnet. Zur Zeit 1 sendet A einen Lichtblitz aus. Eine Milliarde Kilometer weiter steht M und hält geduldig einen Spiegel. Nach einer Stunde trifft der Lichtstrahl auf den Spiegel und wird zurückgeworfen zu A, der nun aus dem Weg geht, so daß das Licht in die Unendlichkeit weiterwandert.

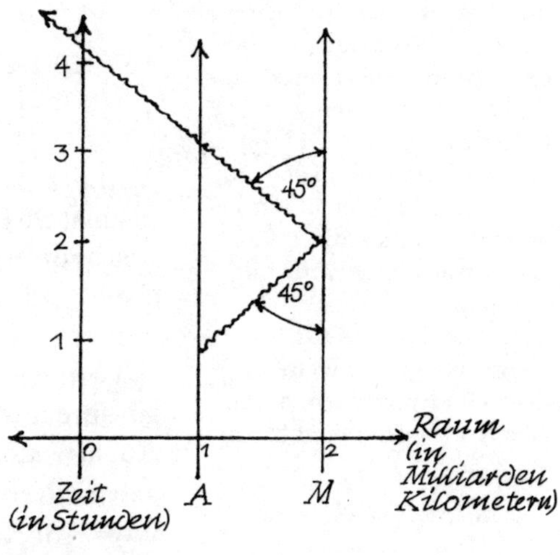

Abb. 149 Weltlinie eines Photons.

Soweit wir wissen, gibt es nichts Schnelleres als das Licht. Da es aber doch eine endliche Geschwindigkeit hat, schließt sich hier der interessante Gedanke an, daß man die Welt nie tatsächlich *jetzt* sieht, sondern die Welt, wie sie vor einem winzigen Sekundenbruchteil war. Was man hört, liegt sogar noch weiter zurück, und Gerüche breiten sich noch viel langsamer aus als der Schall. Sie sehen das

Am Menschen gibt es alle möglichen «eingebauten» Verzögerungen, will Kesey sagen. Die grundlegende ist die sensorische Verzögerung, die Zeit, die verstreicht zwischen einem Sinneseindruck und der Möglichkeit zu reagieren. Eine dreißigstel Sekunde, so lange dauert es, wenn man einer von der allerschnellsten Sorte ist, aber die meisten brauchen viel länger ... Wir alle sind ein Leben lang dazu verdammt, einen *Film* unseres Lebens zu sehen – wir erleben stets das, was gerade geschehen ist. Es geschah vor mindestens einer dreißigstel Sekunde. Wir glauben in der Gegenwart zu sein, aber wir sind es nicht. Unsere Gegenwart ist nur ein Film von der Vergangenheit, und mit normalen Mitteln wird es uns nie gelingen, die Gegenwart unter Kontrolle zu bringen. Diese Verzögerung muß auf irgendwie andere Weise überwunden werden, durch eine Art totalen Durchbruch.

Tom Wolfe
The Electric Kool-Aid Acid Test, 1968

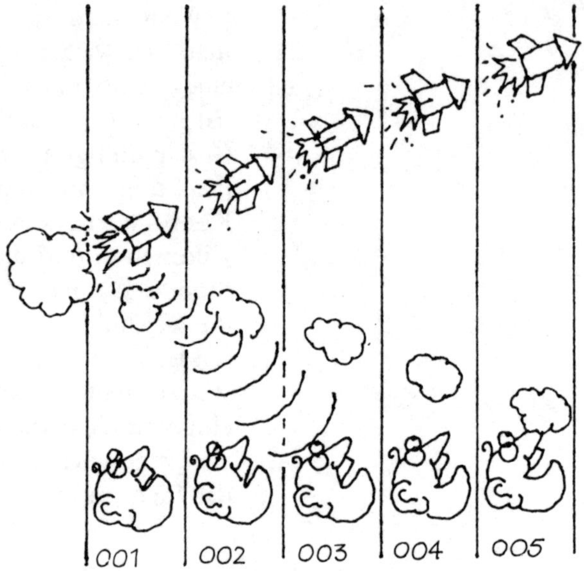

Abb. 150 Licht ist schneller als Schall und Geruch.

Aufblitzen einer Rakete, Sie hören ihr Donnern, Sie riechen ihren Rauch. Alle Sinnesempfindungen stammen stets von zurückliegenden Ereignissen. Selbst was man tastet und schmeckt, ist nicht jetzt, denn der Nervenimpuls muß ja erst von der Haut zum Gehirn gelangen.

Vom «gesamten Raum im gegenwärtigen Augenblick» zu sprechen, ist in der Tat eine ziemlich realitätsferne Ausdrucksweise. Jedenfalls kann man zu keinem gegebenen Zeitpunkt den gesamten Raum *sehen*. Der Baum vor Ihnen ist der Baum, wie er vor einer zehnmillionstel Sekunde war, der Mond, den Sie sehen, ist der Mond von vor einer Sekunde, das Licht von der untergehenden Sonne war gut acht Minuten unterwegs, bevor es Sie erreichte, und die funkelnden Sterne liegen Hunderte oder Tausende von Jahren in der Zeit zurück. Man sieht also nichts so, wie es *jetzt* ist; man muß warten, bis das Licht zu einem kommt.

Wir können uns natürlich ungefähr ausrechnen, wie der Raum jetzt gerade ist. Nehmen wir etwa an, es sei Mitternacht und Sie säßen noch draußen und betrachteten

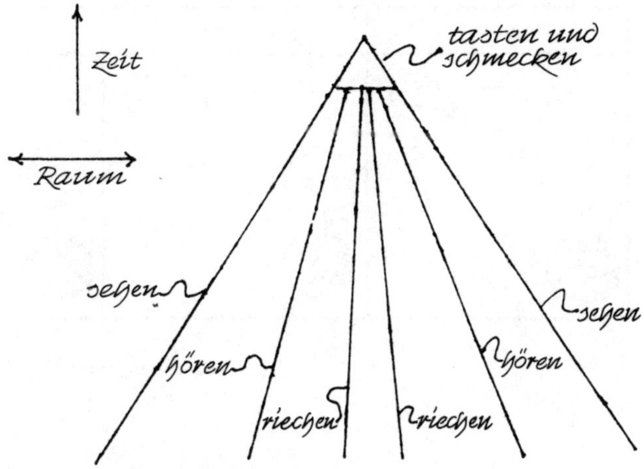

Abb. 151 Unsere Sinnesempfindungen sind aus der Vergangenheit.

den Mond. Eine Mücke beißt Sie, und eine Sekunde später sehen Sie auf dem Mond das Aufblitzen irgendeiner gewaltigen Explosion. Da Sie wissen, daß das Licht etwa eine Sekunde vom Mond bis zur Erde braucht, können Sie folgern, daß in dem Jetzt des Mückenstichs auch die Explosion auf dem Mond enthalten ist.

So weit scheint das noch nicht gegen die Anschauung zu sprechen, daß es ein raumartiges Jetzt gibt, das sich durch die Zeit voranbewegt. Dennoch gibt es ein Problem mit dieser Vorstellung des «gesamten Raums zu einem gegebenen Zeitpunkt». Wenn jemand sich nämlich relativ zu uns bewegt, wird er ein ganz anderes Jetzt erleben.

Angenommen, eine fliegende Untertasse wäre in jener schicksalsträchtigen Nacht an Erde und Mond vorbeigezischt und hätte den Mückenstich ebenso wie die Explosion auf dem Mond registriert. Wären diese Außerirdischen in der Richtung Erde-Mond vorbeigeflogen, so würden sie schwören, daß die Explosion auf dem Mond *zuerst* erfolgte. In der anderen Richtung fliegend, würden sie die Explosion als das *spätere* Ereignis wahrnehmen. Der Grund für diese Behauptungen ist nicht unmittelbar einleuchtend, und ich will gar nicht erst versuchen, ihn hier darzustellen.

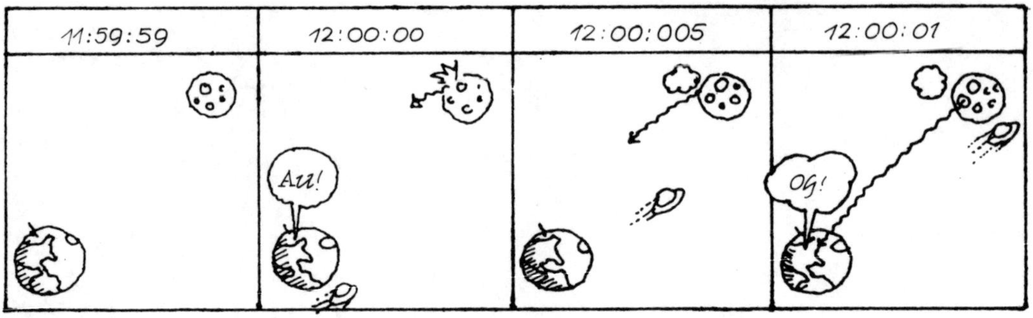

Abb. 152 Ereignisse einer Sommernacht.

Denn hier kommt es nur auf dies an: Verschiedene in Bewegung befindliche Beobachter werden zu der Frage, ob mehrere Ereignisse zur gleichen Zeit stattfanden, unterschiedliche Aussagen machen. Niemand kann ja sowohl bei dem Mückenstich wie bei der Explosion dabeisein. Ob diese beiden Ereignisse gleichzeitig waren, ist in der Tat reine Ansichtssache; die Natur selbst gibt keine absolute Antwort auf die Frage.

Dieses Phänomen wird «Relativität der Gleichzeitigkeit» genannt. Die wichtige Schlußfolgerung aus diesem Phänomen besagt, daß verschiedene in Bewegung befindliche Beobachter die Raumzeit auf verschiedene Arten in Stapel von Jetzt-Schnitten zerlegen. Die drei Beobachter in Abbildung 153 könnten friedlich in verschiedenen Galaxien leben, die sich relativ zueinander bewegen. Mit welcher Begründung könnten wir sagen, eine dieser Arten, die Raumzeit zu schichten, sei richtig und die anderen falsch?

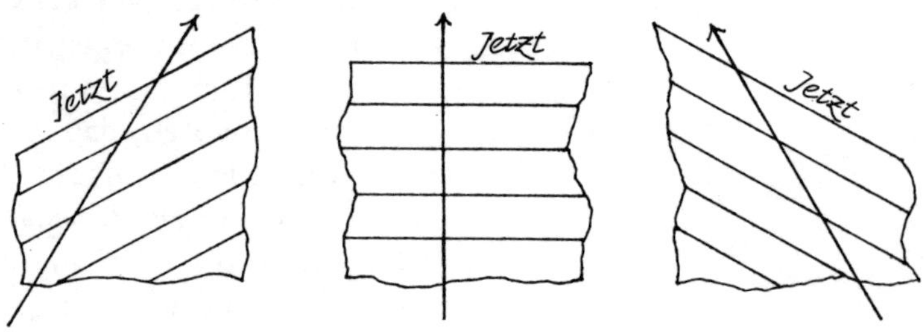

Abb. 153 Drei Arten, die Raumzeit zu schichten.

In der Relativitätstheorie ist mithin impliziert, daß es keine bevorzugte Art gibt, die Raumzeit in Jetzt-Scheibchen zu schneiden. Noch einmal: Der Gedanke der Relativität fußt auf der Annahme, daß es unmöglich ist, einen gegebenen Ort im Raum dauerhaft zu markieren. Wir könnten auch sagen, der Ausdruck «genau hier» habe für einen längeren Zeitraum keine wirkliche Bedeutung. Und in merkwürdiger Entsprechung, so haben wir gesehen, besitzt die Aussage «genau jetzt» keine wirkliche Bedeutung für einen größeren Raumabschnitt. Da es keine Definition des Jetzt gibt, die besser ist als alle anderen, besitzt das Jetzt offenbar keine objektive Bedeutung. Es gibt demnach keine sich bewegende Gegenwart, und das Blockuniversum ist das beste Erklärungsmodell. Die Raumzeit ist ein einziges einheitliches Ganzes und das Verstreichen der Zeit nichts als eine Illusion.

Mittwoch, 24. November 1982

Die Spezielle Relativitätstheorie ist so intensiv experimentell überprüft worden wie kaum eine andere Theorie. Sie macht eine Reihe definitiver Voraussagen über das Verhalten von Materie in Bewegung. Diese Voraussagen sind in Abertausenden von Experimenten mit Teilchenbeschleunigern bestätigt worden.

Gestern habe ich eine der ansprechendsten Implikationen der Relativität erörtert, den Gedanken, daß wir ewige Raumzeit-Muster in einem unwandelbaren Blockuniver-

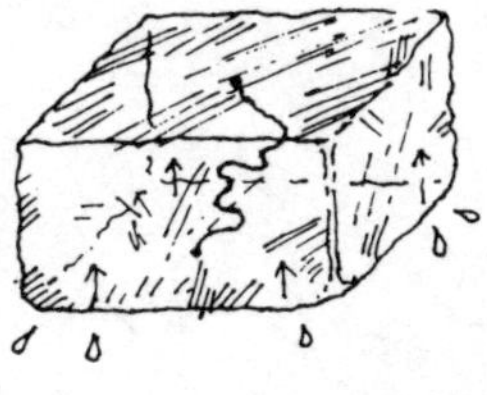

Das Jetzt und die Zukunft

Denkakrobatik 9.2

Welche Ideen über Vergangenheit und Zukunft verbergen sich in diesem Bild, das den Raumzeit-Körper als Eisblock darstellt, welcher von unten her abschmilzt?

sum sind. Die Relativität hat allerdings auch einige weniger erfreuliche Konsequenzen. Das Schlimmste an der Relativität ist für manche, daß wir niemals schneller als mit Lichtgeschwindigkeit fliegen können.

Manche Leute sind geradezu allergisch gegen diese ärgerliche Voraussage. Ohne wirklich über Relativität Bescheid zu wissen, kommen sie mit einem mutigen Sprung gleich zu dem Schluß, daß Einstein einfach ein dogmatischer Spielverderber war, ganz ähnlich den Leuten, die einst sagten, der Mensch werde niemals fliegen können. «Weshalb sollten wir nicht schneller als eine Milliarde Kilometer in der Stunde sein können. Wenn man eine Rakete nur lange genug beschleunigt, kann man doch wohl so schnell fliegen, wie man will, oder wie? Und dieser Einstein, war das nicht sowieso ein Deutscher oder Jude oder so was? Jedenfalls kein Amerikaner und ganz bestimmt fortschrittsscheu.»

Nach der Relativitätstheorie stehen dem Reisen mit Überlichtgeschwindigkeit zwei Probleme im Weg. Das

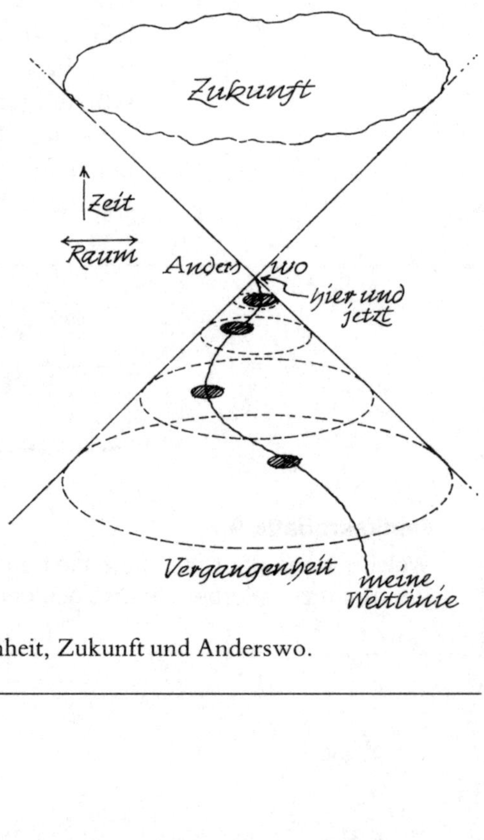

Abb. 154 Vergangenheit, Zukunft und Anderswo.

erste besteht darin, daß die Masse eines Objekts um so größer wird, je mehr es sich der Lichtgeschwindigkeit annähert. Und je größer seine Masse wird, desto schwerer hat man es natürlich, es noch weiter zu beschleunigen. Tatsächlich würde es einer *unendlichen* Schubkraft bedürfen, eine Rakete auf Lichtgeschwindigkeit zu beschleunigen.

Wenn ich niemals schneller als das Licht sein kann, dann ist mir nur ein begrenzter Bereich der Raumzeit zugänglich. Alle Ereignisse, die ich erreichen könnte, ohne schneller als das Licht zu sein, sind meine «Zukunft». Normalerweise bezeichnen wir als unsere Zukunft das, was uns tatsächlich begegnen wird; hier meine ich mit «Zukunft» aber alles, was *potentiell* für mich erreichbar ist, ohne daß ich die Lichtgeschwindigkeit überschreite. Ebenso begreife ich als meine Vergangenheit die Gesamtheit aller Raumzeit-Orte, von denen aus ich (unterhalb der Lichtgeschwindigkeit bleibend) mein Hier und Jetzt hätte erreichen können. Der Rest der Raumzeit ist das «Anderswo», ein wohltuendes Wort. Ich finde es sehr beruhigend, wenn ich mir bei gewissen Dingen vorstellen kann, sie seien «anderswo». Was unsere Regierenden im Kapitol auch jetzt gerade treiben mögen, eigentlich ist es gleichgültig: es ist «anderswo». Dummerweise *bleibt* das Tun dieser bedeutenden Leute nicht anderswo – meine

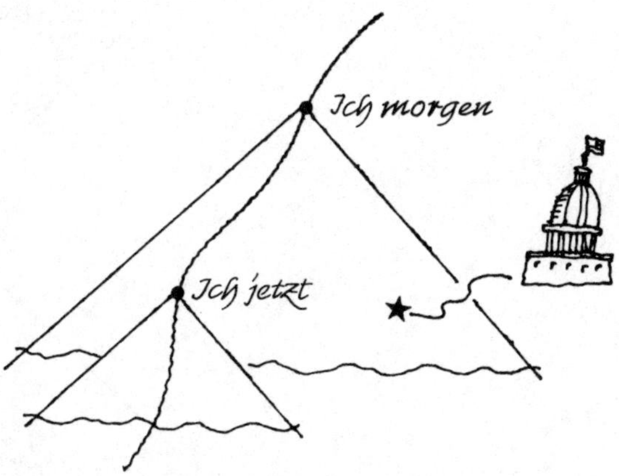

Abb. 155 Was heute im Anderswo ist, kann morgen meine Vergangenheit sein.

«Vergangenheit» wird nämlich um so breiter, je weiter ich mich auf meiner Weltlinie fortbewege.

Das zweite Problem der überlichtschnellen Fortbewegung hat mit der Relativität der Gleichzeitigkeit zu tun. Für jedes nur erdenkliche Ereignis in Ihrem Anderswo gibt es einen Beobachtungsstandpunkt, von dem aus gesehen es als gleichzeitig mit Ihrem «Hier und Jetzt» erscheint. Das gesamte Anderswo ist eine Art breitgetretenes Jetzt. Normalerweise denken wir uns das Jetzt als eine Linie zwischen Vergangenheit und Zukunft, aber in der Relativitätstheorie zerfließt das Jetzt zu dem stundenglasförmigen Anderswo. Dies bedeutet, daß alle Wege ins anderswo grundsätzlich gleichwertig sind. Nun hat man mit diesen Wegen ins Anderswo ja nicht nur die schon beschriebene Schwierigkeit, daß sie nur mit Überlichtgeschwindigkeit befahren werden können, sondern sie führen auch noch zu haarsträubenden Konsequenzen. In Abbildung 156 habe ich drei Wege ins Anderswo dargestellt. Der obere ist unproblematisch; er zeigt «einfach» jemanden, der mit doppelter Lichtgeschwindigkeit reist. Für den horizontalen Pfad muß angenommen werden, daß hier jemand mit unendlicher Geschwindigkeit reist und gleichzeitig überall ist. Richtig schlimm wird es aber erst bei dem unteren Weg, denn hier scheint sich jemand in

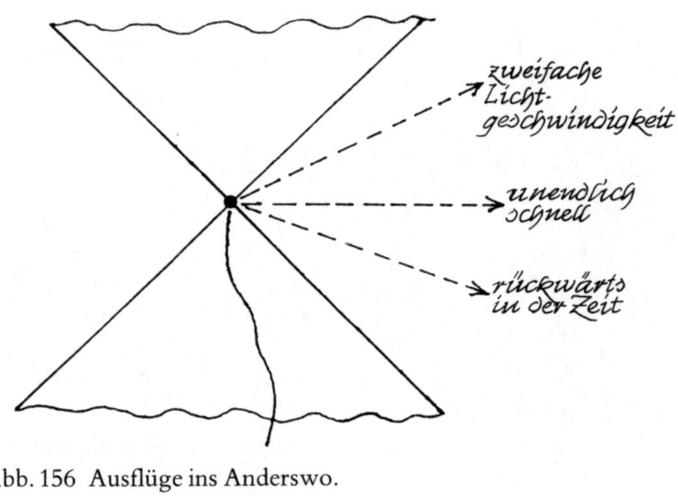

Abb. 156 Ausflüge ins Anderswo.

der Zeit zurückzubewegen. Von solch einem Ausflug zurückkommend, könnte der Reisende daheim auf sein eigenes früheres Ich stoßen. Anders gesagt: Das Reisen mit Überlichtgeschwindigkeit kann zu einer Zeitreise werden – und viele Wissenschaftler sind überzeugt, daß Zeitreisen unmöglich sind. Das Schlimme an der Zeitreise ist allerdings, daß sie zu einigen wirklich üblen Paradoxen führt; mit denen werden wir uns aber erst im nächsten Kapitel beschäftigen. Hier genügt es zu sagen: Soweit wir wissen, kann keine Ursache-Wirkung-Kette schneller als das Licht sein.

Denkakrobatik 9.3

«Die Relativität der Gleichzeitigkeit» besagt, daß verschiedene in Bewegung befindliche Beobachter unterschiedliche Meinungen darüber haben, welche Ereignisse gleichzeitig stattfinden. An diesem Problem können wir verfolgen, wie die Relativität der Gleichzeitigkeit sich aus zwei Grundannahmen herleitet: 1. In Bewegung befindliche Beobachter können ebensogut davon ausgehen, daß sie in Ruhe sind; 2. Licht breitet sich stets mit derselben Geschwindigkeit aus.

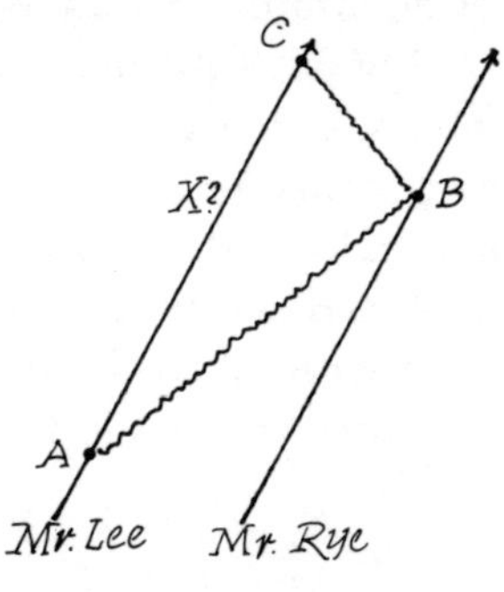

Willy Lee sagt, X sei gleichzeitig mit B geschehen.

Hier liegt nun folgende Situation vor: Eine starre Plattform bewegt sich mit etwa halber Lichtgeschwindigkeit nach rechts. Am linken Ende steht Mr. Willy Lee, am rechten Ende Mr. Rye. Mr. Lee schickt einen Lichtblitz zu Mr. Rye hinüber, der einen Spiegel hält und den Lichtblitz zu Mr. Lee zurückreflektiert. Mr. Lee empfängt den reflektierten Blitz. Wir nennen diese drei Ereignisse A, B und C. Mr. Lee markiert die Zeiten von A und C auf seiner Weltlinie. Nach einigem Nachdenken entscheidet er, welcher Punkt X auf seiner Weltlinie den Punkt der Gleichzeitigkeit mit B darstellt. Wo markiert er X und weshalb? (Hinweis: Wir als Außenstehende würden X horizontal gegenüber B markieren, aber Mr. Lee tut das nicht. Gleichzeitigkeit ist relativ!)

Die Zahl aller Atome insgesamt, die die Welt ausmachen, ist zwar ungeheuer groß, aber finit und läßt demnach nur eine bestimmte, aber gleichfalls ungeheuer große Zahl von Umstellungen zu. Innerhalb einer unendlichen Zeit muß die Endzahl möglicher Umstellungen einmal erreicht sein, muß das Universum sich wiederholen. Abermals wirst du aus einem Schoß geboren werden, abermals wird dein Knochengerüst wachsen, abermals wird die Seite hier unter deinen nämlichen Händen sein, abermals wirst du alle Stunden bis hin zur Stunde deines unglaubhaften Todes durchwandern. – So das geläufige Schema, nach dem dieses Argument entwickelt wird, von dem unscheinbaren Vorspiel bis hin zu dem ungeheuren drohenden Ausgang.

Jorge Luis Borges
«Die Lehre von den Zyklen», 1934

So, mehr Zeit habe ich jetzt nicht. Ich muß nämlich früher nach Hause, um bei den Vorbereitungen für den Thanksgiving-Day zu helfen. Tatsächlich, alle naselang scheint Weihnachten oder Thanksgiving zu sein.

Dienstag, 30. November 1982

Wieder einen Festtag überstanden! Meine Mutter kam zu Besuch und mein Bruder Embry mit seiner Frau und zwei Kindern. Zusammen waren es dann fünf Kinder, und es war ein Vergnügen zu sehen, wieviel Spaß es ihnen machte. Die Leckereien, das Rad der Jahreszeiten – ewige Wiederkehr.

Bei Borges finden wir einen interessanten Essay über die Lehre der ewigen Wiederkehr, die besagt, daß alles sich wiederholt.

In unserer alltäglichen Erfahrung wiederholt sich ja tatsächlich so manches. Ausatmen/einatmen, Tag/Nacht, Sommer/Winter, Eltern/Kinder – endlos sich wiederholende Zyklen. Mein 1982er Thanksgiving ist natürlich nicht identisch mit allen anderen Thanksgivings, aber im großen und ganzen ist es doch immer dasselbe: Truthahn und Soße, laute Kinder, Schwips, Kabbeleien, Lachen und Beten. Bei solchen intensiv begangenen Festlichkeiten werden wohl die meisten von uns Augenblicke oder ganze Viertelstunden der Transzendenz, der Zeitlosigkeit erleben – jenes uneingeschränkte Akzeptieren des Zeitgewebes, in dem wir sonderbarerweise allem Zeitlichen enthoben sind. Die Monotonie unserer Rituale läßt uns einen

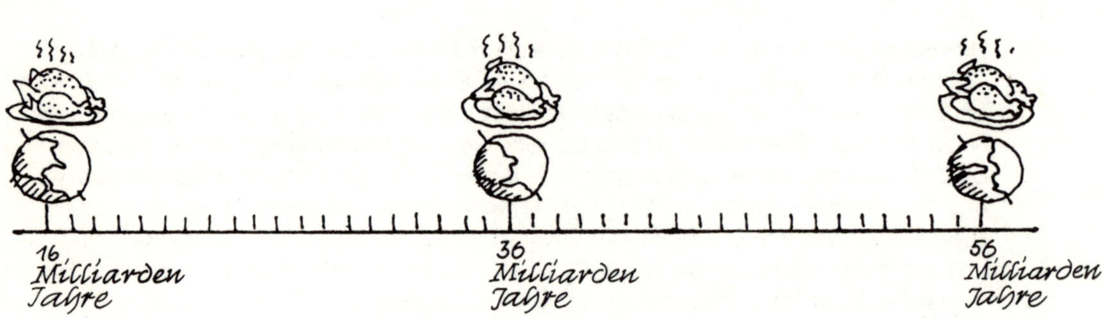

Abb. 157 Die Ewige Wiederkehr.

Blick auf die Unendlichkeit erhaschen; die endlose Linie biegt sich zum Kreis.

Dennoch ist die ewige Wiederkehr eine nicht gerade leicht eingängige Vorstellung. Glaubt wirklich jemand, daß sich irgendwann in der Zukunft genau der eben jetzt herrschende Zustand wieder einstellen wird? Aber genau das sagt die Lehre von der ewigen Wiederkehr: Es gibt einen fixierten Zeitraum, einen kosmischen Zyklus, nach dem sich die gesamte Geschichte des Universums wiederholt. Nehmen wir etwa an, daß ein voller Zyklus zwanzig Milliarden Jahre dauert.

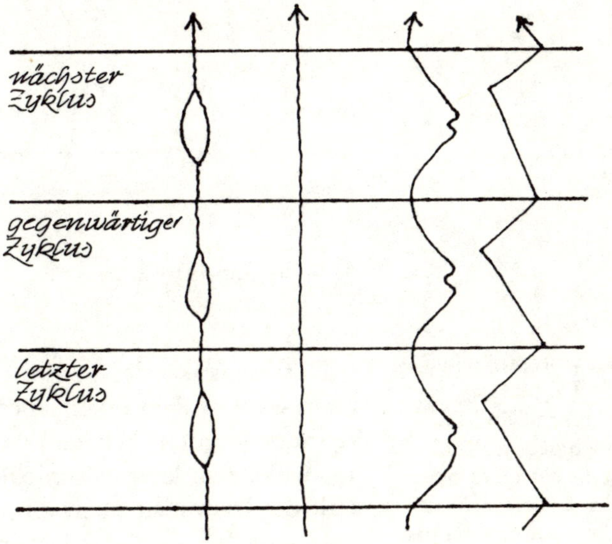

Abb. 158 Endlose, sich wiederholende Zeit.

Man kann einen sich selbst wiederholenden Kosmos auf zweierlei Weise betrachten. Wir können annehmen, daß die Zeit in beiden Richtungen unendlich ist und die Raumzeit aus unendlich vielen identischen horizontalen Streifen besteht. Wir können aber auch annehmen, die Zeit sei zu einem endlichen und doch End-losen Zyklus gebogen. Wer der Anschauung des «sich bewegenden Jetzt» zuneigt, wird die erste Alternative richtiger finden.

Wenn Sie also glauben, daß nur das Gegenwärtige reale Existenz besitzt, werden Sie denken, daß der nächste Zyklus zwar identisch sein mag, aber eben doch der nächste, also ein anderer ist. Wer hingegen die Raumzeit als Blockuniversum versteht, wird der zweiten Veranschaulichung der ewigen Wiederkehr den Vorzug geben. Wenn die Raumzeit tatsächlich ein als Ganzes existierendes Ding ist, können wir sie problemlos zu einem Zylinder zusammenbiegen.

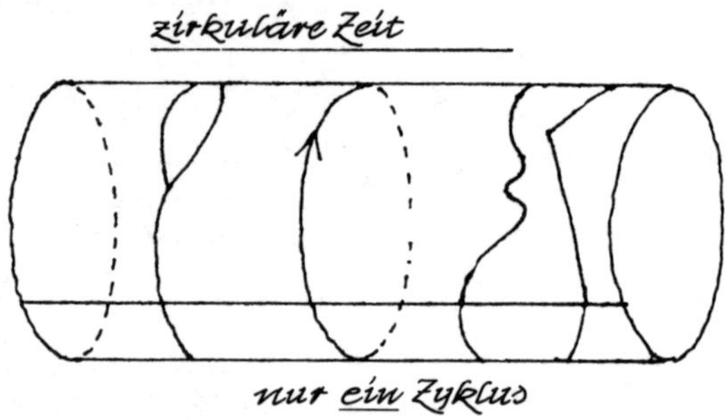

Abb. 159 Zirkuläre Zeit.

Sieh, so antworte ich dem, der fragt: «Was tat Gott, bevor Er Himmel und Erde erschuf?» Ich gebe nicht die Antwort, die einst jemand gegeben haben soll, der mit einem Scherz der drängenden Frage auswich: «Er machte Höllen für die, die solche Geheimnisse ergründen wollen.» Doch Witze helfen nicht zum Wissen. Nein, diese Antwort gebe ich nicht, denn lieber würde ich antworten: «Was ich nicht weiß, weiß ich nicht», als daß ich den verspottete, der Geheimnisse ergründen will.

Augustinus
Bekenntnisse, 400

Der Gedanke der «zirkulären Zeit» führt zu einigen interessanten Paradoxen, die wir in Denkakrobatik 10.5 erörtern werden. Schauen wir uns aber zunächst einmal an, welche anderen Möglichkeiten es für die Gesamtgestalt der Raumzeit noch gibt.

Halten Sie sich dabei vor Augen, daß wir uns die horizontale Achse in all diesen Bildern als den Raum denken und die vertikale Achse als die Zeit. Die horizontale Achse ist, wenn man so will, unser Begriff des «Jetzt», die vertikale Achse unser Begriff des «Hier». Was wir «hier und jetzt» nennen, ist demnach der Punkt, an dem die beiden Achsen sich schneiden. Diese Raumzeit-Diagramme werden oft so «gelesen», daß man sich die Raumachse mit der Zeit aufwärts wandernd denkt. Aber wie schon gesagt, es ist nicht immer nötig oder angebracht, unser Minkowski-Diagramm auf diese Weise zu beleben.

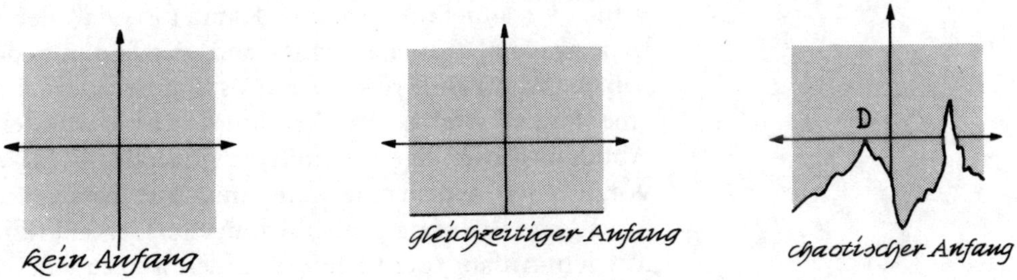

Abb. 160 Drei Arten, das Universum in Gang zu setzen.

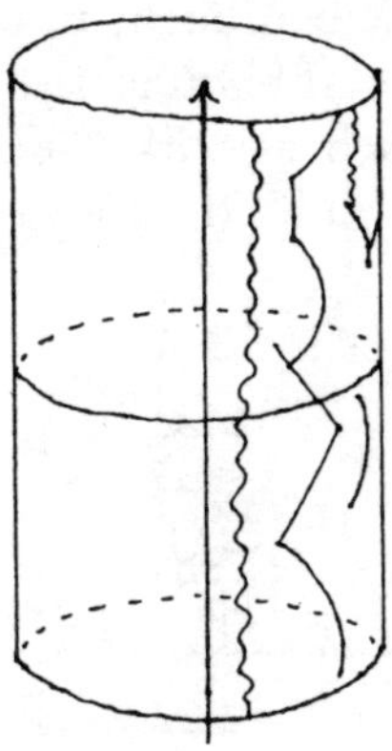

Abb. 161 Zirkulärer Raum.

Abbildung 160 zeigt drei Arten der Raumzeit. In allen dreien ist der Raum in beiden Richtungen unendlich, und die Zukunft ist ebenfalls unendlich. Nur in der Darstellung der Vergangenheit unterscheiden sich die Modelle. Das mittlere Bild zeigt ein Universum, in dem der gesamte Raum auf einen Schlag ins Dasein tritt, und links sehen wir ein Universum, das keinen Anfang in der Zeit hat. Das rechte Bild zeigt eine verworrenere Situation, denn hier beginnen verschiedene Teile des Raums zu verschiedenen Zeiten ihre Existenz. In solch einem Universum könnte zum Beispiel ein großes Loch sein (an der Stelle, wo die rechte Raumzacke die Zeitebene schneidet), das mit fortschreitender Zeit schrumpft und schließlich verschwindet (wie hier bei Punkt D).

Eine andere Art von Raumzeit-Modell ergibt sich,

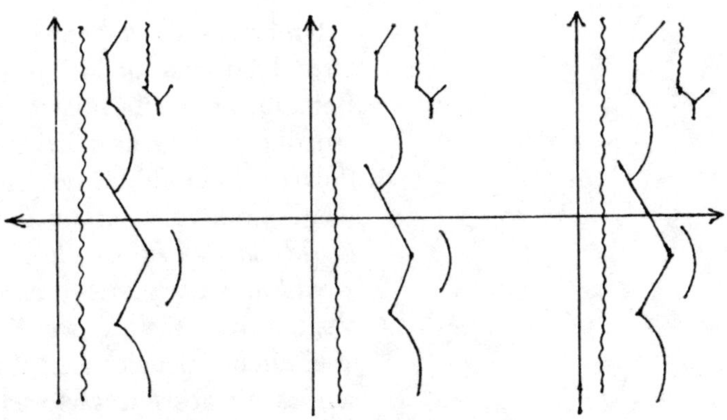

Abb. 162 Endloser, sich wiederholender Raum.

wenn wir annehmen (wie in Kapitel 8), daß der Raum hypersphärisch ist. Für Linienland würde dies bedeuten, daß der Raum ein Kreis ist, und als Raumzeit erhielten wir eine Figur, wie sie in Abbildung 161 dargestellt ist. Abbildung 162 zeigt eine andere Art, sich ein Universum vorzustellen, worin eine weit genug fortgesetzte Reise in irgendeine Richtung schließlich in eine Gegend führt, die mit dem Anfangspunkt der Reise identisch zu sein scheint. Anstatt anzunehmen, daß der Raum sich in sich selbst zurückkrümmt, erstreckt sich der Raum hier endlos in beide Richtungen, wobei die Raumzeit jedoch in identische vertikale Streifen unterteilt ist. Hier müßte man allerdings eine geheimnisvolle Harmonik bemühen, um diese Wiederholungen zu erklären. Da ist Abbildung 161 eine viel natürlichere Lösung – wie ja auch die zirkuläre Zeit ein viel natürlicheres Erklärungsmodell für die ewige Wiederkehr war.

Abb. 163 Eine prästabilisierte Harmonie?

Ich habe die Abschnitte dieses Kapitels datiert, und ein Grund dafür ist, daß ich mich ein wenig über meine eigene Behauptung lustig machen möchte, die Zeit sei irreal. Ein ernsthafterer Grund liegt darin, daß ich mich wie ein Polarforscher fühle, der ein Logbuch führt, während er weiter und weiter in die unerforschte Eiswüste vordringt. *Nachts das Bellen der Hunde und das unfaßbare Strahlen des Nordlichts.* Das Ziel meiner Suche ist eine bestimmte Vision, die Vision des Kosmos als eines Musters im unendlichdimensionalen Raum. Ich möchte ein allumfassendes, ein absolutes Modell für die Welt um mich her, ein System, das die Realitäten des gewöhnlichen menschlichen Lebens ebenso umfaßt wie die kalten Wahrheiten der Naturwissenschaft.

Abb. 164 Vorwärts!

Bis heute war ich nicht sicher, ob ich diese Reise je zu Ende führen kann. Aber heute morgen kam das Ziel in Sicht. Die Wirklichkeit ist *eins,* sie ist ein Ding, welches für jede der unendlich vielen Fragen, die wir haben, eine Antwort bereithält; sie ist, mit anderen Worten, eine Einfärbung des unendlichdimensionalen Raums. Bleiben Sie bei der Stange, wir kommen schon noch hin!

Denkakrobatik 9.4

In Abbildung 161 haben wir das Bild eines zirkulären Raums, dessen Größe mit fortschreitender Zeit konstant bleibt. Heute wird vielfach die Anschauung vertreten, unser Raum sei eine expandierende Hyperkugel, die vor etwa zwölf Milliarden Jahren als punktgroßes Gebilde ihren Anfang nahm. Können Sie ein Raumzeit-Bild zeichnen, das unseren Raum als expandierenden Kreis darstellt?

10. Zeitreise und Telepathie

Warum muß das Reisen so beschwerlich sein? Das perfekte Vehikel ist leicht vorzustellen: eine Art Auto mit ein paar Spezialknöpfen am Armaturenbrett. Einsteigen, die Codeziffern des Bestimmungsorts eintippen, den Zündschlüssel drehen, und – schwupp! – schon sind wir im Paris der zwanziger Jahre, in den Great Plains vor dem Auftreten der Pioniere, auf dem Mond oder gar in einer anderen Galaxis.

Schon lange träumen Menschen von solcher Freiheit von den Fesseln des Raums und der Zeit. In einem der Grimmschen Märchen verschafft sich der jugendliche Held einen Wunschsattel. Steig auf, sag, wohin du willst, und schon bist du da. Science-fiction-Autoren nennen so etwas Teleportation, Materie-Transmission, Hyperreise oder FTL-Reise, wobei FTL für Faster Than Light (schneller als Licht) steht. Verwandt damit ist die Zeitreise, also die Vorstellung, zurück in die Vergangenheit oder voraus in die Zukunft springen zu können.

Werden Zeitreise und FTL-Reise je Wirklichkeit werden? Wird uns je die endgültige Eroberung von Zeit und Raum gelingen? Fragen wir also, ob es physikalische Phänomene gibt, die Zeitreisen und FTL-Reisen zumindest als denkbar erscheinen lassen. Hier gibt es wenig wirklich Bekanntes, aber es könnte vielleicht durch Manipulation sehr massehaltiger Objekte – etwa der schwarzen Löcher – gelingen, Raum und Zeit derart zu verformen, daß Raumzeit-Sprünge, wie sie für Zeitreisen und FTL-Reisen erforderlich sind, möglich werden. Einen anderen Zugang zu solchen Reisemöglichkeiten eröffnet uns vielleicht die Quantenmechanik, die ja anzudeuten scheint, daß Raum und Zeit auf der tiefsten Ebene der Wirklichkeit überhaupt nicht existieren. Könnte man sich aus unserem Raumzeit-Bezugsrahmen ausblenden und wieder einblenden, so wären jeder Raumpunkt und jeder Zeitpunkt erreichbar. Nur weiß leider niemand, wie man das macht.

Abb. 165 Quantenmechaniker?

Nach solch verführerischen Spekulationen ist es ein wenig verwunderlich, daß die meisten Wissenschaftler die Idee der Zeitreise und der FTL-Reise ablehnen. Obwohl noch niemand Experimente zur Entwicklung einer Zeitmaschine gemacht hat, herrscht bei den meisten Wissenschaftlern kein Zweifel, daß derartige Experimente fehlschlagen würden. Ist das einfach ein blindes Vorurteil?

Nein. Das Problem mit der Zeitreise ist, daß sie zu physikalischen Paradoxen, zu innerer Widersprüchlichkeit der Realität führt. Und Wissenschaftler gehen nun einmal gern davon aus, daß unsere Welt zu logisch gefügt ist, als daß direkte Widersprüche möglich wären. Die Gründe, Zeitreisen und FTL-Reisen für unmöglich zu erklären, sind demnach apriorischer Natur: Widersprüche kann es nicht geben; Zeitreisen und FTL-Reisen führen zu Widersprüchen; ergo gibt es so etwas wie Zeitreise oder FTL-Reise in unserer Welt nicht.

Das ist eine subtile Beweisführung, die wir uns ruhig einmal genauer betrachten sollten. Unser erster Einwand könnte lauten: Was wäre denn so schlimm daran, wenn es Widersprüche in der Welt gäbe? Gibt es nicht ständig irgendwelche Widersprüche? Ich möchte einen Hamburger, und ich möchte ihn nicht. Ein Photon ist ein Teilchen, aber auch eine Welle. Ein Zebra ist weiß, und es ist schwarz.

Abb. 166 Ja und nein.

Das sind in gewisser Weise Widersprüche, aber eigentlich keine unerträglichen. Daß ich einen Hamburger möchte und zugleich nicht möchte, weist lediglich auf die Tatsache hin, daß «ich» ein Konglomerat aus widerstreitenden Gelüsten bin. Ein Photon ist, wenn es beobachtet wird, entweder Welle oder Teilchen, niemals beides zugleich. Ein Zebra ist schwarz und weiß, aber in verschiedenen Streifen.

So mag uns also manches an dieser Welt widersprüchlich erscheinen, aber normalerweise sind diese Widersprüche durch feinere Unterscheidungen zu bereinigen. Was wäre aber nun mit einem absoluten Widerspruch, mit einem ganz konkreten Sachverhalt, auf den sowohl die

Aussage A als auch die gegenteilige Aussage Nicht-A zutrifft? Hier zwei Beispiele für etwas, das ich als das *Ja-und-nein-Paradox* der Zeitreise bezeichne.

1. Im Alter von sechsunddreißig Jahren leidet Professor Zone vorübergehend an einer Psychose. In dieser Zeit des Wahnsinns tötet er seine geliebte Frau Zenobia. Er wird wegen fehlender Zurechnungsfähigkeit freigesprochen und beschließt, von Reue geschüttelt, alle seine Kraft der Wiedergutmachung seiner Untat zu widmen. Er hofft, irgendwie in die Vergangenheit zurückgelangen und sie ändern zu können. An seinem fünfzigsten Geburtstag vollendet er endlich sein Lebenswerk: den Bau einer funktionierenden Zeitmaschine. Er steigt ein, reist vierzehn Jahre zurück und schaut durch ein Fenster in jenes Haus, in dem er und seine liebe Frau einst wohnten. Da ist seine arme Zenobia und dort der irre Killer, Zone-36. Zone-50 hatte gehofft, so rechtzeitig anzukommen, daß genügend Zeit bliebe, Zone-36 wieder zur Vernunft zu bringen – aber der Gang der Dinge hat sich bereits auf den entscheidenden Moment zugespitzt! Zone-36 schleicht sich gerade an Zenobia an, eine schwere Rohrzange zum Schlag erhoben. Ohne noch eine Sekunde zu überlegen, zielt er mit seiner Bazooka und brennt Zone-36 ein Loch ins Herz. Das Paradox: Wenn Zone-36 stirbt, kann es keinen Zone-50 geben, der zurückkommt und ihn tötet. Stirbt Zone-36 nicht, so gibt es einen Zone-50, der zurückkommt und ihn tötet. Stirbt Zone-36? Ja und nein.

2. Am Montag stehlen die Panzerknacker Onkel Dagoberts neue Zeitmaschine. Sie springen damit in die Zukunft, um zu erfahren, wer beim großen Pferderennen am Mittwoch gewinnen wird. Es wird ein Jockey sein, auf den die Wetten hundert zu eins stehen. Wieder zum Montag zurückgekehrt, überlegen sie, wie sie das Geld für den Einsatz auftreiben können. Sie besitzen nur einen lausigen Taler, und der Mindesteinsatz beträgt zwei Taler. «Ich hab's», grinst Panzerknacker 22-03-46. «Am Donnerstag schicken wir einfach eins von unseren zweihundert Scheinchen zurück nach Dienstag. Dann haben wir am Mittwoch die Piepen für den Einsatz.» Und richtig, am Dienstag erscheint ein Talerschein im Unterschlupf

Abb. 167
Professor Zone.

der Bande. Am Mittwoch gewinnt natürlich der Jockey, auf den sie gesetzt haben, und man geht aus, um den Erfolg zu feiern. Sie übertreiben ein bißchen und sind am Donnerstag wieder bis auf einen lausigen Taler abgebrannt. «Okay», sagt 22-03-46, «es wird Zeit, diesen Taler zum Dienstag zurückzuschicken.» «Vergiß es», winkt der jüngere 23-08-69 ab. «Ich nehme jetzt diesen Taler und kaufe eine Dose Bohnen.» Und damit schnappt er sich den Talerschein und verschwindet. Das Paradox: Da der Taler am Dienstag erscheint, müssen sie ihn vom Donnerstag zurückgeschickt haben. Als die Zeit kommt, schicken sie ihn jedoch *nicht* zurück. Schicken sie einen Taler zurück? Ja und nein.

Solche Paradoxe sind natürlich eigentlich nichts weiter als amüsante intellektuelle Spiele. Man hat das Gefühl, daß es doch immer eine Möglichkeit gibt, sich irgendwie aus der Affäre zu ziehen. Wenn Zone-50 zum falschen Haus gegangen wäre, was dann? Oder was, wenn 22-03-46, von dem Paradox geplagt, am Freitag einen Talerschein zum Dienstag zurückschickte? Aber es gibt auch Fälle, wo man nicht damit rechnen kann, den Fuß aus der Schlinge zu bekommen. Die Zeitreise kann zu wirklich unaufhebbaren Paradoxen führen. Solch ein Paradox möchte ich jetzt darstellen und verwende dazu das Minkowski-Diagramm.

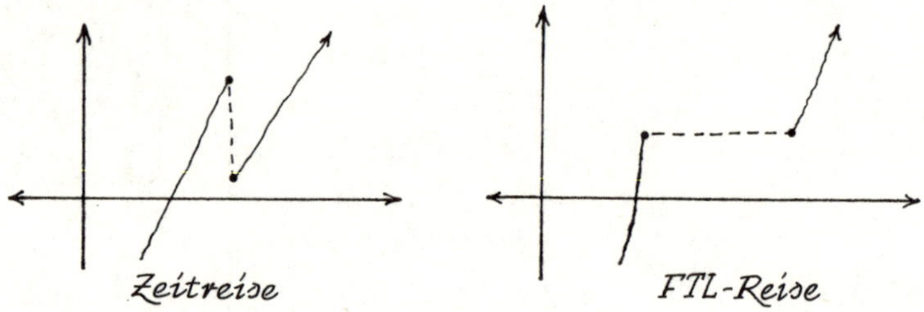

Abb. 168 Zwei Science-fiction-Träume.

Behalten wir dabei im Blick, daß die horizontale Richtung in solchen Diagrammen den Raum darstellt (dessen drei Dimensionen sozusagen zu der einen Dimension von Linienland zusammengefaßt wurden) und die vertikale die Zeit. Die Weltlinien von Zeitreisen oder FTL-Reisen könnten wie die in Abbildung 168 dargestellten Linien aussehen. Der Bruch oder Sprung ist hier durch eine gestrichelte Linie angedeutet. Falls solche Sprünge überhaupt möglich sind, wären sie wahrscheinlich mit einem Verlassen der normalen Raumzeit und mit der Bewegung durch eine höhere Dimension verbunden. Hier mag auch noch der Hinweis angebracht sein, daß man sich in Bewegung befinden sollte, wenn man eine Reise in die Vergangenheit antritt. Sonst springt man womöglich an eine Stelle, die bereits vom früheren Ich eingenommen wird, und es könnte eine böse Explosion geben. Der Zeitreisende in Abbildung 168 bewegt sich vor und nach dem Sprung in derselben Richtung. (Wir nehmen an, daß die Zeitmaschine an denselben Platz im Labor zurückspringt, von dem sie absprang.)

Nun zum Paradox. Angenommen, ich baue eine kleine Zeitmaschine, die sich selbst zwei Minuten in der Zeit zurücktransportieren kann. Um 11:55 Uhr lasse ich sie auf meinem Labortisch langsam losrollen und stelle den Zeit-

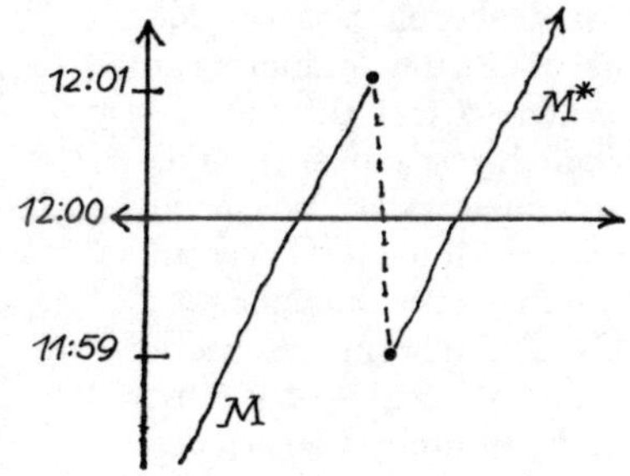

Abb. 169 Ein Zwei-Minuten-Rücksprung.

schalter für den Sprung auf 12:01 Uhr ein. Ich setze mich hin und schaue gespannt zu. Um 11:59 Uhr sind plötzlich zwei Zeitmaschinen auf dem Tisch: M, die noch nicht abgesprungen, und M*, die bereits aus der Zukunft zurückgesprungen ist. Zwei Minuten lang sind nun beide Maschinen vor mir, bis um 12:01 Uhr der Zeitschalter in Aktion tritt und M verschwinden läßt. Von 12:01 Uhr an bin ich mit M* allein, die ein um zwei Minuten jüngeres Ebenbild von M ist.

Abb. 170 Zwei Zeitmaschinen.

So weit, so gut. Jetzt nehmen wir aber zusätzlich an, meine ursprüngliche Zeitmaschine M sei zur Sicherheit mit einem Ortungsgerät ausgerüstet, mit dem sie feststellen kann, ob der Tisch auch wirklich frei ist, wenn sie zum Sprung ansetzt. Ortet sie um 12:01 Uhr irgendein anderes Ding als sich selbst auf dem Labortisch, so setzt sie den Zeitschalter außer Kraft und weigert sich zu springen. Wiederholen wir das Experiment. Was geschieht?

Ich glaube, ein Selbstmörder, der die Pistolenmündung an seinen Schädel hält, müßte ähnlich gespannt sein auf das, was ihn erwartet, wie ich in diesem Moment. Ich ergriff den Starthebel mit einer Hand, den Stophebel mit der anderen, betätigte den ersten und unmittelbar danach den zweiten. Schwindel ergriff mich; ich hatte, wie in einem Alptraum, das Gefühl zu fallen: Aber als ich mich umsah, war das Laboratorium unverändert. War überhaupt etwas geschehen? Einen Augenblick lang dachte ich, mein Verstand habe mich im Stich gelassen. Dann bemerkte ich die Uhr. Einen Augenblick vorher – so schien es mir – hatte sie ungefähr eine Minute nach zehn gezeigt: Jetzt aber war es fast halb vier!

Ich holte tief Atem, biß die Zähne zusammen, betätigte den Starthebel mit beiden Händen und fuhr mit einem Ruck los. Das Laboratorium verschwamm vor meinen Augen. Mrs. Watchett betrat das Zimmer und ging, scheinbar ohne mich zu sehen, zur Gartentür. Ich vermute, sie brauchte etwa eine Minute, um den Raum zu durchqueren, mir aber schien es, als schösse sie vorbei wie eine Rakete. Ich drückte den Hebel bis zum Anschlag nieder. Die Nacht brach herein, so plötzlich, wie wenn man eine Lampe auslöscht, und im nächsten Augenblick brach schon der nächste Tag an. Das

Wenn M⋆ um 11:59 Uhr erscheint, wird sie um 12:01 Uhr noch da sein und M wird sie orten. Daraufhin wird M sich weigern zu springen, aber wenn sie nicht springt, kann M⋆ nicht um 11:59 Uhr erscheinen.

Erscheint M⋆ nicht um 11:59 Uhr, so wird der Tisch um 12:01 Uhr frei sein und M wird springen wie geplant. Springt sie aber, dann muß M⋆ um 11:59 Uhr erschienen sein.

Schlußfolgerung? M⋆ erscheint nur dann um 11.59, wenn M⋆ nicht um 11:59 Uhr erscheint. Nun muß ja eine von diesen beiden Möglichkeiten eintreten: Entweder erscheint M⋆ oder sie erscheint nicht. Wenn aber eine der beiden Alternativen eintritt, so haben wir gerade gesehen, tritt die andere auch ein. M⋆ erscheint also um 11:59 Uhr auf dem Labortisch und erscheint nicht um 11:59 Uhr auf dem Labortisch. Erscheint M⋆? Ja und nein.

Es ist schwer, sich eine Welt vorzustellen, in der solche logischen Widersprüche existieren können. Es ist wirklich kein Wunder, daß viele Wissenschaftler Zeitmaschinen für unmöglich halten. Und da FTL-Reisen, wie aus der Relativitätstheorie hervorgeht, ebenfalls zu Zeitreisen werden, bei denen der Reisende unter Umständen früher ankommt, als er aufbricht, ist es ebenfalls kein Wunder, daß dieselben Wissenschaftler auch FTL-Reisen für unmöglich halten.

Wie beweiskräftig sind solche Argumente wirklich? Unser «Beweis», daß Zeitreisen unmöglich sind, könnte noch Schlupflöcher haben: 1. Was wäre, wenn es doch Zeitmaschinen gäbe und nur niemand sie benutzte, um Widersprüche mit ihnen zu erzeugen? Vielleicht gibt es eine Art Zeitpolizei, die solche Experimente verhindert. Vielleicht auch erschlägt der Kosmos – aus reinem Selbsterhaltungstrieb – jeden, der sich mit paradoxen Zeitreise-Experimenten abgibt. 2. Vielleicht ist das Gewebe der Wirklichkeit doch in der Lage, ein paar wirkliche Widersprüche zu verkraften. Vielleicht ist es nicht gänzlich unmöglich, daß M⋆ sowohl erscheint als auch nicht erscheint. Vielleicht sind Widersprüche selten, aber nicht vollkommen ausgeschlossen. Denn für den Verstand ist doch die schiere Existenz unserer Welt eigentlich schon ein

Laboratorium verschwamm mehr und mehr in einem Nebel. Die morgige Nacht brach schwarz herein, dann wurde es abwechselnd Tag und wieder Nacht, immer schneller und schneller. Ein Wirbel von Geräuschen dröhnte in meinen Ohren, und eine sonderbare, dumpfe Verwirrung trübte meine Sinne.

H. G. Wells
Die Zeitmaschine, 1895

Widerspruch: Wie kann aus nichts etwas entstehen? 3. Vielleicht hat das Wort *existieren* noch einen subtileren Sinn, in dem etwas gleichzeitig existieren und nicht-existieren kann. Gäbe es zum Beispeil viele parallele Universen, dann könnte M* in manchen existieren und in anderen nicht. Die simpelste aller Lösungen dieser Art wäre also die Annahme, daß eine Zeitmaschine in die Vergangenheit einer anderen Welt zurückreist. Paradoxe ergeben sich nur, wenn Sie in Ihre *eigene* Vergangenheit reisen und dort etwa Ihren Großvater in der Wiege erwürgen. Wenn Sie in irgendeiner anderen Welt einen armen Säugling umbringen, entsteht kein Widerspruch.

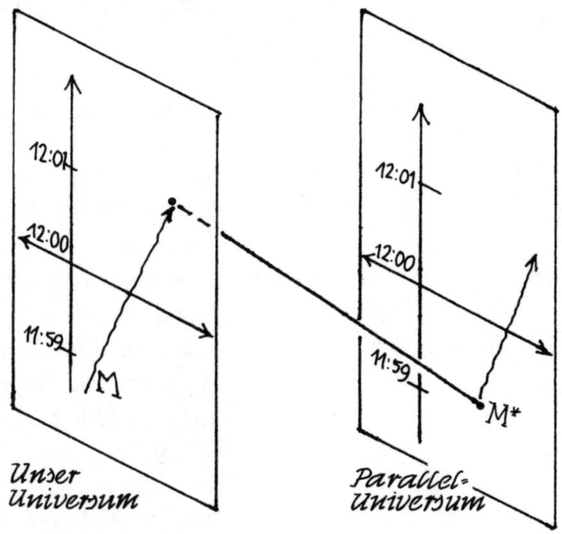

Abb. 171 «Zeitreise» in ein anderes Universum.

Zeichnen wir unser Zwei-Minuten-Zeitmaschinen-Paradox als Parallelweltendiagramm, so erhalten wir Abbildung 171. Wenn die Maschine in der Zeit zurückspringt, setzt sie zugleich über auf eine andere Scheibe der Raumzeit. In diesem Fall würden Sie um 12:01 Uhr lediglich das Verschwinden Ihrer Zeitmaschine erleben – und Sie würden sie vermutlich nie wiedersehen, es sei denn, Sie hätten schon weitere Zeitsprünge vorprogrammiert. Viele Science-fiction-Autoren bedienen sich dieser Vorstellung von Parallelwelten, um die Widersprüche der Zeitreise zu umgehen. Genau genommen ist natürlich die Reise in eine Parallelwelt keine Zeitreise.

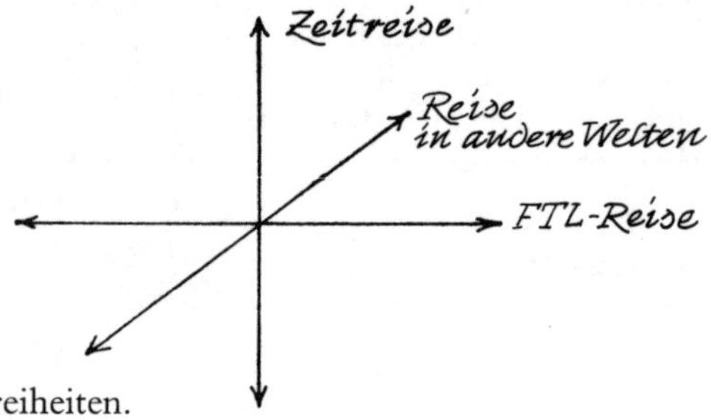

Abb. 172 Die drei Freiheiten.

Hier fassen wir in einem einzigen Diagramm die drei Arten von «Sonderreisen» zusammen, von denen die Science-fiction-Literatur voll ist: Zeitreise, Reise in andere Welten, FTL-Reise. Diese Reisearten entsprechen drei zueinander senkrecht stehenden Bewegungstypen. Die große Popularität solcher Arten des Reisens liegt in dem Versprechen der Befreiung von menschlicher Erdenschwere. Die Zeitreise entreißt uns dem blinden Moloch der Zeit, macht fruchtlose Vergangenheitswehmut überflüssig. Die FTL-Reise befreit uns von der penetranten Tyrannei physischer Distanz, macht das langweilige und beschwerliche Unterwegssein überflüssig. Die Reise in andere Welten enthebt uns des Zwangs, irgendeine feste Position in der Gesellschaft einzunehmen und die Welt so zu nehmen, wie sie ist. Psychologisch gesehen besteht zwischen diesen drei Arten des Reisens kein großer Unterschied – jede bietet einen anderen magischen Ausweg aus dem Hier und Jetzt und Wie. Mit dem Verstand wissen wir, daß wir unser Leben ändern können, wenn wir wirklich wollen: man macht einen Urlaub, man sucht sich einen neuen Job, man verkauft sein Haus und zieht um. Aber ein wirklich tiefgreifender Wandel – das ist schwer. Wieviel einfacher wäre es da, in eine Maschine zu steigen und ein paar Knöpfe zu drücken!

Bislang haben wir nur einen Typ von Zeitreise-Paradoxen betrachtet, das Ja-und-nein-Paradox. Es gibt noch ein anderes, weniger tückisches Zeitreisen-Paradox, die *geschlossene Kausalschleife*. Hier zwei Beispiele:

1. Ein Erfinder werkelt in seinem Labor und versucht eine funktionierende Zeitmaschine zusammenzuschrauben. Plötzlich ein Lichtblitz, und ein Mann aus der Zukunft erscheint, rittlings auf einer nett anzuschauenden Zeitmaschine. «Ich bin Historiker», sagt der Mann aus der Zukunft. «Ich möchte Sie interviewen, da Sie ja der Erfinder der Zeitmaschine sind.» «Aber ich weiß ja noch gar nichts, wie man sie baut», erwidert der Erfinder. «Und ich weiß nicht, ob ich sie je hinbekomme.» «Ja dann», sagt der hilfsbereite Historiker, «schauen Sie sich doch einfach meine an, und bauen Sie sie nach.» Wer erfindet die Zeitmaschine?

2. Im Jahre 1969 findet das kinderlose Ehepaar Goodcheese einen ausgesetzten Säugling vor der Tür, ein Mädchen, das sie Cynthia nennen und wie ihre eigene Tochter aufziehen. Cynthia ist ganz versessen auf Physik und promoviert im Alter von neunzehn Jahren. Sie verliebt sich in Randy Crassman, einen jungen Genetiker, der sich mit Haut und Haaren der Klon-Forschung ergeben hat. Die beiden hoffnungsvollen Nachwuchswissenschaftler werden mit Forschungsstipendien überschüttet. Cynthia konstruiert die erste Zeitmaschine der Welt, und Randy gelingt es, eine ihrer Zellen zu einer exakten Kopie von Cynthia als Säugling heranwachsen zu lassen. Eine konservative Partei kommt an die Regierung und verfügt, das geklonte Kind müsse vernichtet werden. Unter Tränen legt Cynthia das Kind in ihre Zeitmaschine und schickt es ins Jahr 1969 zurück. Wie der Zufall es will, landet das Kind auf der Türschwelle des kinderlosen Ehepaares Goodcheese. Woher kommt Cynthia nun eigentlich?

Abb. 173 Wer kam zuerst?

Verdeutlichen wir das Wesentliche an diesen Fällen durch ein «einfaches» Laborbeispiel. Eines morgens komme ich in mein Labor, mache mir hier und da ein wenig zu schaffen und räume meine Werkbank auf. Um 11:59 Uhr erscheint zu meiner Überraschung eine kleine

Zwei-Minuten-Zeitmaschine vor mir auf dem Tisch. Um zu sehen, ob sie wirklich funktioniert, stelle ich sie so ein, daß sie um 12:01 Uhr um zwei Minuten zurückspringt. Um 12:01 Uhr verschwindet sie.

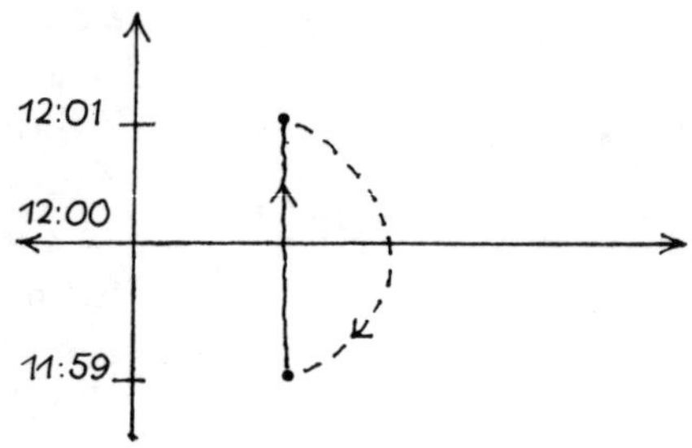

Abb. 174 Eine geschlossene Kausalschleife.

In Abbildung 174 sehen wir die Schleife sehr deutlich. Es gibt hier keinen direkten Widerspruch, aber die Situation ist doch etwas gruselig. Zunächst mag man versucht sein zu denken, daß die kleine Zeitmaschine immer rundherum kreiselt in dieser Schleife. Dieser Versuchung sollte man widerstehen! Nehmen wir den Raumzeit-Standpunkt ein, so zwingt uns nichts zu der Annahme, daß sich hier irgend etwas wirklich bewegt. Es liegt einfach eine geschlossene Schleife vor, ein Zirkel ohne Anfang und Ende.

Die moderne Physik schließt solche geschlossenen Kausalschleifen keineswegs aus. Gemäß der Quantenmechanik ist der «leere Raum» in Wirklichkeit das reinste Gewimmel von Materie/Antimaterie-Schleifen. Dem liegt der Gedanke zugrunde, daß Energie, etwa die Energie eines Photons (Lichtquantums), kurzzeitig in Masse überführt und dann wieder in Energie zurückverwandelt werden kann. Dabei können ein Elektron und ein Positron wie aus dem Nichts entstehen, um dann wieder ineinanderzustürzen und zu verschwinden.

Diesen Vorgang können wir uns deshalb als geschlossene Kausalschleife vorstellen, weil man das Positron manchmal als ein in der Zeit zurückgehendes Elektron interpretiert. Ein Positron ist übrigens ein Teilchen, das in Masse, Spin, Größe und allen anderen Merkmalen – bis auf eines – mit dem Elektron übereinstimmt, und dieses eine ist die Ladung, die zwar bei beiden gleich groß ist, aber beim Elektron negativ und beim Positron positiv. Diese fast gleichen Teilchen werden als Materie/Antimaterie-Paar bezeichnet, denn wenn eines in die Nähe des anderen kommt, löschen sie sich gegenseitig in einem Lichtblitz aus. Diesen Vorgang nennt man *gegenseitige Annihilation*. Erzeugt man andererseits ein Elektron aus dem «Nichts», so entsteht dabei zwangsläufig auch ein Positron. Dieser Prozeß heißt *Paar-Produktion*.

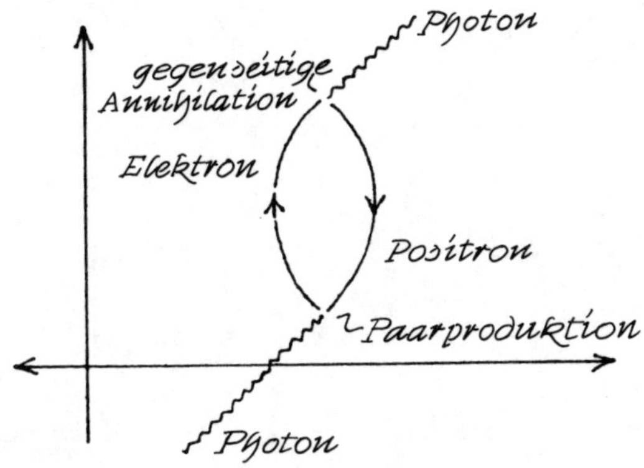

Abb. 175 Eine Figur im Tanz von Masse und Energie.

Was wir hier abgebildet sehen, ist ein recht häufig beobachteter Vorgang. Wenn wir das Bild unter dem Gesichtspunkt des «bewegten Jetzt» betrachten, können wir uns nur wundern, wie Elektron und Positron es so genau fertigbringen, zusammen zu erscheinen und zu verschwinden. Wie der Physiker Richard Feynman sagt, kann man aber auch den Raumzeit-Standpunkt einnehmen und das Positron als ein Elektron betrachten, das in der Zeit rückwärts geht. Da haben wir dann nichts weiter als eine geschlossene Kausalschleife vor uns.

Die Physiker meinen dieses «Rückwärts in der Zeit» allerdings nicht allzu ernst. Es ist mehr eine mathematische Fiktion als ein tatsächliches Phänomen. Kein Physiker rechnet, soweit ich sehen kann, damit, daß man je in der Lage sein wird, mit einem Positronenstrahl Botschaften in die Vergangenheit zu senden. Doch gerät das Denken einmal auf dieses Geleis, dann kann man kaum mehr davon lassen. Wie wäre das wirklich, wenn ein Teil des Lebens rückwärts verliefe? Vor einigen Jahren schrieb ich eine Kurzgeschichte, deren Heldin um eine «Zeitecke» biegt. Hier ist sie, komplett mit Minkowski-Diagramm:

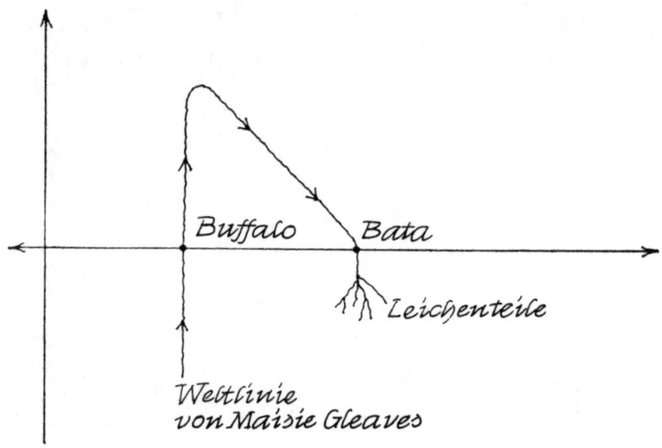

Abb. 176 Diagramm zu «Ein neues Experiment mit der Zeit».

Ein neues Experiment mit der Zeit

Das erste, was die Einwohner von Bata bemerken, ist ein schmieriger Fleck auf der Straße. Ein dicker Mann rutscht darauf aus. Bill Stook kommt mit dem gelben Kleinlaster vorbei, dem mit dem verbeulten Kotflügel, und streut einen Eimer Sand über den Fleck.
Eine Woche später fängt der Fleck an zu stinken. Das Zeug ist dicker geworden und zieht sich zusammen. Es wimmelt von Fliegen. Die Kindergärtnerin verstaucht sich den Knöchel. Schwarze Stöckelschuhe und ein dünnes Sommerkleid.
Wieder kommt Stook vorbei, diesmal mit der Schaufel, aber er kriegt das Zeug nicht ab. Ein paar herumhän-

Eine Intelligenz, welche für einen gegebenen Augenblick alle Kräfte, von denen die Natur belebt ist, sowie die gegenseitige Lage der Wesen, die sie zusammensetzen, kennen würde und überdies umfassend genug wäre, um diese gegebenen Größen einer Analyse zu unterwerfen, würde in derselben Formel die Bewegungen der größten Weltkörper wie die des leichtesten Atoms ausdrücken: nichts würde für sie ungewiß sein und Zukunft wie Vergangenheit ihr offen vor Augen liegen.

Pierre-Simon de Laplace
Philosophischer Versuch über die Wahrscheinlichkeiten, 1812

gende Gestalten, ziemlich weggetreten in ihrem Suff, geben gute Ratschläge und sabbeln von Glatteis und Öllachen. Schließlich streut Stook noch einmal Sand drüber und geht nach Hause.
Im Bogenlampenlicht liegt elliptisch der Fleck, zweieinhalb Meter lang und gut einen Meter breit, quer über beide Fahrbahnen und den Übergang. Klebrige Reifenspuren bilden gerade Linien in beiden Richtungen. Ein Hund hat mitten hinein einen Knochen fallen lassen.

Maisie Gleaves wohnt in Buffalo in einem möblierten Zimmer. Sie ist milchkaffeefarben, trägt roten Lippenstift und einen weihnachtsgrünen Regenmantel. Abends liegt sie im Bett und schaut ihr Bata-High-School-Jahrbuch an. Zwei Jahre ist das jetzt her. Irgendwie wird sie zurückkommen.

Städtische Arbeiter stellen Transparente auf: BATA-STRASSENMARKT-WOCHE. Eine Gruppe von Männern, Ladeninhaber, inspiziert den stinkenden Matschfladen. Einer von ihnen versucht einen Knochen aufzuheben. Seine Finger glitschen ab. Eine unglaubliche Sauerei. Bill Stook wird gerufen, und man droht ihm mit Entlassung.
Er deckt ordentlich Sägemehl drüber und baut drumherum einen Erfrischungsstand. STRASSEN-MARKT-WOCHE. Die Sonne brennt, die Leute wollen Würstchen, bekommen einen leicht fauligen Geruch in die Nase und nehmen lieber noch etwas mehr Senf. Stook schmeißt den Laden und nippt dauernd an einer Whiskyflasche. Der Fladen unter den Füßen federt seltsam.
Ein weißer Sonnenuntergang unter niedrigen Wolken. Sie bauen den Stand ab, und das Sägemehl weht weg. Arm-und-Bein-Mus mit Zahngrieben, grüne Tuchfetzen. Die Reifenspuren sind von der breitgedrückten Leiche verschwunden. Stook wird von der Polizei abgeführt.

Maisie sitzt in einer Imbißhalle und verfolgt das Fernsehprogramm von Buffalo. Ärger in Bata. Sie erinnert sich all der verlorenen Gesichter. Ron. Sie zahlt ihren Tee. Wieder in ihrem Zimmer, starrt sie zwei Stunden lang in den Spiegel. Ihr Bild rückt näher.
Wachen oder Träumen, es ist alles eins jetzt. Keine Grenzen mehr. Etwas nähert sich, streckt sich zu ihr hin, sucht die Verbindung. Sie lebt von Luft und denkt an Bata. Sie wird zurückkehren.

Ganz allmählich gewinnt der Körper seine Gestalt zurück. Die Knochen fügen sich zusammen, und kaum wahrnehmbar kriecht das Fleisch auf sie zurück. Eines Nachts ist das Gesicht fertig. Es zuckt im Dunkeln, niemand sieht es.
Stook ist gegen Kaution auf freien Fuß gesetzt worden. Er sitzt in dem Kleinlaster, den er immer fahren durfte, nur hat er ihn diesmal gestohlen. Seine ganze Wut konzentriert sich auf diese Leiche da auf der Straße. Er prescht auf sie zu, an den Polizisten vorbei, durch die Absperrung. Bremsenquietschen und ein dumpfer Aufprall. Plötzlich ist der verbeulte Kotflügel wieder glatt. Die Leiche geht rückwärts weg.
Stook rennt hinter der dünnen Gestalt her, einer Frau. Sie trippelt rückwärts auf die Bushaltestelle zu und funkelt ihn an. Er holt sie ein, als sie in den Bus nach Buffalo steigt. Er versucht nach ihr zu greifen, aber es geht nicht. Er kann ihre Vergangenheit nicht ändern.

Maisie verläßt ihr Zimmer und geht auf die Straße. Einen Block weiter sieht sie eine milchkaffeefarbene Frau in einem weihnachtsgrünen Mantel dem Bus aus Bata entsteigen. Sie geht rückwärts, diese Frau. Maisie läuft auf sie zu. Die beiden Gestalten verschmelzen und sind nicht mehr. Ein Taxifahrer sieht sie ineinander verschwinden. Für Maisie ist es anders. Sie geht durch den Blitz und weiter die Straße hinunter.
Alles läuft rückwärts. Maisie bewegt sich in der Zeit rückwärts, zurück nach Bata. Der Bus fährt rückwärts an die Stelle heran, wo sie sich selbst aussteigen sah.

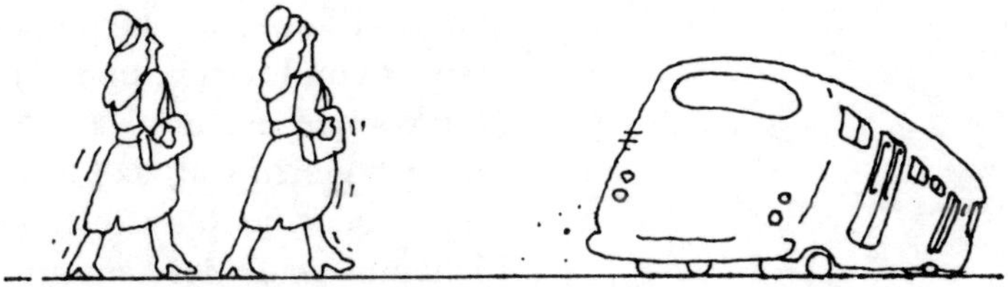

Abb. 177 Maisie Gleaves.

Ohne Fahrschein steigt sie durch die Ausgangstür ein und setzt sich. Sie ist nervös. Der Bus fährt mit über sechzig Sachen rückwärts.
Außerhalb von Bata, als der Bus rückwärts in die Umgehungsstraße einbiegt, fängt der Mann neben ihr an, sie anzustarren. Er brabbelt Unverständliches, redet rückwärts. Sie antwortet trotzdem etwas. Er wendet sich ab und schaut aus dem Fenster. Sie sprach, weil er sprach; er sprach, weil sie sprach. Er klaubt sich einen Kaugummi unter dem Sitz hervor und kaut ihn genüßlich.
Als der Bus von der Hauptstraße abbiegt und rückwärts an der alten Tankstelle vorbeifährt, geht sie zur Tür. Die Tür öffnet sich, und Maisie steigt die Stufen hinunter. Bata. Sie ist froh, so lange gewartet zu haben. Sie wird sich ein Zimmer suchen, und in zwei Jahren ist sie wieder auf der High School. Ron. Diesmal wird sich alles richtig fügen.
Ein kleiner rotgesichtiger Mann verstellt ihr den Weg. Sie gibt ihrem Gesicht einen entschlossenen Ausdruck und geht auf ihn zu. Er weicht zurück, entfernt sich immer schneller. Polizisten stehen um einen Kleinlaster, der mitten auf der Kreuzung hält. Kein Verkehr. Der kleine Mann drückt sich krebsartig in die Fahrerkabine. Nur um ihm Angst zu machen, geht sie ganz zu ihm hin, direkt bis an den Kotflügel. Ein heftiger Stoß. Mit quietschenden Reifen braust der Wagen rückwärts los.

Diese Geschichte war als eine Art Gedankenexperiment gedacht. Sie soll zeigen, daß ein Universum, welches ein anderes Raumzeit-Muster besitzt als den üblichen Mechanismus von Ursache und Wirkung, zumindest *denkbar* ist. Wir können uns nur schwer vorstellen, wie das wirklich vor sich gehen soll, daß Maisie Gleaves um eine Zeitecke biegt, aber eine Raumzeit, die solch eine Ecke besitzt, liegt nicht außerhalb des Denkmöglichen. Deshalb möchte ich im letzten Teil dieses Kapitels den Gedanken erörtern, daß unsere Raumzeit neben dem einfachen Ursache-Wirkung-Prinzip auch noch andere Strukturen enthalten könnte.

Im 19. Jahrhundert herrschte die Anschauung vor, das Universum sei eine Art gigantische Uhr: Vor vielen, vielen Jahren baute Gott, der große Uhrmacher, das ganze Räderwerk zusammen, zog es auf und ging dann seiner Wege. Wäre das Uhrwerk-Universum zu irgendeiner Zeit vollständig bekannt, so könnte man die gesamte Vergangenheit und Zukunft extrapolieren.

Das ist gewiß ein sehr engstirniges und unlebendiges Weltbild. Andererseits kann man verstehen, daß es den Leuten zusagte, denn war Gott erst einmal fertig mit dem Zusammenbauen, dann brauchte er nicht länger herumzulungern und sich in anderer Leute Angelegenheiten zu mischen.

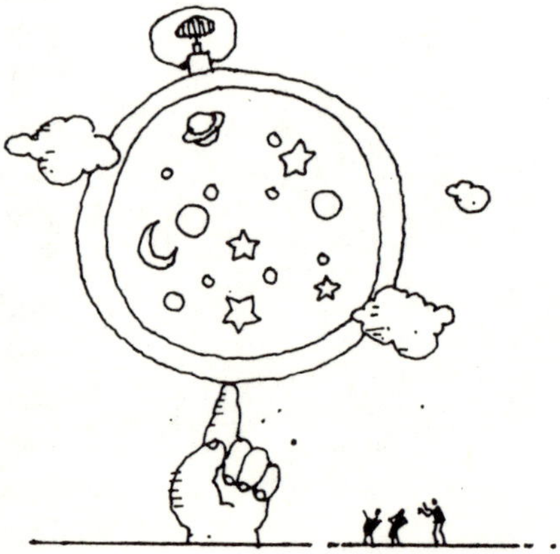

Abb. 178 Das Uhrwerk-Universum.

Als größte Schwäche dieses Uhrwerk-Weltbildes stellte sich mit der Zeit heraus, daß unsere Welt sich wohl doch nicht ganz so deterministisch verhält. Eine bestimmte

Ursache erzeugt nicht immer dieselbe Wirkung. Selbst wenn man den Schnapper an einem Flipperautomaten stets auf exakt dieselbe Länge herauszieht, werden verschiedene Schüsse höchstwahrscheinlich ganz unterschiedliche Punktzahlen erzielen. Solange es eben ging, versuchten die Advokaten des Uhrwerk-Weltbildes solche Variationen auf kleinste Atombewegungen zurückzuführen. Aller scheinbaren Ordnungslosigkeit der Welt, so sagten sie, liegt ein vollkommen gesetzlicher Mechanismus zusammenprallender Atome zugrunde. Mit der Einführung der Quantenmechanik in unserem Jahrhundert haben wir jedoch einsehen müssen, daß selbst das einfachste Atom in seinem Verhalten prinzipiell unberechenbar ist.

Abb. 179 Prinzipiell unberechenbar.

Natürlich sind viele Ereignisse im Universum dennoch durch Ursache und Wirkung verbunden. Aber es stimmt auch, daß vieles geschieht, ohne daß ein realer Grund dafür genannt werden kann. Gäbe es einen Gott, in dessen Hand die Geschicke der Welt liegen, dann wäre es für ihn nicht damit getan, die Welt zusammenzubauen, in Gang zu setzen und dann seiner Wege zu gehen. Er müßte vielmehr alle Fäden in der Hand behalten und stets dafür sorgen, daß sie ein ansehnliches Muster ergeben.

Nun will ich hier gewiß keinen riesengroßen, menschenähnlichen Gott verkünden. Ich möchte vielmehr darauf hinaus, daß wir uns angesichts der Tatsache, daß Ursache und Wirkung nicht die gesamte Struktur der Welt erklären können, nach anderen Gestaltungsprinzipien umsehen sollten. Ich denke vor allem an ein nichtkausales Verbindungsprinzip, das *Synchronizität* genannt wird. Was ist Synchronizität?

Abb. 180 Synchronizität.

Sie lernen ein neues Wort kennen, und in derselben Woche begegnet es Ihnen an drei verschiedenen Stellen. Sie denken an einen alten Schulfreund, den Sie seit Jahren nicht gesehen haben; das Telefon klingelt, und eben dieser Freund ist am Apparat. Sie beschließen, an einer Tagung teilzunehmen in der Hoffnung, dort mit einem gewissen Dr. X. sprechen zu können – und wer sitzt auf dem Weg vom Flughafen in die Stadt vor Ihnen im Bus? Dr. X.

Das Leben ist voll von solchen Fällen des merkwürdigen Zusammentreffens. Manchmal haben wir das Gefühl, daß hier etwas anderes als blinder Zufall am Werk ist. Was aber könnte das sein? Was würde es bedeuten? Läßt sich dieser Mechanismus kontrollieren?

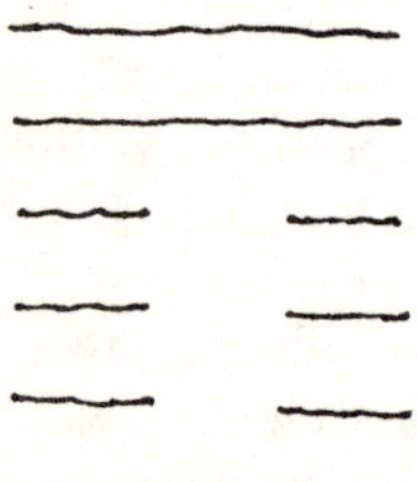

Abb. 181 Das Hexagramm «Die Mehrung».

C. G. Jung begann 1920, den Begriff Synchronizität im Sinne von «nichtkausale Verbindung» oder «sinngemäße Koinzidenz» zu verwenden. Die klarste Formulierung seiner Ideen über Synchronizität findet man in seinem

Es handelt sich bei der Synchronizität nicht um eine philosophische Ansicht, sondern um einen empirischen Begriff, der ein der Erkenntnis notwendiges Prinzip postuliert. Das ist weder Materialismus noch Metaphysik . . .

Die Synchronizität ist nicht rätselhafter oder geheimnisvoller als die Diskontinuitäten der Physik. Es ist nur die eingefleischte Überzeugung von der Allmacht der Kausalität, welche dem Verständnis Schwierigkeiten bereitet und es als undenkbar erscheinen läßt, daß ursachelose Ereignisse vorkommen oder vorhanden sein können. Gibt es sie aber, so müssen wir sie als *Schöpfungsakte* ansprechen im Sinne einer creatio continua, einesteils von jeher, teils sporadisch sich wiederholenden Angeordnetseins, das aus keinerlei feststellbaren Antezedentien abgeleitet werden kann . . .

Sinngemäße Koinzidenzen sind als reine Zufälle denkbar. Je mehr sie sich aber häufen

Vorwort zum *I Ging,* einem uralten chinesischen Weissagungsbuch. Um das *I Ging* zu befragen, werden drei Münzen sechsmal geworfen, und man gelangt auf diese Weise zu einem «Hexagramm», einem Muster aus sechs durchgehenden oder unterbrochenen Linien. Vierundsechzig verschiedene Hexagramme sind auf diese Weise möglich; jedes trägt einen Namen und hat einen zugehörigen Text. Es ist wirklich erstaunlich, wie oft der Rat, den das *I Ging* erteilt, eindeutig und genau für die tatsächliche Situation des Fragenden relevant ist.

Ein Beispiel: Ein junges Ehepaar aus meinem Bekanntenkreis erwartete ein ungeplantes drittes Kind. Sie kamen überein, sich kein drittes Kind leisten zu können, und machten einen Termin für eine Abtreibung aus. Dann stellten sich Zweifel ein, und sie befragten das *I Ging*. Sie warfen das Hexagramm Nummer 42, zu dem der zentrale Text, das «Urteil», so lautet: «Die Mehrung. Fördernd ist es, etwas zu unternehmen. Fördernd ist es, das große Wasser zu durchqueren.» Sie beherzigten diesen Rat und durchquerten das Wasser der Geburt noch einmal. Wirklich aufregend wird diese Geschichte für mich aber erst dadurch, daß kurz darauf Alison Luries Roman *The War Between the Tates* erschien – und dort wird von einem Paar erzählt, das dieselbe Abfolge von Ereignissen durchlebt.

Statistisch gesehen ist eine gewisse Zahl von bemerkenswerten Fällen einer Koinzidenz natürlich einfach zu erwarten. Wenn Sie lange genug Roulette spielen, kommt sicher einmal der Abend, an dem Ihnen einfach alles gelingt. Aber der Normalfall ist doch der, daß man von

Denkakrobatik 10.1

Besäßen Sie die absolute Freiheit, sich räumlich und zeitlich vorwärts und rückwärts zu bewegen, so könnten Sie fast alles nachmachen, wozu ein Hyperwesen fähig ist, das sich *ana* und *kata* bewegen kann. Wie könnten Sie mittels Zeitreise in einen hermetisch verschlossenen Raum eindringen? Wie könnten Sie auf die gleiche Weise jemandem das Abendessen aus dem Magen holen, ohne ihn dadurch im geringsten zu behelligen?

und je größer und genauer die Entsprechung ist, desto mehr sinkt ihre Wahrscheinlichkeit und desto höher steigt ihre Undenkbarkeit, das heißt, sie können nicht mehr als bloße Zufälle gelten, sondern müssen mangels kausaler Erklärbarkeit als Anordnungen aufgefaßt werden.

C. G. Jung
«Synchronizität als ein Prinzip akausaler Zusammenhänge», 1952

den Leuten, an die man gerade denkt, eben nicht angerufen wird. Was soll denn an dem einen Fall, wo es doch geschieht, so überraschend sein?

Abb. 182 Nicht alle Vorahnungen bewahrheiten sich.

Bei der Beobachtung einer Koinzidenz dürfte auch ein gewisses Maß an Autosuggestion eine Rolle spielen. Wenn ich zum Beispiel den Arm eingegipst in der Schlinge trage, steht der Gips ziemlich weit im Vordergrund meiner Aufmerksamkeit. Überall fallen mir plötzlich Leute mit eingegipsten Gliedmaßen auf. Ist das Synchronizität oder einfach Zeugnis meines veränderten Augen-

Abb. 183 Man bemerkt Leute, die aussehen wie man selbst.

merks? Vermutlich sind ständig viele Leute mit Gipsarm unterwegs, und ich habe sie bloß nie bemerkt.

Immerhin könnte dieses letzte Beispiel den Ansatz zu einer Interpretation der Synchronizität enthalten. Nach den Aussagen der Quantenmechanik ist die erfahrene Wirklichkeit das Produkt der Wechselwirkung zwischen der phänomenalen Welt und der Subjektivität des Beobachters. Für Jung ist diese Wechselwirkung von fundamentaler Bedeutung für die Synchronizität, die mehr bedeutet als eine bloß zufällige Koinzidenz, und zwar eine eigentümliche Interdependenz nicht nur der objektiven Ereignisse untereinander, sondern auch zwischen diesen objektiven Ereignissen und den psychischen Zuständen des Beobachters. Bestimmt also unsere Geistesverfassung, was uns widerfährt?

Eine sehr hübsche Illustration der Synchronzität gibt es in Steven Spielbergs berühmtem Film *E. T.* E. T. («Extra-Terrestrier») ist ein allerliebstes koboldartiges Wesen, das mit einem zehnjährigen Jungen namens Elliot Freundschaft schließt. E. T. scheint übersinnliche Kräfte zu besitzen, und es entsteht eine Verbindung zwischen seinem und Elliots Geist. Einmal sieht sich E. T. einen romantischen Abenteuerfilm im Fernsehen an, während Elliot in der Schule ist und sich mit seiner Angebeteten streitet. Plötzlich synchronisieren sich die beiden Bilder – Elliot und das Mädchen, Held und Heldin –, und als der Held die Heldin im Fernsehspiel küßt, da küßt auch Elliot sein Mädchen im Klassenzimmer. Hat das, was E. T. im Fernseher sieht, sich auf Elliot übertragen? Oder wäre es besser zu sagen, Elliot und E. T. gehören zu ein und demselben System, in dem sich dieselbe Erfahrung auf verschiedene Weisen manifestiert?

Die erste Annahme würde bedeuten, daß E. T. über eine Art «Geiststrahl» verfügt, der über eine «normale» Ursache-Wirkung-Kette das Geschehen in Elliots Klassenzimmer beeinflußt. Die zweite Betrachtungsweise dieser Koinzidenz läßt uns eher an eine nichtkausale Harmonie zwischen Elliots und E. T.'s Verhalten denken.

In diesem gänzlich fiktiven Film trifft natürlich die zweite Anschauung zu. Elliot und E. T. machen dieselbe

Erfahrung, weil der Regisseur es so will. Er legte den Film so an, daß er diese Synchronizität enthalten muß.

Filme und Romane enthalten im allgemeinen mehr Fälle einer solchen Koinzidenz als das normale Leben. Diese synchronischen Elemente bilden eine Art «horizontale» Struktur ergänzend zur «vertikalen» Struktur der Handlungsentwicklung. Nach diesem Muster können wir uns die Synchronizitäten der Welt als horizontale Raumzeit-Strukturierung denken und die Gründe für die Existenz dieser Struktur als künstlerisch.

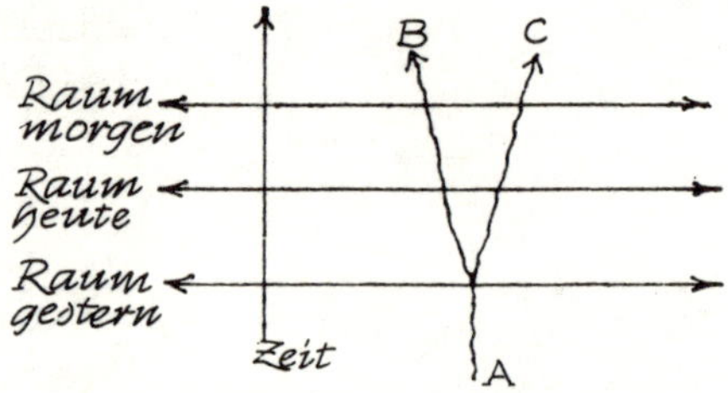

Abb. 184 Eine gemeinsame Ursache.

Lassen Sie mich diese «horizontal/vertikal»-Unterscheidung anhand zweier Raumzeit-Diagramme verdeutlichen. In Abbildung 184 sehen wir ein Objekt A, das sich gestern in die beiden Objekte B und C spaltete, welche sich nun voneinander entfernen. A mag zum Beispiel eine Amöbe sein, die sich in die beiden identischen Amöben B und C teilt. B und C sind identisch, bilden aber dennoch keine Synchronizität, denn wir können sie beide auf ihre gemeinsame Ursache, die Mutterzelle A, zurückführen.

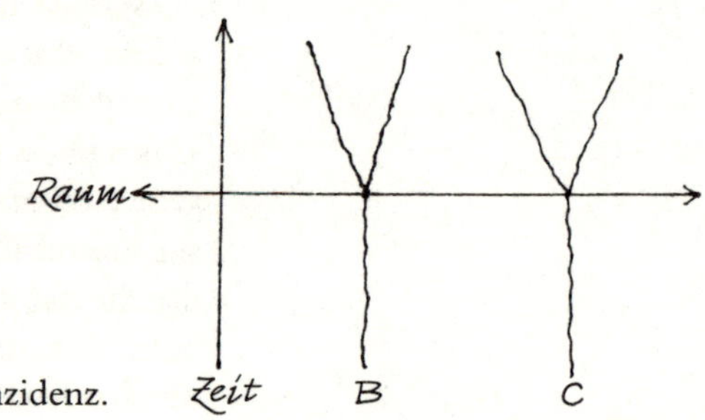

Abb. 185 Eine Koinzidenz.

Abbildung 185 zeigt dagegen ein synchronisches Geschehen. Hier haben wir zwei voneinander entfernte Objekte B und C, die sich exakt zur selben Zeit teilen. Die Spaltung von B ist nicht die Ursache für die Spaltung von C und umgekehrt.

Der Gedanke, auf den wir abzielen, lautet: Ursache und Wirkung können als vertikale Strukturierung der Raumzeit betrachtet werden, während Synchronizität eine horizontale Strukturierung darstellt. Ursache und Wirkung führen zu Verzweigungsmustern in der Zeit; Synchronizität arrangiert diese Muster im Gleichtakt. Wo beide Strukturierungskräfte am Werk sind, findet man jene komplexen Ereignismuster, die für alles Lebendige charakteristisch sind.

Abb. 186 Ursache-Wirkung und Synchronizität.

Liegt es nicht auf der Hand, daß ein wirklich erstklassiges Universum beide Arten der Raumzeit-Strukturierung aufweisen muß? Ich will also sagen, daß es in unserer Welt Synchronizität gibt, weil es eine schöne und interessante Welt ist. Aber wo kommt die Synchronizität her? Wer hat all diesen tiefen Sinn erdacht?

Manch einer wird vielleicht antworten, Gott habe das getan. In der Tat geht ja der sogenannte teleologische Gottesbeweis, eine der sechs Hauptarten scholastischer Gottesbeweise, von der Zweckmäßigkeit und Ordnung der Welt aus und schließt von daher auf die Existenz eines allweisen Weltbaumeisters oder «Künstler-Gottes». Doch solche Schlußfolgerungen sind nicht zwingend notwendig. Nach der quantenmechanischen Weltanschauung sind wir selbst es, die die Welt erschaffen, Ereignis für

Ereignis, Moment für Moment. Das Universum ist also in gewissem Sinn ein von seinen Gestalten geschriebenes Buch, ein Traum, den dessen eigene Phantome träumen.

Dennoch: Weshalb gibt es im Universum diese alles übergreifende Kohärenz und die Synchronizität? Merkwürdigerweise ist in der Quantentheorie nicht nur Platz für Synchronizität – sie wird geradezu *gefordert*. Diese erst in den siebzier Jahren gewonnene Einsicht wurde inspiriert durch das sogenannte Einstein-Podolsky-Rosen-Paradox von 1935.

Das EPR-Paradox entwickelt sich folgendermaßen: Die Quantenmechanik sagt voraus, daß zwei Teilchen, die einmal nah beieinander waren, sich weiterhin *ohne Zeitverzögerung* beeinflussen, wie weit sie auch voneinander entfernt sein mögen. Aus Einsteins Relativitätstheorie wissen wir aber, daß kein Signal schneller als Licht sein kann. Wenn wir Abbildung 185 noch einmal betrachten, so wird deutlich, daß eine plötzliche Änderung in B unmöglich eine synchrone Veränderung in C *bewirken* kann, da kein Signal ohne Zeitverzögerung von B nach C gelangen kann. Für die Einsteinsche Sicht war dies ein Paradox. B und C zeigen synchrones Verhalten, obwohl sie nicht in der Lage sind, zur Harmonisierung ihres Verhaltens Signale auszutauschen.

Einstein war in gewisser Weise doch ein sehr deterministischer Denker. Synchronizität war ihm ein zu spukhaftes Phänomen, als daß man es in die Physik aufnehmen konnte. Er versuchte sich an den Schlußfolgerungen aus dem EPR-Pradox vorbeizudrücken und postulierte «verborgene Variablen» – kleine innere Zeitschaltuhren sozusagen, die die verborgene Ursache für die gleichzeitige Zustandsveränderung von B und C abgeben mußten.

Wenn A, B und C Amöben sind, ist diese Anschauung richtig. Wenn A die Mutterzelle von B und C ist, stellt die gleichzeitige Reifung von B und C keine Synchronizität dar. Wenn zwei Blumen gleichzeitig aufblühen, ist das nicht Synchronizität, sondern Ausdruck einer für beide Pflanzen gültigen verborgenen Ursache: ihrer gemeinsamen Abstammung und der darin wirksamen biologischen Uhr. Die Amöben B und C entwickeln sich im selben Milieu synchron, weil sie in ihrem Erbmaterial identisch sind. Einstein meinte nun, selbst wenn B und C etwas so Einfaches wie Elementarteilchen wären, besäßen sie eine innere Struktur, eben die verborgenen Variablen, auf die man ihr synchrones Verhalten zurückführen müsse.

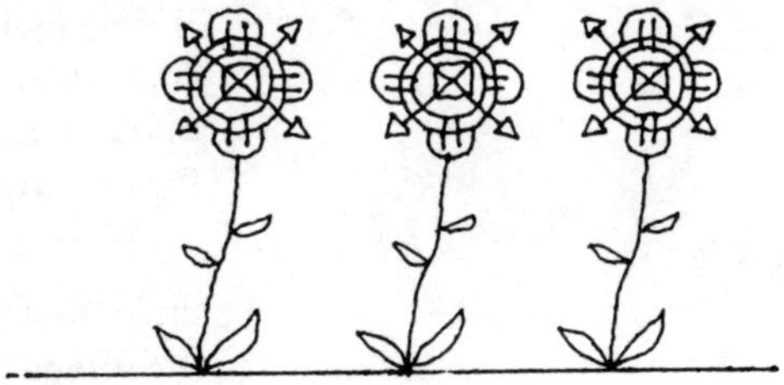

Abb. 187 Eine verborgene gemeinsame Ursache.

Solche verborgenen Variablen sind nicht direkt zu beobachten. 1964 entwickelte jedoch der Physiker John S. Bell ein Experiment, mit dem er das Vorhandensein verborgener Variablen statistisch überprüfen konnte. In den siebziger Jahren wurden solche Experimente an verschiedenen Universitäten durchgeführt, und dabei konnte bestätigt werden, was die Quantenphysiker schon immer gesagt hatten: Es gibt keine verborgenen Variablen für das synchrone Verhalten weit voneinander entfernter Teilchen. Es gibt für dieses Phänomen überhaupt keine Erklärung.

Das also ist letztlich das Wesen der Synchronizität: Die Welt, in der wir leben, ist von Harmonien und Fällen von Koinzidenz erfüllt, für die es keine Erklärung in den

Denkakrobatik 10.2

Die spezielle Relativitätstheorie besagt, daß es unmöglich ist, irgendeinen Ort im Raum bleibend zu markieren. «Genau hier, letzte Woche» hat mit anderen Worten keine absolute Bedeutung. Inwiefern würde die Existenz einer Zeitmaschine dieser Annahme zuwiderlaufen?

Begriffen von Ursache und Wirkung gibt. Es ist müßig, nach verborgenen oder gar okkulten Kräften zu suchen. Die Welt ist ein Gegebenes – sie ist, wie sie ist, voller Ursache und Wirkung und voller Synchronizität.

Manche Leute glauben dieser neuen Entwicklung entnehmen zu können, daß solche einstmals übernatürlichen Dinge wie Telepathie und Psychokinese damit ihre naturwissenschaftliche Weihe empfangen haben. Dem ist nicht so. Um das zu verstehen, müssen wir uns zunächst klarmachen, was man eigentlich unter Telepathie und Psychokinese versteht.

Wenn ich medial veranlagt bin, so lautet die Grundannahme, brauche ich meinem Denken nur eine bestimmte Richtung zu geben und kann dann die Welt um mich her verändern. Telepathie bedeutet nun insbesondere, daß ich anderen Menschen auf direktem Wege meine Gedanken übermitteln kann, und Psychokinese ist die Fähigkeit, Dinge mittels medialer Kräfte zu bewegen.

In gewisser Weise – und diese Tatsache ist wohl zu offensichtlich, als daß sie bemerkt würde – verfügen wir

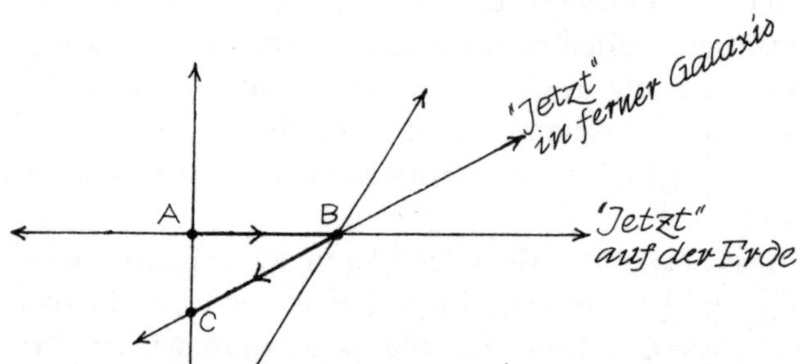

Schneller als Licht, langsamer als die Zeit

Denkakrobatik 10.3

Dieses Bild illustriert, wie eine FTL-Reise zu einer Zeitreise in die Vergangenheit werden kann. Der Weg des Reisenden führt von A über B nach C, wobei B ein Ereignis auf der Weltlinie einer fernen Galaxis ist, die sich mit halber Lichtgeschwindigkeit von der Erde fortbewegt. Wie lassen sich die Wege AB und BC als reine FTL-Routen erklären?

alle über telepathische und psychokinetische Kräfte, denn in all unserem Tun klafft irgendwo eine Lücke, in der Gedanken auf unerklärliche Weise in äußeres Geschehen umgemünzt werden und umgekehrt. Ich habe einen Gedanken, ich spreche mit Ihnen darüber, und plötzlich haben Sie denselben Gedanken! Ich möchte, daß bestimmte Worte auf dem Blatt Papier vor mir erscheinen, ich trage meinen Fingern auf, sich zu bewegen, und die Worte erscheinen! Ich wünsche, daß mein Körper sich ins Nebenzimmer bewegt, erteile entsprechende Weisungen an mein Beine – und bin im Nebenzimmer! Wie wunderbar! Was brauchen wir Telepathie, wenn wir doch Telephone haben? Was soll uns Psychokinese, wenn wir doch Hände haben? Was ist an Teleportation eigentlich so viel besser als an Flugzeugen?

Aber man möchte ja immer gern über das hinaus, was man hat. Ein leicht veraltetes Modell übernatürlicher Phänomene schreibt unserem Gehirn die Fähigkeit zu, geheimnisvolle Strahlen auszusenden, mit denen wir auf die Welt um uns her einwirken. Aber wenn es solche Strahlen gäbe, wären sie doch sicher nichts grundsätzlich anderes als Radiowellen und damit letzten Endes wissenschaftlich erforschbar. Man möchte aber gern, daß übernatürliche Phänomene, wenn es sie denn gibt, eben übernatürlich und der normalen Naturwissenschaft nicht zugänglich sind.

Die wichtigste Erwartung hinsichtlich solcher Phänomene scheint mir aber die zu sein, ohne Zeitverzögerung und ohne einen Vermittlungsprozeß von Ursache und Wirkung auf äußere Objekte einwirken zu können. Kaum erscheinen die Falten der Konzentration auf der Stirn des

Denkakrobatik 10.4

FTL-Reise, sagten wir, führt zu Zeitreise. Aber Zeitreise führt umgekehrt auch zu FTL-Reise. Wenn wir eine Rakete und eine Zeitmaschine hätten, wie könnten wir dann unsere Raumsonde durch die ganze Galaxis schicken und doch am gleichen Tag zurückbekommen?

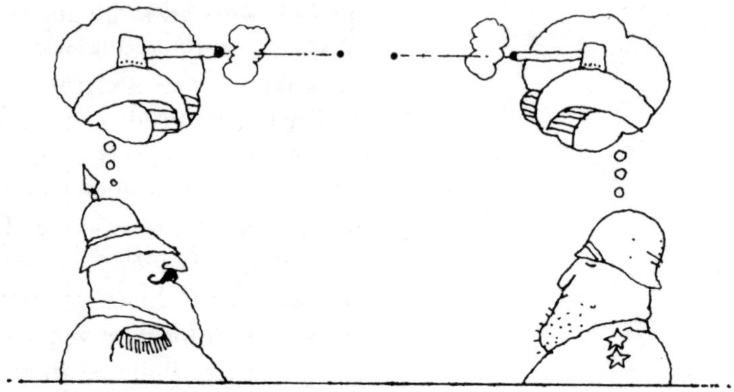

Abb. 188 Die CIA finanziert Forschungen für «psychotronische Kriegführung».

Magiers, da explodiert am anderen Ende der Galaxis ein Stern zur Supernova. Von Telepathie und Psychokinese wird angenommen, daß sie schneller als Licht wirken, sozusagen horizontal quer durch die Raumzeit.

Nun haben die neuen Quantenexperimente erhärten können, daß es – zumindest auf der Ebene einzelner Teilchen – signifikante nichtkausale Korrelationen zwischen bestimmten Ereignissequenzen gibt. Experimentanordnungen dieser Art bestehen grundsätzlich aus einer Energiequelle und zwei Teilchendetektoren an entgegengesetzten Enden des Versuchsraums. Jeder der beiden Detektoren registriert seine «ja oder nein»-Messungen,

Denkakrobatik 10.5

Wäre die Zeit selbst zu einem gigantischen Kreis gekrümmt, so dürfte man erwarten, bei einer «Rundreise» um den Zeitkreis irgendwo auf die Vergangenheit zu stoßen. Denkt man jedoch über solch ein Universum mit kreisförmiger Zeit nach, so stößt man auf seltsame Probleme. Nehmen wir an, Sie bauten eine sehr haltbare Funkpeilstation und setzten sie im erdnahen Raum aus. Könnte diese Station so lange halten, bis sie die ganze Zeit umrundet hat? Wenn ja, wie viele weitere Stationen würden Sie dann entdecken, wenn Sie diese ausgesetzt haben? Was wäre, wenn Sie beschlössen, Ihre Funkbake nur dann auszusetzen, wenn da draußen nicht schon andere sind?

und betrachtet man die Ergebnisse einzeln, so scheinen sie irgendein Zufallsmuster wiederzugeben; hält man sie jedoch nebeneinander, so zeigt sich ein erstaunliches Maß an Übereinstimmung. Das heißt aber nicht, daß die eine Meßreihe die andere beeinflußt oder bestimmt. Zwei verschiedene Regionen des Raums können in einer durch kein Medium vermittelten Harmonie sein, und es wäre dann sinnlos zu sagen, die Ereignisse in der einen Region *verursachten* die Ereignisse in der anderen.

Der große Unterschied zwischen Telepathie und Synchronizität besteht darin, daß Synchronizität frei bleibt von allen Anmaßungen willentlicher Kontrolle. Der Magier furcht die Braue, und gleichzeitig mag ein Stern explodieren – aber es wäre töricht zu sagen, der Stern verursache die Falten auf der Stirn des Magiers oder der Magier lasse den Stern explodieren. Synchronizität geschieht einfach.

Stellen wir uns eine Synchronizität auf der menschlichen Ebene vor. Bob und Donna sind zwei Liebende, die vom unergründlichen Ratschluß des Schicksals getrennt wurden. Sie denken oft aneinander und schreiben sich in den ersten Monaten noch Briefe. Eines Tages bekommt Bob zufällig wieder mal sein altes Exemplar von Tom Wolfes *The Electric Kool-Aid Acid Test* in die Hand. Während er liest, wird im Radio zufällig «Magic Man» von der Gruppe Heart gespielt. Kurz, Bob vertreibt sich die Zeit, so gut er kann.

Denkakrobatik 10.6

Wir haben anhand einiger Beispiele erörtert, welche Paradoxe aus der Möglichkeit, in die Vergangenheit zu reisen, entstehen. Aber schon die *Kommunikation* mit der Vergangenheit würde zu Paradoxen führen. Nehmen wir etwa an, ich besäße ein magisches Telefon mit folgenden Eigenschaften: Wenn ich den Hörer abnehme und 1 wähle, läutet das magische Telefon eine Stunde früher. Höre ich es läuten, dann kann ich beim Abnehmen damit rechnen, die Stimme meines künftigen Ich zu hören. Wenn ich nun aber um neun Uhr beschließe, um elf nur dann die 1 zu wählen, wenn ich um zehn keinen Anruf erhalten habe, was dann?

In der nächsten Woche erhält er einen Brief von Donna: «Hast Du übrigens schon mal ‹Magic Man› von der Gruppe Heart gehört? Paßt zu Dir. Letzte Woche habe ich ein Buch gelesen, das heißt *The Electric Kool-Aid Acid Test*. Kennst Du das? Darin kommt ein Mädchen namens Mountain Girl vor. Sie und Kesey reden manchmal stundenlang miteinander; er versteht sie besser als jeder andere; beim Lesen mußte ich an Dich & mich denken.»

Abb. 189 Bob und Donna.

Was soll der arme Bob nun davon halten. Liest Donna seine Gedanken? Beeinflußt sein Verhalten Donnas Gedanken? Beide leben die zufälligen Ereignisse ihres Lebens, wie sie ihnen gerade begegnen. Doch diese beiden Leben liefen einmal so nah nebeneinander her, daß immer noch Korrelationen zwischen ihnen bestehen.

Das hier ist eben wirklich ein erstklassiges Universum. Es ist voller symbolischer Ereignisse, tiefer Bedeutungen und inhaltsschwerer Fälle von Koinzidenz. Es gibt Phänomene, die manche Leute mangels besserer Ausdrücke als Telepathie bezeichnen. Aber es gibt einen besseren Ausdruck: Synchronizität. Das Wort «Telepathie» enthält den Gedanken, eine Koinzidenz willentlich herbeiführen zu können. Aber belehrt das Leben nicht jeden von uns immer wieder darüber, daß wir es nie ganz «in den Griff bekommen» werden? Telepathie ist eine Wahnvorstellung; Synchronizität ist die Realität des Lebens. Wir brauchen die Dinge nicht unter *einen* Hut zu bringen. Sie sind schon drunter.

11. Was ist die Wirklichkeit?

Wenn wir alle vorgefaßten Anschauungen beiseite lassen, was wäre dann das vernünftigste Modell, das wir uns von der Welt machen können?

Nur zwei Dinge scheinen wirklich gewiß zu sein: Man existiert, und man hat Wahrnehmungen. Ich könnte eine Maschine aus Fleisch sein, eine Seele, ein Auge Gottes, eine Ideenkollektion und was nicht noch alles – mit Gewißheit weiß ich jedenfalls, daß ich existiere. Ich bin das, was diese Worte schreibt. *Ihnen* mag es natürlich fraglich erscheinen, ob ich real bin – vielleicht träumen Sie nur, dieses Buch zu lesen –, aber Sie zweifeln nicht daran, daß Sie selbst existieren.

Abb. 190 Was ist die Wirklichkeit?

Daß man Erfahrungen macht, ist ebenfalls gewiß; oder etwas vorsichtiger gesagt, wir bezweifeln nicht, daß wir Wahrnehmungen haben. In der klassischen Physik ging man davon aus, daß Wahrnehmungen durch Objekte im

Abb. 191 Unmittelbare Wahrnehmungen.

dreidimensionalen Raum verursacht werden. Das erweist sich aber bei näherer Betrachtung als eine ziemlich willkürliche Annahme.

Für meine Wahrnehmung besteht die Welt nicht einfach aus Dingen, die alle in gleicher Weise gegeben sind: sie sind mir nicht jederzeit alle gleich präsent. Die Welt meiner unmittelbaren Wahrnehmung ist ein einziges Sammelsurium: das Zischen des Heizkörpers, ein schlechter Geschmack im Mund, ein Schmerz in der Hüfte, das Rot meiner Schreibmaschine, das Klappern der Typen, das perlgraue Schimmern am Himmel, die Brille auf meiner Nase, nebenan das Tropfen des Regenwassers von der Zimmerdecke, Vögel am Himmel, Reifengeräusche auf der Straße, Buchrücken im Regal – jetzt dies, jetzt das, Wahrnehmungsragout. *Die* Wirklichkeit, das ist ein Hirngespinst. Denn konzentriere ich mich jetzt auf meinen Gedankengang, sind Himmel, Regen, Autos verschwunden. Wäre es nicht vernünftig zu sagen, daß sie in diesem Augenblick gar nicht existieren? Muß denn jeder einzelne ein Atlas sein, der die ganze Welt auf den Schultern trägt?

Der irische Philosoph George Berkeley (1685–1753) vertrat eine idealistische Philosophie, die *Immaterialismus* genannt wird. Jorge Luis Borges macht uns Berkeleys Anschauungen besonders deutlich in seinem Essay «Neue Widerlegung der Zeit»:

> Berkeley leugnete die Materie. Das heißt, wohlgemerkt, nicht etwa, daß er die Farben, die Gerüche, die Geschmacksqualitäten, die Klänge, die Tastqualitäten leugnete; was er leugnete, war, daß es außer diesen Wahrnehmungen, die die äußere Welt darstellen, etwas Unsichtbares, Untastbares gebe, das sich Materie nennt. Er leugnete, daß es Schmerzen gebe, die keiner fühlt, Farben, die niemand sieht, Formen, die niemand berührt. Er vertrat den Gedanken, daß der Welt der Wahrnehmung eine Materie hinzuzufügen soviel bedeutet, wie der Welt eine unbegreifliche, überflüssige Welt hinzuzufügen. Er glaubte an die erscheinende Welt, die unsere Sinne erstellen, und hielt dagegen die materielle Welt für eine illusorische Verdoppelung.

Abb. 192 «Kein elementares Phänomen ist ein Phänomen, bis es ein beobachtetes Phänomen ist.»

Aber es ist doch, sagt ihr, gewiß nichts leichter, als sich vorzustellen, daß z. B. Bäume in einem Parke oder Bücher in einem Kabinett existieren, ohne daß jemand sie wahrnimmt. Ich antworte: es ist freilich nicht schwer, dies vorzustellen, aber was, ich bitte euch, heißt dies alles anders, als in eurem Geiste gewisse Ideen bilden, die ihr Bücher und Bäume nennt, und gleichzeitig unterlassen, die Idee von jemand, der dieselbe percipiere, zu bilden? Aber percipiert oder denkt ihr selbst denn nicht unterdes eben diese Objekte? Dies führt also nicht zum Ziel; es zeigt nur, daß ihr die Macht habt, zu erdenken oder Vorstellungen in eurem Geiste zu bilden; aber es zeigt nicht, daß ihr es als möglich begreifen könnt, daß die Objekte eures Denkens außerhalb des Geistes existieren.
George Berkeley
Abhandlung über die Prinzipien der menschlichen Erkenntnis,
1710

Kaum zu glauben, daß dieses scheinbar so abwegige Weltbild ausgerechnet von der modernen Physik wiederentdeckt wurde. John Wheeler, einer der großen alten Männer der heutigen Physik, drückt dasselbe so aus: «Kein elementares Phänomen ist ein Phänomen, bis es ein beobachtetes Phänomen ist.» Damit möchte Wheeler zum Ausdruck bringen, daß die Quantenmechanik die alte Anschauung zunichte macht, das Universum sei irgendwo «da draußen» und wir säßen ihm gegenüber, um es zu beobachten. Welche Fragen man stellt und in welcher Reihenfolge ist entscheidend für die Antworten, die man erhält, und für das Weltbild, das man darauf errichtet.

Ich möchte jetzt ein Modell der Wirklichkeit entwerfen, welches sich auf den Gedanken gründet, daß alles Existierende nur als Wahrnehmung seiner Beobachter existiert. Das Weltbild aus drei Raumdimensionen plus einer Zeitdimension ist nur eine unter vielen anderen Möglichkeiten, unsere Wahrnehmungen zu organisieren. Wir können unsere Gedanken und Eindrücke nicht nur anders organisieren – wir tun es sogar. Gedanken und Erinnerungen, die mit «Ernährung» zu tun haben, bilden beispielsweise ein Gebiet, das nach vielerlei Kriterien gegliedert ist, und diese Kriterien können wir als Achsen eines Koordinatensystems auffassen. Da haben wir die Achsen wohlschmekkend/übelschmeckend, süß/sauer, roh/gegart, mein/nicht-mein, hausgemacht/gekauft, kalt/heiß, rot/grün und unendlich viele andere.

Wenn wir also Empfindungen und Gedanken als das Primäre betrachten, gibt es keinen Grund, uns auf drei Raum- und eine Zeitdimension zu beschränken, die nichts weiter leisten als die abstrakte Beschreibung der Bewegungen von leblosen Objekten. An jedem Objekt, das Sie sehen, ist doch das Interessanteste, woran es Sie erinnert, was Sie fühlen, wenn Sie es sehen, was Sie über seine Vergangenheit wissen und so weiter. Wenn wir ernsthaft versuchen, die Welt so zu beschreiben, wie wir sie tatsächlich erleben, wird sie unendlich viel komplizierter als jedes drei- oder vierdimensionale Bild. Wir spüren, daß wir um so mehr finden werden, je tiefer wir in die Natur der

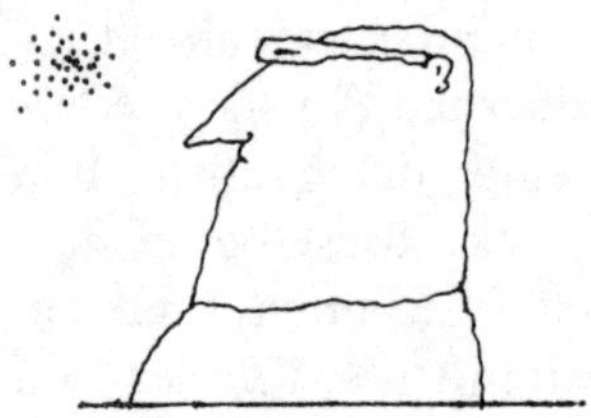

Abb. 193 Atom-Muster.

Dinge eintauchen. Die Welt ist keineswegs begrenzt; sie ist unerschöpflich reich.

Der herkömmliche wissenschaftliche Ansatz besteht darin, sensorische Phänomene wie Farbe und Wärme als Raumzeit-Muster von Atomen zu erklären. Aber wer hat je ein Atom gesehen? Bestenfalls sieht man auf einem elektronenmikroskopischen Foto eine Art körnigen Fleck. Und unsere *Erfahrung* beim Anblick eines solchen Fotos beinhaltet ja einen ganzen Fächer sensorischer Phänomene wie Farbe, Helligkeit und dergleichen. Materie mag wohl dazu taugen, unsere Wahrnehmungen zu *erklären,* aber unsere Wahrnehmungen sind es, die uns Materie überhaupt erst einmal vergegenwärtigen.

Ich schlage also vor, unsere mentalen Erfahrungen nicht mehr anhand winziger, im dreidimensionalen Raum zu Mustern arrangierter Objekte zu interpretieren. Nehmen wir lieber unsere wirklichen Gedanken und Empfindungen als die wahrhaft fundamentalen Gegebenheiten. Und denken wir uns jetzt jede Art von wahrgenommener Verschiedenheit oder Varianz als eine Dimension. Für jede Frage, die man stellt, gibt es je nach Objekt und den Umständen ein ganzes Kontinuum möglicher Antworten. Wir nehmen nun jedes dieser Kontinua als eine Achse im *wahren* Raum, dem Raum unserer *Wahr*nehmungen.

Wie nennen wir diesen Raum? *Faktenraum* klingt gut. Jede Art von Gegebenheit ist ein Klümpchen im Koordinatensystem des Faktenraums. Je genauer die Position einer Gegebenheit auf einer Achse angegeben wird, desto kleiner ist ihr Querschnitt in der Richtung dieser Achse. Besitzt sie vage oder unbestimmte Eigenschaften, so erscheint ihr Querschnitt auf den entsprechenden Achsen unscharf oder verwischt. Die Welt – die Gesamtheit aller Gedanken und Objekte – erscheint als ein über den gesamten Faktenraum ausgebreitetes Muster.

Was ist das für ein Muster? Schauen wir uns zunächst

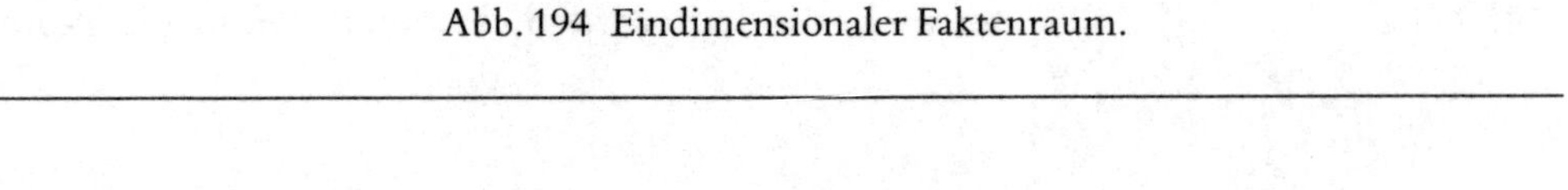

Abb. 194 Eindimensionaler Faktenraum.

Sie wissen ja noch, wie das geht – einer der Anwesenden wird aus dem Wohnzimmer geschickt, und die anderen einigen sich auf ein Wort, das er dann erfragen muß, wobei nur mit «Ja» und «Nein» geantwortet wird. «Ist es etwas Lebendiges?» «Nein.» «Ist es hier auf der Erde?» «Ja.» So gehen die Fragen von einem zum anderen reihum, bis der Begriff sich allmählich herauskristallisiert: Wer mit bis zu einundzwanzig Fragen auskommt, hat gewonnen, andernfalls verloren.

Dann sind wir plötzlich selbst an der Reihe. Wir werden ausgesperrt, endlos lange, wie es scheint. Bei der Rückkehr ins Zimmer finden wir ein verschmitztes Lächeln auf allen Gesichtern: Irgendwas ist im Busch. Wir fangen ganz harmlos an zu fragen. Anfangs kommen die Antworten rasch, dann dauert es immer länger – seltsam, wo doch nur mit «Ja» und «Nein» geantwortet wird. Die Spur wird heiß, und endlich fragen wir: «Ist es ‹Wolke›?» «Ja», kommt die Antwort, und alles prustet los. Als wir auf dem Flur waren, so stellt sich heraus, hatten sie beschlossen, gar kein bestimmtes Wort zu wählen. Jeder im Kreis konnte auf jede gestellte Frage ganz nach Belieben mit «Ja» oder «Nein» antworten; er mußte dabei aber ein Wort im Sinn haben, das zu seiner Antwort – und zu allen vorangehenden – stimmte ...

In der realen Welt der

wieder ein niederdimensionales Beispiel an: ein Linienland, das von zwei Punkten bewohnt wird. Nehmen wir an, die Punkte seien in Ruhe und so einfach, daß nichts weiter über sie auszusagen ist als ihre Position. Wenn ihre exakte Position aus irgendeinem Grund ungewiß ist, erscheinen sie uns verwaschen, etwa wie ein Lichtfleck, der im Zentrum ganz hell ist und zum Rand hin verblaßt.

Tatsächlich gibt es zwischen den Dingen keine exakt absteckbaren Grenzen. Im Rahmen unseres Modells können wir diesen Umstand so darstellen, daß keine Stelle zwischen A und B *vollkommen* dunkel ist. Die ganze Linie ist schwach erleuchtet, aber die beiden Helligkeits-Maxima betrachten wir als wohlunterschiedene Punkte.

Sobald wir annehmen, daß die Punkte außer ihrer Position noch andere Eigenschaften besitzen, gewinnt der Faktenraum weitere Dimensionen hinzu. Nehmen wir etwa an, daß sie verschiedene Temperaturen und Stimmungen haben können, so gelangen wir zu einem Faktenraum, wie er in Abbildung 195 dargestellt ist. Wir sehen, daß A sich östlich von B befindet und B zwar kälter als A ist, dafür aber bei besserer Laune. Bemerken Sie übrigens, daß die Ungewißheit über die exakte Stimmung von A und B größer ist als die Ungewißheit über ihre Temperatur? Aber halt! Für *wen* sind eigentlich diese Dinge mehr oder weniger ungewiß?

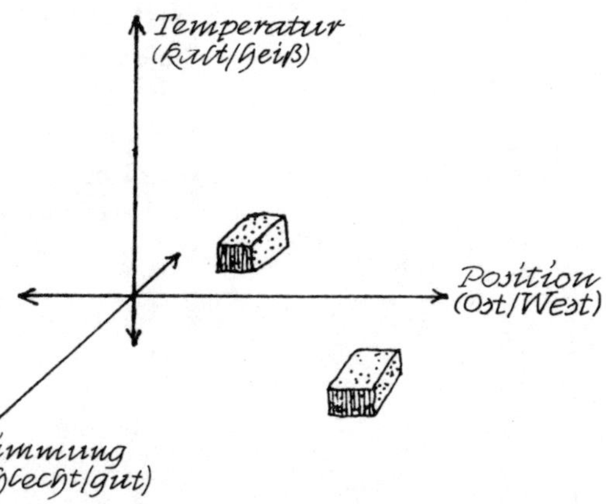

Abb. 195 Dreidimensionaler Faktenraum.

Quantenphysik *ist kein elementares Phänomen ein Phänomen, bis es ein beobachtetes Phänomen ist.* In der Überraschungsversion des Spiels ist ein Wort erst dann ein Wort, wenn es durch die Wahl der Fragen und Antworten zur Wirklichkeit erhoben wird. «Wolke», ein Wort, das schon da war, als wir das Zimmer betraten, und nur noch seiner Entdeckung harrte? Reine Einbildung!

John A. Wheeler
«Frontiers of Time», 1980

Das ist der springende Punkt. Wir haben den Faktenraum so gezeichnet, als stünden wir als Beobachter außerhalb des Punktuniversums und würden es von dort aus vermessen. Mit der Haltung kommen wir natürlich nicht weiter, wenn wir über die wirkliche Welt sprechen wollen, in der wir leben. *Wir können unsere Welt nicht von außen beobachten.* Wenn wir die Welt als die Gesamtheit alles Existierenden betrachten, gibt es keinen Standpunkt «außerhalb».

Hören wir also auf, die Punkte von außen zu beobachten, und nehmen wir an, die einzigen wirklichen Fakten in Linienland seien, *was die Punkte wissen.* Und nehmen wir jetzt wiederum an, die Position sei ihre einzige «Eigenschaft». Der Fakten-Raum besitzt dann zwei Achsen, eine für A's Annahme, wo die beiden Punkte liegen, und eine für die entsprechende Annahme von B. Hätten wir zehn Punkte, so brauchten wir zehn Achsen, jeweils eine für das Positionsbild jedes einzelnen Punktes.

In Abbildung 196 habe ich einen Faktenraum für zwei Punkte A und B gezeichnet, die einander wahrnehmen. Fahren wir von A aus senkrecht hinunter, so finden wir auf der Position-nach-Ansicht-von-A-Achse eine recht eng umschriebene Lokalisierung. A weiß ganz gut, wo A ist. A besitzt allerdings keine präzise Vorstellung davon, wo B ist. B dagegen ist weniger selbstbezogen als A. Fahren wir nämlich von A und B waagerecht zur Position-nach-Ansicht-von-B-Achse hinüber, so zeigt sich, daß B beider Positionen gleich gut kennt.

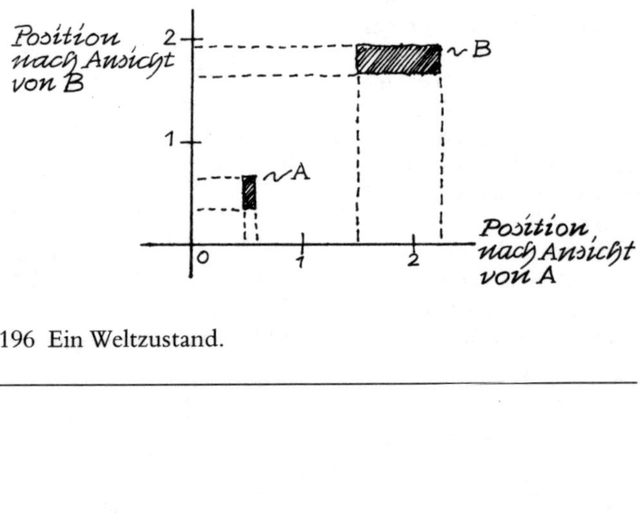

Abb. 196 Ein Weltzustand.

Diese Doppeldeutigkeiten, Überlagerungen und Fehlanzeigen erinnern an die Gebrechen, die Franz Kuhn einer gewissen chinesischen Enzyklopädie nachsagt, die sich betitelt: *Himmlischer Warenschatz wohltätiger Erkenntnisse*. Auf ihren weit zurückliegenden Blättern steht geschrieben, daß die Tiere sich wie folgt gruppieren: a) Tiere, die dem Kaiser gehören, b) einbalsamierte Tiere, c) gezähmte Tiere, d) Milchschweine, e) Sirenen, f) Fabeltiere, g) herrenlose Hunde, h) in diese Gruppierung gehörige, i) die sich wie toll gebärden, j) unzählbare, k) die mit einem ganz feinen Pinsel aus Kamelhaar gezeichnet sind, l) und so weiter, m) die den Wasserkrug zerbrochen haben, n) die von weitem wie Fliegen aussehen.

Jorge Luis Borges
«Die analytische Sprache John Wilkins'», 1941

Interessant ist hier noch, daß wir A's Selbstbezogenheit nicht durch Betrachtung von A allein erkennen können, sondern erst durch Betrachtung des gesamten Faktenraum-Musters. Wie sollen wir übrigens ein Muster im Faktenraum nennen? Wie wäre es mit *Weltzustand,* analog etwa zu «Seinszustand» oder «Bewußtseinszustand»? Dann würde die eben gemachte Aussage so lauten: Die Eigenschaften eines Individuums sind eingebunden in das Gesamtmuster des Weltzustands.

Würde A seine Aufmerksamkeit so ausschließlich seiner eigenen Position widmen, daß er B gänzlich aus den Augen verlöre, so kämen wir zu dem in Abbildung 197 dargestellten Weltzustand. Für jedes Individuum, wo und wann auch immer, wird stets der größte Teil der Welt so unbekannt oder unbestimmt sein, wie B hier für A ist. Wir sehen aber an diesem Bild, daß die Unbestimmtheit von B für A durchaus vereinbar ist mit B's recht genauer Kenntnis beider Positionen.

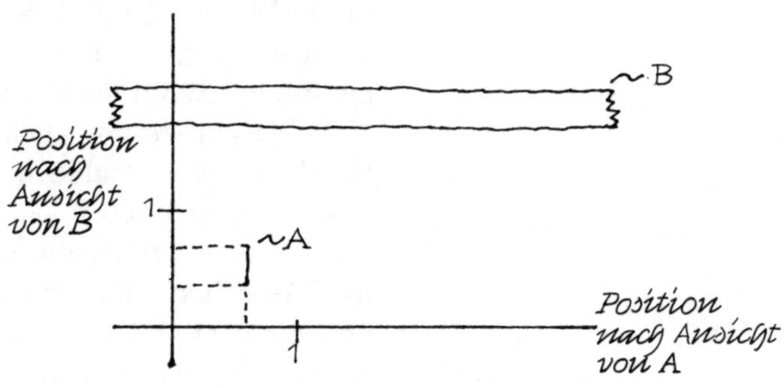

Abb. 197 A hat keine Ahnung, wo B ist.

Halten wir hier noch fest, daß diese Art von Modell eines der scheinbaren Paradoxe des Immaterialismus auflöst. Nehmen wir an, zwei Leute stünden in einem Feld. Ein Kaninchen flitzt vorbei. Der eine sieht es, der andere nicht. Für den ersten besitzt das Kaninchen eine genau umrissene Existenz, für den anderen existiert es gar nicht. Wie kann ein und dasselbe Kaninchen sowohl existieren als auch nicht existieren? In unserem Faktenraum-Modell

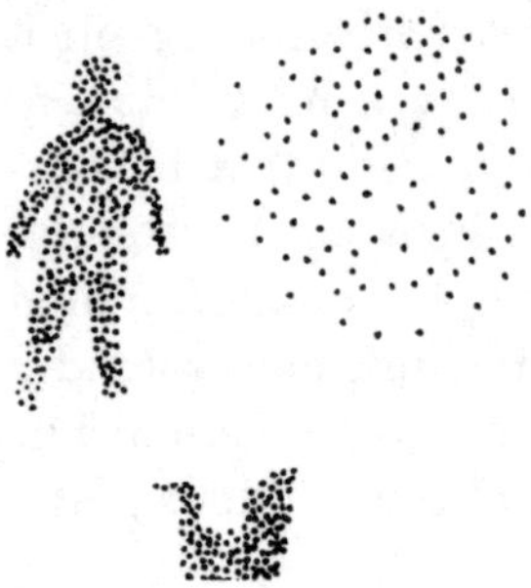

Abb. 198 Eine große Menge von Individuen.

Wir alle sind gleichwertige Wesen, und das Universum besteht aus unseren gegenseitigen Beziehungen. Das Universum ist aus einer einzigen Art von Wesenheiten gemacht: jede ist lebendig, jede bestimmt selbst den Lauf ihrer eigenen Existenz . . .

Das Universum ist aus einer einzigen Art von Was-auch-Immer gemacht, das

gibt es das Problem nicht. Die Faktenraum-Repräsentation des Kaninchens besitzt eine Gestalt, die auf der Achse der einen Person eine scharf umrissene Projektion erzeugt und eine bis zu Unkenntlichkeit verwaschene Projektion auf der Achse der anderen (wie B für A in Abbildung 197).

Doch zurück zu unserem Linienland-Faktenraum. Mit den drei genannten Merkmalen Position, Temperatur und Stimmung brauchen wir insgesamt sechs Achsen: drei für A's Anschauungen über Position, Temperatur und Stimmung beider Punkte und drei für B's entsprechende Anschauungen. Allgemein: Eine Welt mit M Merkmalen und I Individuen besitzt M × I Achsen in ihrem gesamten Faktenraum. Den Weltzustand können wir uns als Muster mehr oder weniger klar umschriebener Klümpchen in einem vieldimensionalen Faktenraum denken.

Das Wissen jedes Individuums über die anderen ändert sich mit der Interaktion zwischen den Individuen. Die «Lichtflecken» wandern und fließen ineinander, verdichten und verdünnen sich. Wir können uns denken, daß dieses Muster sich mit der verstreichenden Zeit wandelt; wir können aber auch davon ausgehen, daß die Zeitwahrnehmung jedes Individuums eine Achse ist, und damit ist die Zeitveränderung nicht mehr außerhalb des Weltzustands, sondern unablösbar in den Weltzustand integriert.

Bislang habe ich noch nicht gesagt, was für Dinge in unserer Welt wir als Individuen gelten lassen wollen. Nur die Menschen? Menschen und Tiere? Menschen, Tiere und Pflanzen? Menschen, Tiere, Pflanzen und Roboter? Sollen wir Galaxien und Steine auch dazuzählen? Da wir es aber ohnehin mit einer nicht zu bewältigenden Menge zu tun haben werden, können wir ruhig auch großzügig sein. Ich bin bereit, alles, was Sie wollen, als Individuum gelten zu lassen, das über irgendeine Form von «Wissen» verfügt. Ein Stein im Acker weiß sicher nicht viel, aber er weiß immerhin, daß direkt unter ihm ein Ding von großer Masse ist, die Erde. Daß er «weiß», können wir anhand eines Experiments feststellen: Heben wir ihn hoch und lassen ihn los, begibt er sich sofort wieder in die Lage, die er kennt. Etwas seriöser ausgedrückt, können wir sagen, daß jedes Objekt, belebt oder unbelebt, Informationen über eine Anzahl anderer Objekte enthält oder eben «weiß».

Diese Anschauung, daß alles in gewissem Sinne lebendig oder bewußt ist, wird Hylozoismus oder Panpsychismus genannt. Das ist natürlich eine Anschauung, die man sehr leicht lächerlich machen kann. Kann eine Mülltonne Liebe empfinden? Denkt ein Schuh über Mathematik nach? Es geht aber nicht darum, sich die Dinge menschenähnlich zu denken. Es geht lediglich darum, daß wir uns Objekte als integrative Zentren im Faktenraum vorstellen können, existierende Gegebenheiten in demselben Sinne, wie wir selbst existierende Muster sind.

Es werden also sehr viele Individuen im Faktenraum sein. Und wie viele Merkmale mag es erst geben? Die Zahl der Eigenschaften, für die ein Individuum empfänglich sein mag, scheint unendlich zu sein. Fängt man erst an, Fragen über irgendein einzelnes Objekt zu stellen, so gewinnt man bald den Eindruck, daß man ewig so weiterfragen könnte. Wenn also der Faktenraum soviele Dimensionen haben soll wie die Anzahl der Individuen mal der Anzahl der Merkmale, dann machen wir vermutlich keinen allzu großen Fehler, wenn wir sagen, daß der Faktenraum wahrscheinlich unendlichdimensional ist. Unsere Welt ist ein Muster in einem unendlichdimensionalen Raum, in einem ∞-D-Raum.

Der ∞-D-Raum ist nicht etwas, das ich gerade eben erfunden habe. Die Hyperraum-Philosophen des späten 19. Jahrhunderts wußten sehr gut, daß man eine unendliche Stufenleiter betritt, sobald man anfängt, über höhere Dimensionen zu spekulieren: Die 2-D-Oberfläche der

nicht näher definiert werden kann. Für unsere Zwecke ist es auch gar nicht nötig, eine Definition zu finden. Uns reicht es, anzunehmen, daß es nur *eine Art* von Was-auch-Immer gibt, und zu sehen, ob uns das zu einer vernünftigen Erklärung für die Welt, wie wir sie kennen, führt.

Die Grundfunktion jedes Wesens ist, sich auszudehnen und sich zusammenzuziehen. Ausgedehnte Wesen sind durchlässig, zusammengezogene sind dicht und undurchlässig. Deshalb kann jeder von uns – alleine oder gemeinsam mit anderen – als Raum, Energie oder Masse erscheinen, je nach dem Maß, in dem er sich ausgedehnt oder zusammengezogen hat, und welche Art von Schwingungen jeder von uns durch den Wechsel von Ausdehnen und Zusammenziehen ausdrückt. Jedes Wesen verfügt über seine eigenen Schwingungen.

Ein vollständig ausgedehntes Wesen ist Raum ... Wenn ein Wesen völlig zusammengezogen ist, ist es ein Masseteilchen,

Denkakrobatik 11.1

Angenommen, Raum und Zeit sind wirklich nur mentale Konstrukte. Es gibt eigentlich nur einen Grund zu sagen, ein Geisteszustand B folge auf einen Geisteszustand A, nämlich den, daß B zwar eine Erinnerung an A enthält, A jedoch keine Erinnerung an B. Muß man angesichts dieser Definition von Reihenfolge sagen, daß alle Wahrnehmungen einer Person sich notwendig in eine lineare Zeitabfolge fügen?

vollständig implodiert... Wenn ein Wesen zwischen Ausdehnen und Zusammenziehen wechselt, ist es Energie... Das Universum ist eine unendliche Harmonie von schwingenden Wesen in einer fein abgestimmten Rangordnung verschiedener Stadien von Ausdehnen-Zusammenziehen, Frequenzmodulationen und so weiter...

Was wir immer im Gedächtnis behalten müssen: Es gibt niemanden sonst hier als unseresgleichen. Das ganze Universum besteht aus Wesen wie wir selbst.

Thaddeus Golas
Der Erleuchtung ist es egal, wie Du sie erlangst, 1972

Abb. 199 Die Welt ist wie ein unendliches Fragespiel.

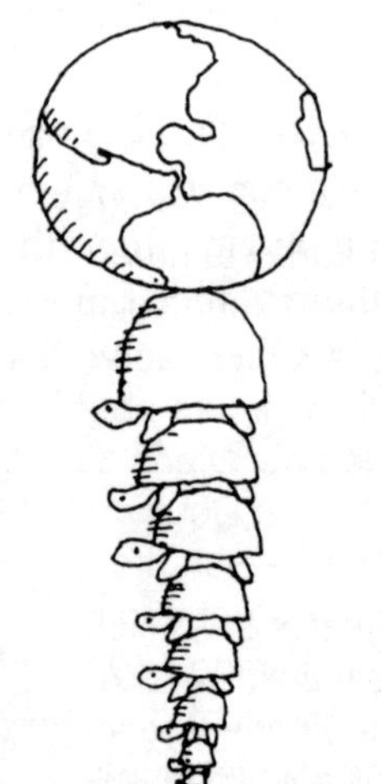

Abb. 200 Schildkröten bis ganz unten.

Erde ist Teil unseres 3-D-Universums. Unser 3-D-Universum könnte die Hyper-Oberfläche einer 4-D-Hyperkugel sein. Unser 4-D-Hyperuniversum ist Querschnitt eines gekrümmten 5-D-Raumzeit-Musters. Unsere gekrümmte 5-D-Raumzeit ist vielleicht nur eine Schicht in einem 6-D-Stapel anderer Raumzeiten. Der 6-D-Stapel mag selbst wiederum in einen 7-D-Raum hineingefaltet und gewunden sein. Verschiedene Versionen des Stapels verflechten sich möglicherweise im 8-D-Raum. Und vom 8-D-Raum könnten wir uns vorstellen, daß er sich entlang einer neundimensionalen Achse der Superzeit entwickelt. Und so weiter. Wo soll das aufhören? Gar nicht.

Hinton vergleicht dies mit der unendlichen Stufenfolge, die sich auftut, wenn man sagt, die Welt ruhe auf dem Rücken einer Schildkröte. Und worauf steht die Schildkröte? Wieder auf einer Schildkröte, und die wieder auf der nächsten und die auf der nächsten – ad infinitum. Der Theologe Arthur Willink war von der Vorstellung eines endlosen Stufenkosmos so angetan, daß er in seinem 1893 erschienenen Buch *The World of the Unseen* die Anschauung vertrat, Gott lebe im äußersten ∞-D-Raum:

> Es ist notwendig, weiter zu gehen und die überaus große Reichweite der Idee des Höheren Raums zu erkennen, die sich keineswegs in der Vorstellung eines Raumes von vier Dimensionen erschöpft... Sind wir erst bei der Existenz eines Raumes von vier Dimensio-

nen angelangt, bedarf es keiner großen Überwindung mehr, auch den Raum von fünf Dimensionen gelten zu lassen, ja schließlich sogar den Raum einer unendlichen Anzahl von Dimensionen...

Und mag es auch unmöglich sein, sich vorzustellen wie ein materielles Objekt in unserem Raum einem Beobachter in einem viel höheren Raum erscheinen mag, so liegt doch auf der Hand, daß dieser Beobachter eine sehr viel vollkommenere Anschauung von den Konstituentien des Objekts hätte als ein Beobachter in einer niederen Region des Raumes. Einem Auge im höchsten Raume von allen würde sich notwendig eine höchst vollkommene Schau auch der verborgensten und geheimsten Dinge eröffnen.

Dies unterstreicht aufs deutlichste, was über die Allwissenheit Gottes gesagt wurde. Denn er, im höchsten Raume von allen wohnend, besitzt nicht nur diese vollkommene Anschauung aller Konstituentien unseres Seins, sondern ist auch unendlich nahe einem jeden Punkt und Teilchen unserer ganzen Konstitution. So ist es also selbst im striktesten physikalischen Sinne wahr, daß wir in Ihm leben und weben und unser Sein haben.

Denkakrobatik 11.2

Der britische Schriftsteller J. W. Dunne war der Ansicht, daß unsere Träume aus Eindrücken gemacht sind, die aus der Vergangenheit und aus der Zukunft stammen. So schreibt er in *An Experiment with Time* (1927), das Traumbewußtsein könne sich aus der Raumzeit erheben und in die Zukunft schauen. Das führt zu einem Paradox: Angenommen, ich müßte am Dienstag einen bestimmten Flug nehmen, wüßte aber nicht, daß dieses Flugzeug abstürzen wird. In der Nacht von Montag auf Dienstag sieht mein Traumbewußtsein in die Zukunft, und ich erlebe in schrecklicher Deutlichkeit meinen Tod in den Flugzeugtrümmern. Dienstag früh bin ich so tief erschüttert, daß ich den Flug verschiebe. Am Abend stelle ich die Nachrichten an und sehe, daß mein Flugzeug tatsächlich abgestürzt ist und niemand überlebte. Das Paradox: Wie konnte ich den Absturz als Teil *meiner* Zukunft sehen, wo ich doch gar nicht dabei war? Dunnes Ausweg aus dieser Klemme geht von der Annahme einer zweiten Zeitdimension aus. Können sie die Einzelheiten des Gedankenganges darstellen?

Das ist eine sehr interessante Passage, gewiß eine der ersten Anwendungen der Vorstellung vom ∞-D-Raum. Anklänge an solche Gedanken finden wir schon 1885 bei dem Mathematiker Georg Cantor; er schreibt in einer Abhandlung mit dem Titel «Über die verschiedenen Standpunkte in bezug auf das aktuelle Unendliche»:

> Wenn ... sich in breiten Schichten der Wissenschaft ... ein gewisser *Horror Infiniti* ausgebildet hat, ... [so] läßt sich dieses Verhalten auch als eine Art Kurzsichtigkeit auffassen, welche die Möglichkeit raubt, das *aktuale* Unendliche zu sehen, obwohl es in seinem höchsten, absoluten Träger uns geschaffen hat und in seinen sekundären, transfiniten Formen uns allüberall umgibt und sogar unserm Geiste selbst innewohnt.

Es war auch Georg Cantor, der als erster zu einer rigorosen mathematischen Behandlung der Unendlichkeit gelangte. Vor ihm hatten die Mathematiker und Philosophen meist befürchtet, daß Unendlichkeit letztlich nichts als eine widersprüchliche Vorstellung ist – nach ihm gingen die Wissenschaftler bald ganz selbstverständlich mit der Unendlichkeit um.

Zu Beginn unseres Jahrhunderts entwickelte ein anderer Mathematiker, David Hilbert, auf der Grundlage von Cantors Überlegungen eine Theorie unendlichdimensionaler Räume – Räume ähnlich dem Faktenraum, von dem wir sprachen. Wie jeder Punkt im dreidimensionalen Raum mathematisch mit drei in festgelegter Reihenfolge genannten Koordinaten dargestellt werden kann, wird ein

Denkakrobatik 11.3

Wenn man einen anderen Menschen nicht ständig vor Augen hat, ist er einem bald immer weniger präsent, wird er immer unbestimmter: man weiß nicht mehr recht, wie dieser andere eigentlich ist. Stellt man ihm jedoch Fragen, so wird schnell deutlich, daß dieser andere durchaus charakteristische Merkmale besitzt. Liegt hier ein Widerspruch vor?

Wie soll ich die letzten Lehren, in welche Kugel mich einführte, in Worte kleiden? In qualvoller Todesfurcht flehte ich ihn an, mir eine unvergängliche Vision zu vermitteln, irgendeine höhere Wahrheit, die mir über das Ende hinweghelfen sollte.

Kugel: Das ist schwierig, o Quadrat. Vor dem Absoluten sind wir beide Schatten gleich. Raum und Raumzeit sind nur Phantasien. Nur im Autor liegt das höchste Wissen.
Ich: Wo ist der Autor?
Kugel: Er ist allüberall um uns her, Er ist das wirre Dunkel, in dem unsere Muster spielen. Und selbst Er ist bloß ein Muster im unnennbaren All.

Ich wußte nicht mehr, ob ich wachte oder schlief. Die Stimme der Kugel verlor sich, und alles war eine Wirrnis. Mir war, als sei ich selbst nur ein Gedanke, zusammenhangloser Splitter eines wiederkehrenden Traumes. Um mich her spürte ich das Bewußtsein meines Träumers. Allen Mut zusammennehmend, schrie ich meine Klage hinaus.

Ich: Hörst du mich, Herr?
Träumer: Und wie! Wie spät ist es?
Ich: Es gibt keine Zeit – sagt die Kugel.
Träumer: Nun – em – ja. Nicht für dich jedenfalls.
Ich: Bringe mich zu meinesgleichen zurück, o

Punkt im ∞-D-Raum mittels einer unendlichen Zahlenfolge beschrieben. Es gibt verschiedene Möglichkeiten, Dinge wie Winkel und Entfernungen im ∞-D-Raum zu definieren. Die bekannteste Art des mathematischen ∞-D-Raums wird Hilbert-Raum genannt.

In den darauffolgenden etwa zehn Jahren scheint die mathematische Weiterentwicklung der ∞-D-Raum-Theorie wieder einmal nichts weiter als Abstraktion um der Abstraktion willen gewesen zu sein. Dann aber entdeckten die Physiker Werner Heisenberg und Erwin Schrödinger in den zwanziger Jahren, daß diese Abstraktionen sich sehr gut für die Interpretation der Quantenmechanik eignen. Sie gelangten zu der Aussage, *daß Elementarteilchen Strukturen im unendlichdimensionalen Hilbert-Raum sind.*

Seit jener Zeit haben die Mathematiker und Physiker eine hochkomplizierte quantenmechanische Theorie der Welt als einer Struktur im ∞-D-Hilbert-Raum entwickelt. Eines der großen Probleme dieser Theorie ist ihre mangelnde Anschaulichkeit. Wenn die klassische Physik uns Gleichungen mit vier Variablen vorlegt, können wir noch verstehen, daß diese Gleichungen etwas über die drei Raumdimensionen und die Zeit aussagen. Die Mathematik der Quantenmechanik scheint sich dagegen jenseits aller anschaulichen Nachvollziehbarkeit entwickelt zu haben. Gewiß, die Quantentheorie macht zutreffende Voraussagen über das Verhalten von Materie in bestimmten Experimenten, aber niemand scheint sich vorstellen zu können, was der Hilbert-Raum eigentlich ist.

Ich habe nun hier die Welt unserer Wahrnehmungen als ein Muster im ∞-D-Faktenraum interpretiert und damit versucht, dem abstrakten Begriff des ∞-D-Raums einen realen Inhalt zu geben. Der Begriff des Faktenraums ist in vieler Hinsicht dem quantenmechanischen Hilbert-Raum nachgebildet. Die Unendlichkeit hat so viele Gesichter, daß es mich nicht überraschen würde, eines Tages zu erfahren, daß diese beiden Arten des Raums tatsächlich identisch sind. Wichtig ist hierbei, sich ganz klar zu machen, daß die Anordnung der Achsen in einem gegebenen Raum völlig willkürlich ist. Ein Kalifornier und ein

mein Autor. Mach, daß das Sechseck mir vergibt.
Träumer: Kann ich machen. Und danke – hat Spaß gemacht mit dir. Schade, daß du gehst.
Ich: Aber wirst du nicht immerdar bei mir sein? Ist nicht meine Welt ein Stückchen von deinem Geist?
Träumer: Es ist eigentlich gar nicht *mein* Geist. Ich fülle ihn nur gerade aus. Wer weiß, wer dich nächstens träumen wird. Du bist der wahre Unsterbliche, Quadrat, nicht ich. Du bist eine ewige Form.

Für einen Augenblick sah ich es Alles: die grenzenlose Wahrheit, die vielen Träumer, das leidenschaftliche Spiel meines eigenen Lebens. Dann erwachte ich.

Mein Vater und das Sechseck waren da mit einem Polizisten. Das war eine bedenkliche Lage, doch ich war so erfüllt von Wahrheit und Liebe, daß bald alles bereinigt werden konnte. Wir vier sind dicke Freunde bis auf den heutigen Tag.

Rudy Rucker
«Die weiteren Abenteuer eines Quadrats», 1984

New Yorker leben zwar im selben Raum, aber die Richtung, die sie «oben» nennen, ist für beide leicht verschieden. Der Raum an sich ist ohne Achsen. So bedarf es vielleicht nur einer simplen Umorientierung der Achsen, um aus unserem ∞-D-Faktenraum einen Hilbert-Raum zu machen. Wir müssen uns nur vor Augen halten, daß Achsen keinerlei objektive Existenz besitzen.

Was ist die Wirklichkeit?

Nehmen Sie alle Ihre Wahrnehmungen und meine dazu, nehmen Sie die Gedanken und Visionen aller Menschen. In einem unendlichdimensionalen Raum ist Platz, sie alle zusammenzufügen; jede einzelne Wahrnehmung ist Teil des unendlichdimensionalen Einen, und dieses Eine ist die Wirklichkeit.

Die Wirklichkeit ist unbeschreiblich vielgestaltig und komplex; manchmal vergesse ich das, und dann wird das Leben grau. Doch die Welt ist lebendig, und wir sind lebendige Teile von ihr. Gedanken sind so real und so wichtig wie Objekte. Und jedes Objekt ist ein unerschöpflicher Quell des Staunens.

Wir wissen nicht, weshalb wir hier sind – wir wissen nicht einmal, was wir *sind*. Aber wir existieren, und die Welt geht weiter. Unsere gewöhnlichen Anschauungen von Raum und Zeit sind nur bequeme und handliche Fiktionen. Aber höhere Dimensionen sind überall. Es gibt keinen Grund, der Erleuchtung nachzujagen, denn Erleuchtung ist nicht «anderswo», ebensowenig wie die vierte Dimension. Sie sind beide unmittelbar hier, schwer zu greifen und doch greifbar nah.

Denkakrobatik-Auflösungen

Auflösung 1.1

Wenn die beiden Auto-Umrisse von verschiedenener Größe sind, können sie ungehindert «durcheinander hindurch». Die dritte Dimension, nämlich die Entfernung vom Fenster, ist in der zweidimensionalen Bildfläche als Größe repräsentiert. Für die zweidimensionalen Figuren, die sich im Scheibenglas bewegen, ist Größe eine höhere Dimension. Stellen Sie sich eine analoge dreidimensionale Welt vor: In dieser Welt könnten Sie Ihre Größe willkürlich ändern und durch Menschen von anderer Größe einfach hindurchgehen.

Auflösung 2.1

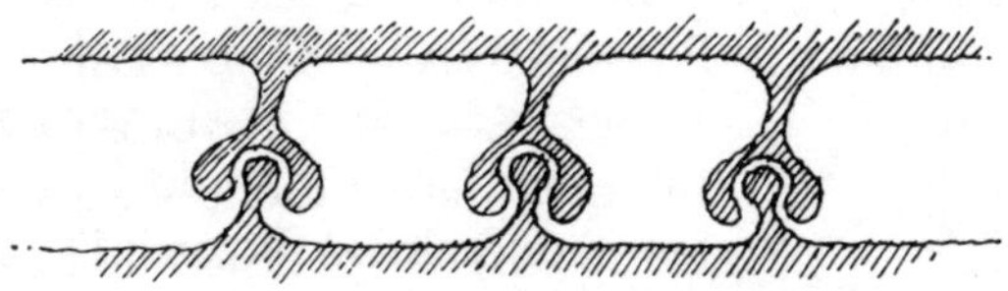

Selbstgreifender Verdauungstrakt

Um nicht in Stücke zu gehen, könnte A Quadrat einen Darm wie den hier abgebildeten haben. Die von oben heruntergreifenden Klauen umschließen die Knäufe auf der gegenüberliegenden Seite. Diese «Schleusen» öffnen und schließen sich nacheinander, um den Darminhalt zu befördern.

Auflösung 2.2

In strenger Analogie zu unserer Welt müßten wir erwarten, daß zweidimensionale Wesen auf dem Rand einer Scheibe herumkrabbeln, die ihr Planet ist.

Auflösung 3.1

Gäbe es einen dreidimensionalen Raum, der unseren in einer Ebene schneidet, so könnten wir etwa folgendes sehen: eine weite Lichtebene mit seltsam geformten Flekken, die darin herumschwimmen. Die Flecken würden sehr dünn sein und sich doch fest anfühlen.

Auflösung 3.2

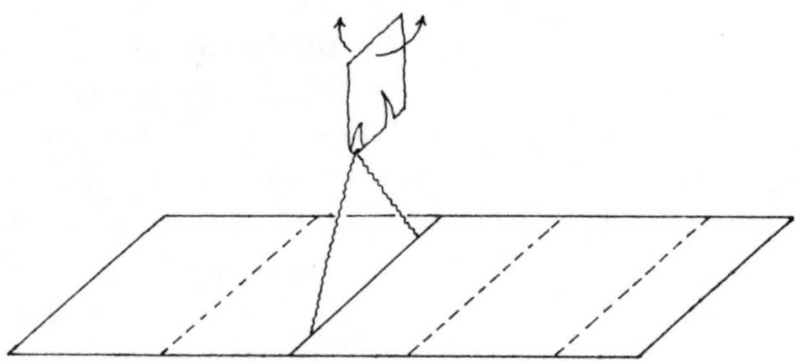

A Quadrat beim «Abtasten» von Flächenland

A Quadrats Netzhaut ist eine Linie, die nur Eindrücke aus der Ebene, in der sich sein Körper befindet, aufnehmen kann. Wenn er aus der dritten Dimension auf Flächenland hinunterschaut, sieht er also nur Linienquerschnitte der Dinge, die seine Sichtebene kreuzen. Er wäre in genau derselben Situation wie die Flächenländer in den zueinander senkrechten Welten (Denkakrobatik 3.1).

Wenn A Quadrat nun hin und her schwingt, sieht er ein Kontinuum von Querschnitten des Flächenlands und kann diese im Gehirn zu einem vollständigen zweidimensionalen Bild zusammensetzen. Entsprechend würden Sie, wenn Sie aus dem vierdimensionalen Raum auf unsere Welt schauten, lauter flächige Querschnitte unserer Welt sehen. Mit etwas Übung könnten Sie diese Querschnitte zu einem dreidimensionalen Gesamtbild zusammenfügen, welches das Äußere und Innere der Dinge zeigt.

Auflösung 3.3

	Ecken	Kanten	Flächen	Körper
Würfel	8	12	6	1
Hyperkubus	16	32	24	8
Hyperhyperkubus	32	80	80	40

Es ist leicht zu sehen, daß die Anzahl der Ecken sich mit jeder weiteren Dimension verdoppelt. Aber was ist mit den anderen Spalten? Woher sollen wir, ohne die Linien in Abbildung 34 abzuzählen, wissen, daß der Hyperkubus 32 Kanten hat? Nun, wir gelangen zum Hyperkubus, indem wir den ursprünglichen Würfel um eine Einheit *ana* aus seiner Anfangslage fortbewegen. Der Anfangs- und der Endwürfel steuern zusammen schon mal 12 Kanten bei, und die acht Ecken des Würfels beschreiben bei der *ana*-Bewegung noch einmal je eine Kante. $12 + 8 + 12 = 32$. Mit ähnlichen Überlegungen lassen sich auch die anderen Eintragungen verifizieren.

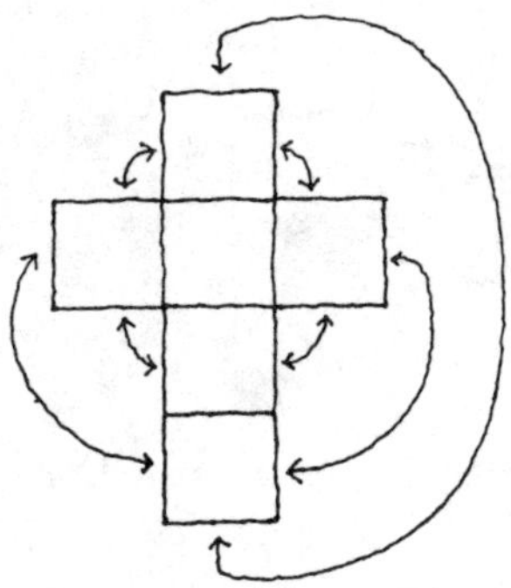

Auflösung 3.4

Die unterste Fläche muß mit der obersten verbunden werden, und die Seitenflächen des untersten Würfels verbinden sich mit den vier offenen Flächen des Querteils. Dies ist leichter zu verstehen, wenn wir uns das Einfalten eines zweidimensionalen Kreuzes zu einem normalen Würfel vorstellen.

Auflösung 3.5

Die Formel lautet s^4, und unser besonderer Hyperkubus würde ein Hypervolumen von 16 Hyperkubikeinheiten besitzen.

Für die Griechen waren Zahlen bestimmte geometrische Mengen. Wenn s eine bestimmte Strecke war, so bedeutete s^2 ein Quadrat von bestimmtem Volumen. Da sie keinerlei Vorstellung von einer vierten Dimension besaßen, gab es bei ihnen so gut wie keine Formeln oder Gleichungen mit Exponenten, die größer waren als 3. Erst nach der Renaissance waren sich die Mathematiker ihrer Algebra so sicher, daß sie auch mit Gleichungen und Formeln höherer Ordnung zu arbeiten begannen.

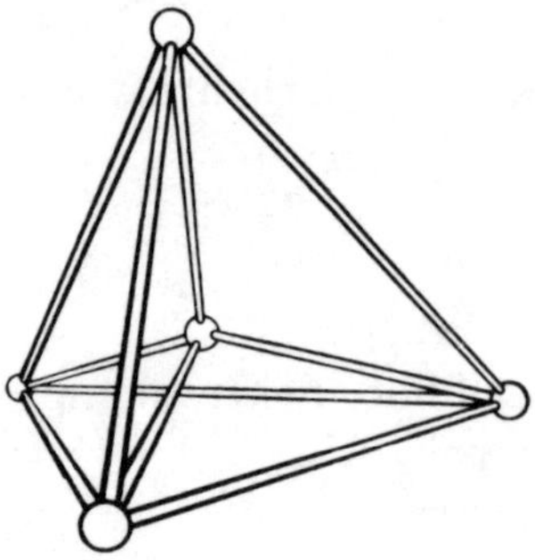

Der Pentaedroid
(Aus *Anschauliche Geometrie* von D. Hilbert und S. Cohn-Vossen)

Auflösung 3.6

Wenn wir in den vierdimensionalen Raum gehen, können wir (indem wir uns *ana* vom Zentrum des Tetraeders fortbewegen) einen fünften Punkt so festlegen, daß jetzt alle fünf Punkte gleich weit voneinander entfernt sind. Sie sind die fünf Ecken eines sogenannten Pentaedroids.

Beim Betrachten des Bildes müssen wir uns vorstellen, daß der Zentralpunkt in Wirklichkeit ein bißchen weiter in Richtung der vierten Dimension entfernt liegt, so daß alle Kanten eigentlich von gleicher Länge sind.

Wie ein Dreieck aus drei Strecken besteht und ein Tetraeder aus vier Dreiecken, so setzt sich der Pentaedroid aus fünf Tetraedern zusammen. Sehen Sie alle fünf?

Auflösung 4.1

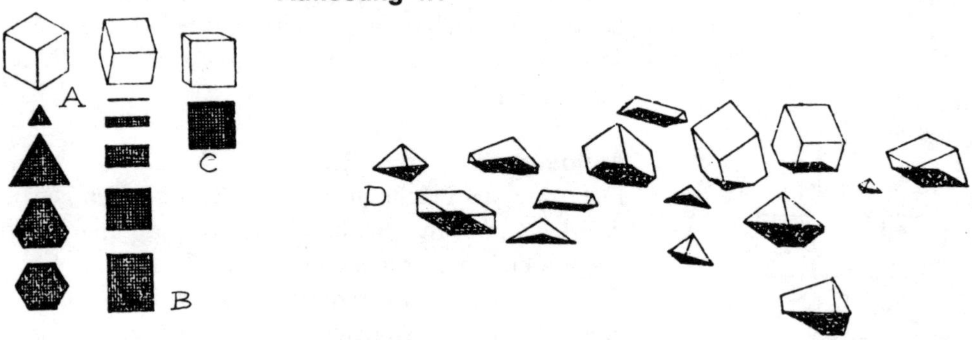

Würfelquerschnitte. (Aus *A Primer of Higher Space* von Claude Bragdon.)

Im Querschnitt kann ein Würfel als Quadrat, Dreieck, Rechteck und Sechseck erscheinen.

Auflösung 4.2

Den Haken an dieser Zeichnung, die mir von einem Leser geschickt wurde, entdeckt man nicht unbedingt auf Anhieb. Es geht darum, die Treppenstufen vor und zurück umschlagen zu lassen, so daß der Käfer einmal unmittelbar vor Kilroys Nase sitzt und sich ein anderesmal unter der hinter ihm liegenden Treppenstufe versteckt. Dieses optische Verwirrspiel ist deshalb so interessant, weil es den Gedanken beinhaltet, daß Kilroys objektive Wirklichkeit gar nicht so festgelegt ist. Vielleicht hängen die konkreten Fakten Ihres Lebens ganz und gar davon ab, wie Sie die Dinge betrachten.

Auflösung 4.3

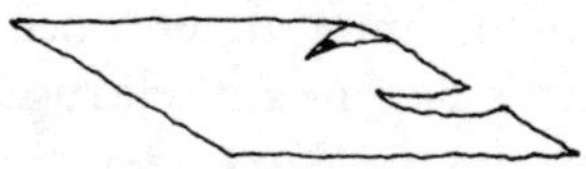

Ist dies A Quadrat oder A Quadrat

Wäre A Quadrat durchsichtig, so könnte man ihn, schräg von der Seite betrachtet, umkehren wie den Würfel in Abbildung 51. Das wäre so, als würde er umgestülpt wie ein Handschuh, den man ja ebenfalls durch Umstülpen in sein spiegelbildliches Gegenstück verwandeln kann.

Auflösung 5.1

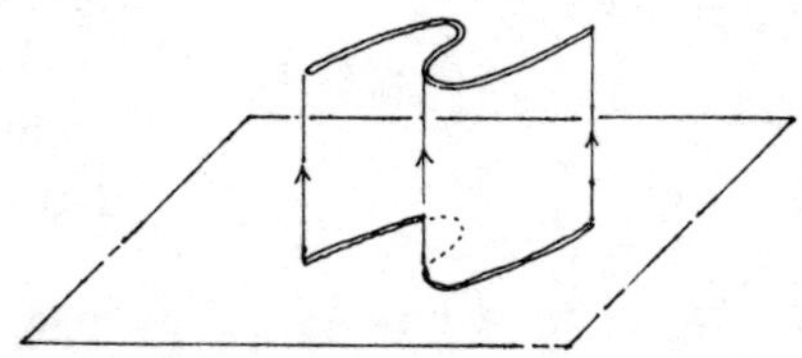

Spur einer Linie

Eine Linie kann im zweidimensionalen Raum nicht geknotet werden, weil sie sich hier nicht selbst überkreuzen kann. Eine geknotete Linie bleibt im vierdimensionalen Raum nicht geknotet, weil der zusätzliche Freiheitsgrad jeden Knoten durch sich selbst rutschen läßt. Wenn wir alles um eine Dimension anheben, so dürfen wir erwarten, daß man eine Ebene im vierdimensionalen Raum knoten kann, aber nicht im dreidimensionalen oder im fünfdimensionalen Raum. Wie kommen wir zu einer geknoteten Ebene? Wir nehmen eine geknotete Linie und bewegen sie *ana* aus dem Raum hinaus. Die Spur dieser Linie wird eine geknotete Fäche sein. Vergegenwärtigen wir uns, daß die Fläche zwar geknotet ist, sich aber nicht selbst schneidet (auch eine geknotete Schnur schneidet sich ja nicht selbst). Bewegen wir einen Knoten durch den dreidimensionalen Raum, so schneidet sich seine Spur natürlich selbst, aber da *ana* eine Richtung senkrecht zu sämtlichen Richtungen des dreidimensionalen Raum ist, schneidet eine vierdimensionale Knotenspur sich nicht selbst.

Auflösung 6.1

Bei einem verdrehten Astrier würde der Vibrator in eine Richtung weisen, wo kein Raum ist. An solch einer Person würden anderen jede Ausstrahlung oder Sensibilität vermissen; sie wäre für sie ein Zombie, ein Mann ohne Eigenschaften, ein erloschener Psychotiker. Interessanterweise haben manche Philosophen, unter ihnen auch René Descartes, die in der Hirnmitte gelegene Zirbeldrüse für eine Art drittes Auge gehalten, das die Aura oder die astralen Schwingungen anderer Menschen wahrnimmt.

Auflösung 6.2

Könnte ein Astrier seinen kleinen dreidimensionalen Zahn fest genug in den Raum schlagen, über den er hingleitet, so könnte er der Schwerkraft, die ihn über den Raum zieht, trotzen. Genau das tun die Astrier in Hintons Roman *An Episode of Flatland* (1907):

> Wie ein Kapitän ein Eigenleben besitzt, unabhängig von dem Schiff, das er führt, so besitzt auch unsere Seele ein vom Körper unabhängiges Eigenleben. Unsere Seelen können das Längsseitswesen [den Äther] beeinflussen . . .
>
> Wenn ich, meinen Geist mit demütiger Hingabe erfüllend, mich selbst als etwas sich Aufschwingendes empfinde, aufsteigend wie ein Engel, so ist es meine Seele, die mich steigen macht, die meine Richtung ändert, indem sie auf das Längsseitswesen einwirkt.
>
> Hätten alle Menschen denselben Gedanken, so würde sich bei allen eine Tendenz zum Steigen zeigen und die vereinte Kraft würde sehr groß sein, groß genug, den Lauf der Erde auf ihrer Kreisbahn zu ändern.

Auflösung 6.3

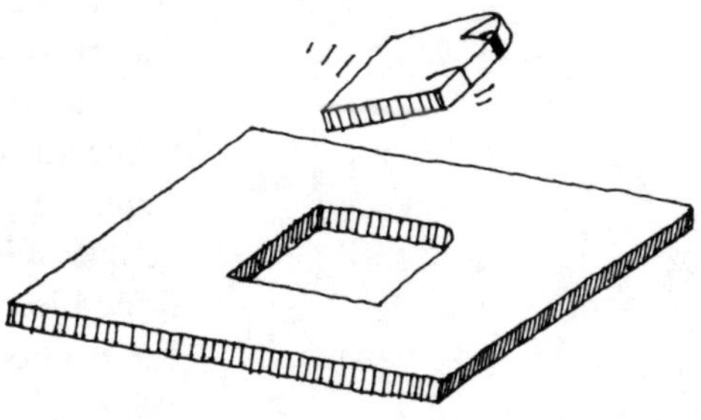

A Quadrat bei einem riskanten Manöver

Der Würfel schnitt das ganze Raumstück, in dem sich A Quadrat befand, aus und wendete es. Aber könnte jetzt nicht der ganze Raum von Flächenland platzen wie ein angestochener Luftballon? Nun, vielleicht hat der Würfel die Ränder des Lochs an einer Art Stickrahmen befestigt und das ausgeschnittene Stück ebenfalls auf einen Rahmen gespannt. Vielleicht war aber auch einfach nur für ein Weilchen ein Loch im Raum. Wie wäre das, wenn wir in unserem Raum ein Loch hätten? Auf diese Frage kommen wir im nächsten Kapitel zurück.

Auflösung 6.4

Nein, denn wir können nicht feststellen, ob das Loch sich im Raum bewegt. Eine Welle, die sich über eine Wasseroberfläche bewegt, mag zwar in ihrer Form einigermaßen konstant bleiben, doch die Wasserteilchen, von denen sie gebildet wird, sind von Augenblick zu Augenblick andere. So könnten wir ein Loch im Raum einer Blase vergleichen, die in einer Flüssigkeit aufsteigt. Größe und Gestalt der Blase bleiben gleich, aber die Flüssigkeitsteilchen an ihrer Oberfläche sind in jedem Augenblick andere. Als Abfallprodukt dieser Überlegungen fällt hier die Idee an, daß die kleinsten Materieteilchen vielleicht nicht Wirbel oder Höcker im Raum sind, sondern Löcher.

Auflösung 6.5

Wir müssen davon ausgehen, daß die Galaxis genau auf der Linie zwischen uns und dem Quasar liegt. Das Licht des Quasars kann auf zwei verschiedenen kürzesten Wegen zu uns gelangen: auf beiden Seiten um den großen Raumhöcker der Galaxis herum. Diese Spaltung eines Quasar-Bildes wurde 1979 zweifelsfrei beobachtet. (Siehe Frederic Chaffee: «The Discovery of a Gravitational Lens», in: *Scientific American,* November 1980.) Der Ausdruck «Gravitationslinse» ist ein besonders aufregende Formulierung der Tatsache, daß die Raumkrümmung das Licht beugen kann. Man stellt sich unwillkürlich gleich Superteleskope aus Gravitationslinsen von Millionen von Kilometern Durchmesser vor.

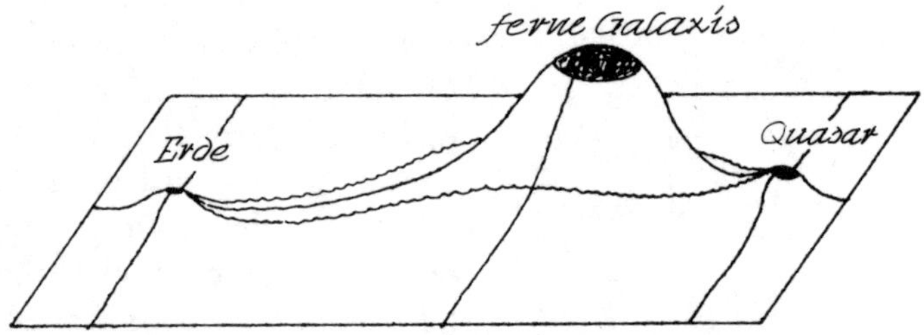

Drei Höcker in einer Linie und zwei kürzeste Wege

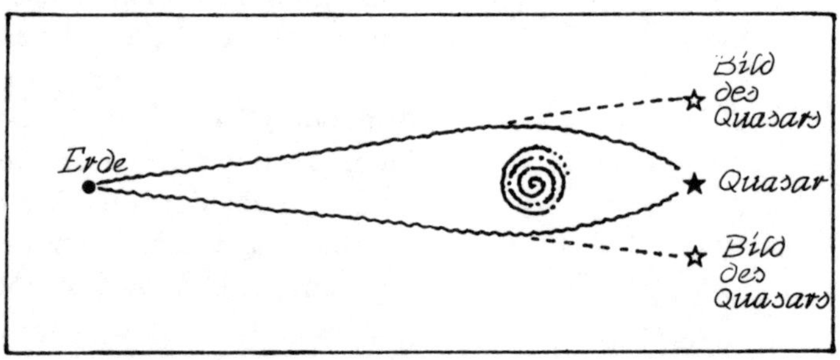

Blick von oben auf die beiden Wege

Auflösung 6.6

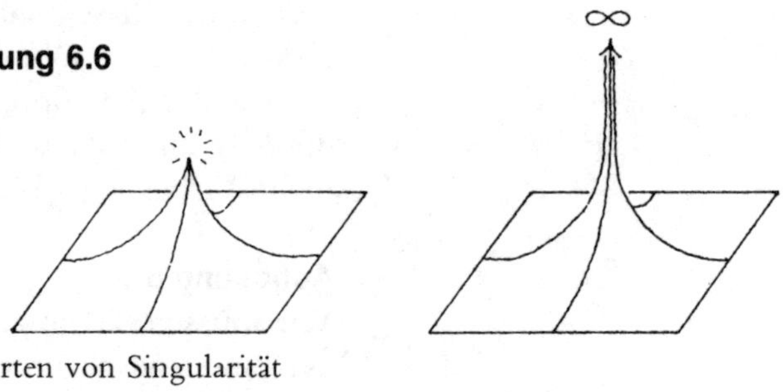

Zwei Arten von Singularität

Eine punktförmige Masse können wir ganz einfach als spitze Erhebung im Raum darstellen. Wir können aber auch annehmen, diese Spitze sei bis ins Unendliche ausgezogen.

Auflösung 7.1

Geodätische Linien sind auf einer Kugel die sogenannten Großkreise, also alle Kreise – wie etwa der Erdäquator –, deren Mittelpunkt der Kugelmittelpunkt ist. Von der Kugelfläche aus betrachtet sind diese Kreislinien «gerade», während kleinere Kreise wie etwa die Polarkreise relativ zur Gesamtoberfläche gebogen sind und daher nicht als geodätisch betrachtet werden.

Auflösung 7.2

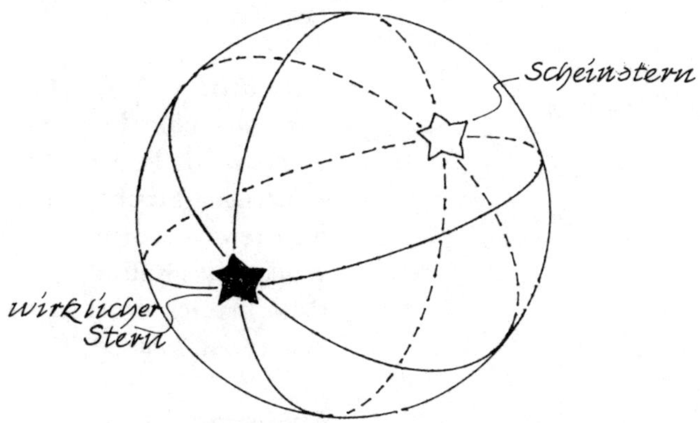

Virtuelles Sternbild am anderen «Ende» des Weltalls

Eine Erklärung für einen masselosen Stern wäre, daß der Raum hypersphärisch ist und der masselose Stern das virtuelle Bild eines wirklichen Stern am anderen «Ende» des Universums darstellt. Leider werden wir kaum jemals solch einen Scheinstern zu sehen bekommen, selbst wenn der Raum tatsächlich eine Hyperkugel ist. Der Raum wird nämlich durch eine Unzahl von Unregelmäßigkeiten mittlerer Größenordnung derart verzerrt, daß über so große Entfernungen hin keine exakte Bündelung der Lichtstrahlen möglich ist. Außerdem enthält der Raum hier und da Staubwolken, die das Licht absorbieren würden, bevor es die Hyperkugel auch nur halb umrundet hat. Gäbe es diese beiden Einschränkungen nicht, so dürften wir tatsächlich erwarten, von jedem wirklichen Stern ein virtuelles Bild am entgegengesetzten Ende des Himmels zu finden – vorausgesetzt, der Raum ist tatsächlich hypersphärisch.

Auflösung 7.3

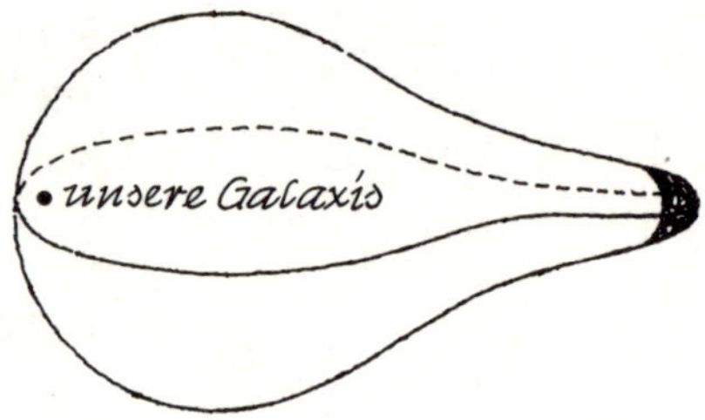

Endliches Universum
mit «Zentral»-Masse

Es würde wie eine Glühbirne oder ein Eis in der Tüte aussehen: eine Kugel mit einer langen Ausbuchtung. Es ist denkbar, daß unser Raum tatsächlich eine solche unsymmetrische Struktur aufweist. Auch bei einem solchen Superstern würden die Unregelmäßigkeiten und Staubwolken des Raums verhindern, daß wir ihn sehen können. Paul Davies erörtert solch ein Raummodell in seinem Buch *The Edge of Infinity*.

Auflösung 7.4

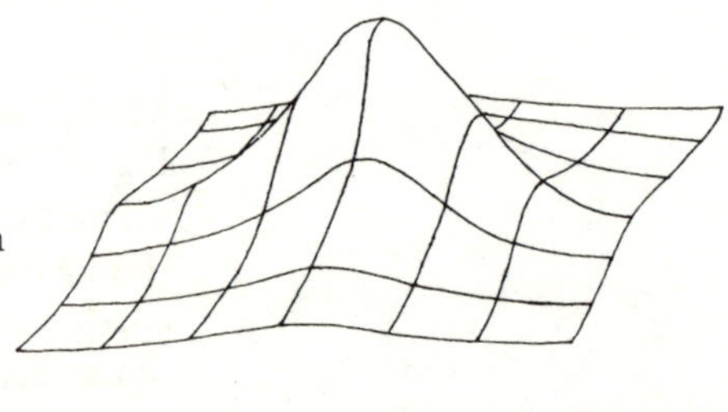

Ein gekrümmter Raum
mit natürlichen
Distanzen

Wir würden so etwas wie ein Quadrat mit einer Erhebung in der Mitte erhalten. Die beiden Bilder sind eigentlich zwei verschiedene Weisen, dasselbe darzustellen: im Mittelbereich dieser Fläche ist «mehr Raum», als man normalerweise erwarten sollte.

Auflösung 7.5

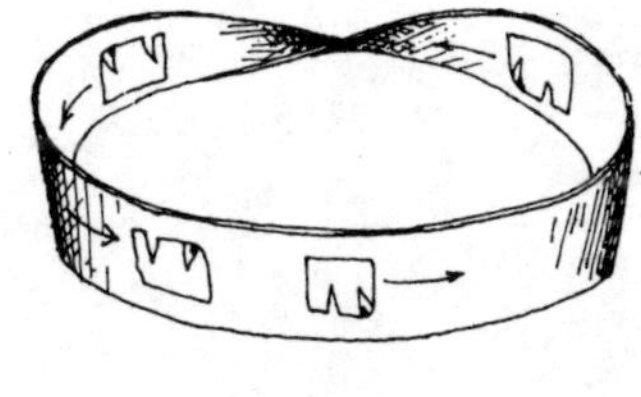

A Quadrat auf Möbius-Kurs

Er verwandelt sich in sein eigenes Spiegelbild!

Auflösung 7.6

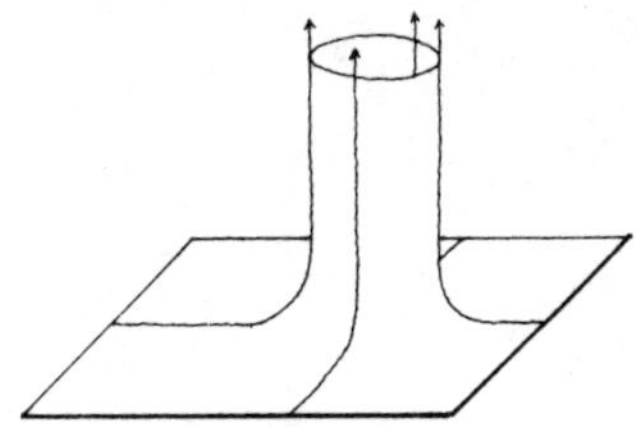

Ein unendlich fernes Loch
im Raum

Der Raum um das Loch ist zu einem endlosen «Kamin» ausgezogen. Kein Flächenländer erreicht je das Ende des Kamins, also das eigentliche Loch.

Auflösung 7.7

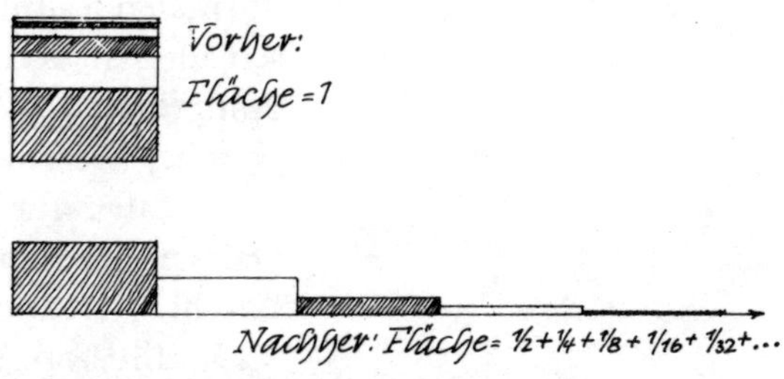

Eine Fäche von unendlicher Länge, aber endlichem Inhalt

Man braucht die Fläche nur in irgendeinem Verhältnis zu teilen, zum Beispiel in Hälften, und diese Teilung mit dem jeweils verbleibenden Rest endlos zu wiederholen. Die Reststücke hätten beim Halbierungsverfahren die Höhe $\frac{1}{2}$, das nächste $\frac{1}{4}$, dann $\frac{1}{8}$, $\frac{1}{16}$ und so weiter. Zeno läßt grüßen. Legen wir diese Stücke aneinander, so erhalten wir eine unendlich lange Fläche, deren Inhalt nach wie vor 1 ist.

Auflösung 8.1

Dann könnten die beiden Raumebenen auseinanderschnalzen. Geschieht das zu abrupt, so könnte der Klecks in der Mitte einigen Schaden erleiden.

Auflösung 8.2

Dies ist die Art von Verbindung, die in Abbildung 112 dargestellt ist, wobei man die Löcher im Raum noch eliminieren könnte. Wir sprechen also von einem Raumstreifen, der zwei voneinander getrennte Räume verbindet. Der Streifen könnte sehr kurz gemacht werden, indem man die beiden Räume so eindellt, daß sie einander in einer Spiegelfläche berühren. (Denken wir daran, daß ein Spiegel in Flächenland keine Fläche, sondern nur eine Linie ist.) Genau diese Art von Verbindung zwischen zwei verschiedenen Räumen hat Lewis Carroll in seinem Buch *Alice im Spiegelland* im Sinn. Auch Marcel Duchamp war von der Idee besessen, daß Spiegel Türen zu anderen Universen sind. Ihn beschäftigte der Gedanke, daß ein Punkt, der sich einem Spiegel nähert, im Prinzip die Wahl hat, das Spiegelglas zu durchbrechen und seinen Weg im normalen Raum fortzusetzen oder diesen Raum zu verlassen und in den anderen Raum einzutreten, den wir im Spiegel sehen. Daher ist der Spiegel für Duchamp eine Art Weiche, wo man zwischen zwei Räumen wählen kann: dem realen Raum und dem Spiegelraum. (Siehe Linda Dalrymple Henderson: *The Fourth Dimension and Non-Euclidean Geometry in Modern Art,* 1983.)

Die Illusion, daß ein Spiegel eine Tür zur Anderswelt

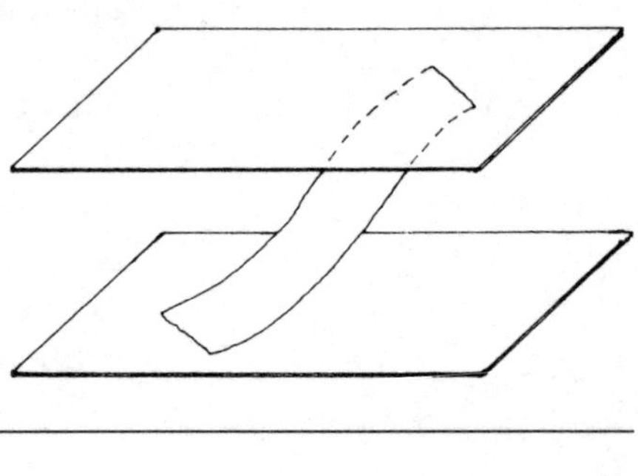

Eine Verbindung
zwischen zwei Welten

darstellt, kann man sich sehr lebhaft mit einer Taschenlampe in einem dunklen Raum vergegenwärtigen. Leuchten Sie mit der Lampe in den Spiegel. Durch die Gesetze der Optik bedingt, sieht das Bild so aus, als ginge der Lichtstrahl geradewegs durch den Spiegel und in einen dunklen Raum dahinter.

Auflösung 8.3

Installieren Sie im Keller eine Einstein-Rosen-Brücke, und lassen Sie diesen Hyperraum-Tunnel in einen unendlichen Raum führen, der nichts als die endlose Ebene von Flächenland enthält.

Auflösung 9.1

Nehmen Sie einen kleinen runden Ballon. Blasen Sie ihn auf, und lassen Sie die Luft wieder heraus. Die Spur des gesamten Ballons, also des sich wandelnden Innenraums und der Oberfläche, ist eine feste Hyperkugel. Die Spur der Oberfläche allein ist die Hyperoberfläche der Hyperkugel.

Die Geschwindigkeit, mit welcher der Ballon be- und entlüftet wird, hängt davon ab, welchen Konversionsfaktor zwischen Raum und Zeit wir annehmen. In der Relativitätstheorie nimmt man die Lichtgeschwindigkeit als Konversionsfaktor; «ein Meter Zeit» meint hier die Zeit, die das Licht braucht, um einen Meter zurückzulegen – etwa drei zehnmillionstel Sekunden.

Einen Hyperkubus in der vierdimensionalen Raumzeit zu konstruieren, ist noch einfacher. In den Worten von Professor Tom Banchoff von der Brown University: «Ein Hyperkubus in der Raumzeit ist einfach ein Würfel . . . für ein Weilchen.»

Auflösung 9.2

Das Weltbild der «Eis-Zukunft» entspricht der Anschauung, daß künftige Ereignisse bereits fix und fertig irgendwo eingelagert sind und auf uns warten. Ein gleichförmiges Jetzt bewegt sich mit der verstreichenden Zeit voran, und Augenblick um Augenblick wird kontinuierlich aufgebraucht. Vergangene Ereignisse sind nach dieser Anschauung nichtexistent. Es gibt viele Menschen, die ihre Vergangenheit so empfinden. Das Leben ist ein karger Rohstoff, der verbraucht wird, und was vorbei ist, spielt keine Rolle mehr. Verglichen mit den anderen Anschauungen von Raum und Zeit (Abb. 146) und den damit verbundenen Lebensphilosophien, lohnt sich diese wohl am wenigsten. Wenn man sich von der Vergangenheit lossagt, ist man wurzellos und verwundbar. Aber wenn man schon die Vergangenheit über Bord wirft, warum dann nicht gleich die Zukunft hinterherwerfen und ganz im Jetzt leben?

Auflösung 9.3

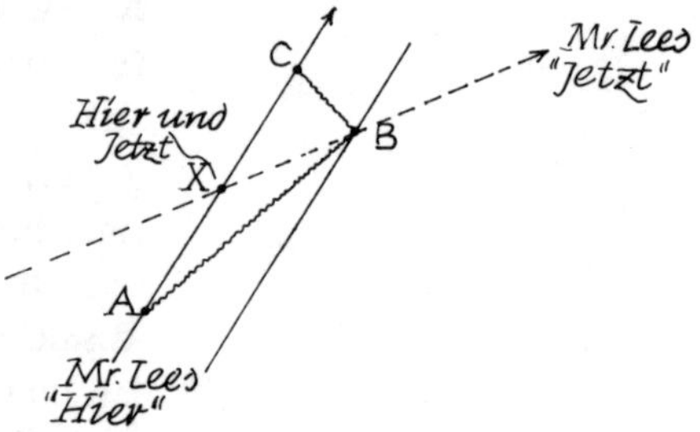

Je schräger die Zeitlinie desto schräger die Raumlinie

Mr. Lee wird X auf halbem Wege zwischen A und C markieren. Er wird davon ausgehen, daß das Licht vom anderen Ende der Plattform zu ihm zurück genauso lange braucht, wie es von ihm dorthin gebraucht hatte. Für ihn ist dieser Gedanke angesichts der beiden vorne erwähnten Annahmen ganz natürlich. Wir sind als außenstehende Beobachter der Ansicht, daß das Licht für die Strecke A-B länger braucht als für die Strecke B-C. Mr. Lee würde natürlich sagen, das läge daran, daß wir mit halber Lichtgeschwindigkeit an ihm vorbeigerast seien.

Ziehen wir durch B und X (von dem Mr. Lee sagt, es sei auf seiner Weltlinie der Punkt der Gleichzeitigkeit mit B, also mit dem Auftreffen des Lichtstrahls auf Mr. Ryes Spiegel) eine gestrichelte Linie, so erhalten wir eine von Mr. Lees *Linien der Gleichzeitigkeit*. Diese Linie entspricht der Raumachse in einem Minkowski-Diagramm. Wir können auch sagen, daß diese Linie Mr. Lees subjektives Jetzt am Punkt X repräsentiert, ebenso wie seine Weltlinie sein subjektives Hier darstellt. Es läßt sich beweisen, daß die Gleichzeitigkeitslinie eines Beobachters sich in solch einem Diagramm stets um denselben Winkel aus der Waagerechten erhebt, wie seine Weltlinie sich aus der Senkrechten neigt.

Auflösung 9.4

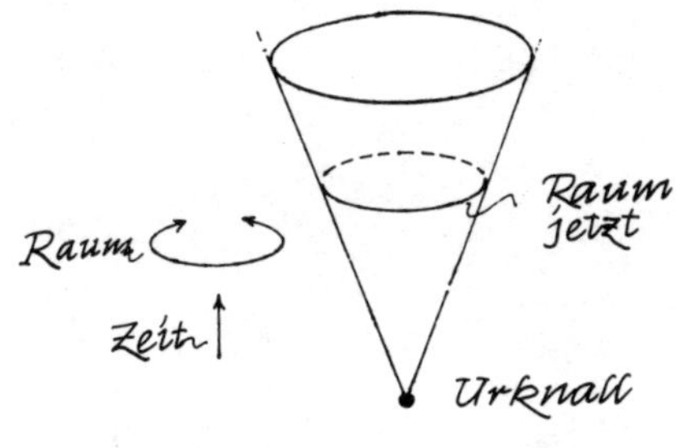

Ein expandierender endlicher Raum

Wir können uns diese Raumzeit als kegelförmige vorstellen. Der Anfangspunkt wird als «Initial-Singularität» oder einfach Urknall bezeichnet. Ob unser Raum sich wieder auf einen Punkt zusammenziehen wird, weiß man heute noch nicht sicher. Offenbar hängt das von der Gesamtmasse des Universums ab: Ist genügend Masse vorhanden, so wird die Gravitation alle jetzt noch auseinanderstrebenden Massen wieder zusammenziehen.

Auflösung 10.1

Zunächst das versiegelte Zimmer: Reisen Sie weit, weit in die Zukunft bis in eine Zeit, wo die Wände des Zimmers eingestürzt sind. Treten Sie in den Raum, wo das Zimmer war, und reisen Sie in der Zeit zurück. Das ist übrigens analog einer Bewegung *ana* (aus dem Raum heraus), dann an dem von der Wand eingenommenen Raumstück «vorbei» und *kata* zurück in den dreidimensionalen Raum.

Jemandem die Mahlzeit aus dem Magen zu rauben, ist schon kniffliger, denn Sie passen ja nicht selbst in den Magen hinein. Der fragliche Magen möge Ihrem Onkel gehören, der nach dem reichhaltigen Weihnachtsmahl erst mal ein Verdauungsschläfchen oben in seinem Zimmer halten muß. Gehen Sie in der Zeit ein Stückchen vorwärts bis zum späten Nachmittag, wo der Onkel wieder munter sein wird. Jetzt nehmen sie einen kleinen Schöpfer, den Sie in dem nunmehr leeren Bett genau an die Stelle bringen, wo Onkels Magen war. Schicken Sie den Schöpfer einige Stunden zurück in die Zeit von Onkels Nickerchen, und holen Sie ihn dann wieder her ins leere Bett. Die erste Portion. So können Sie fortfahren, bis Onkel bärenhungrig aufwacht.

Auflösung 10.2

Wenn wir annehmen, daß die Zeitmaschine in der Zeit zurückgeht, ist «genau hier vor einer Woche» da, wo die Zeitmaschine nach dem Rücksprung auftaucht. Die Erde ist aber inzwischen nicht stehengeblieben, und nach einer solchen Zeitreise könnte man weit weg von ihr irgendwo im Raum landen. Science-fiction-Autoren lösen dieses Problem, indem sie ihren Zeitmaschinen auch den Raumzeit-Pfad der Erde irgendwie einprogrammieren.

Übrigens wären Zeitmaschinen, selbst wenn die Paradoxe nicht bestünden, schon durch die Grundannahme der Relativitätstheorie ausgeschlossen, daß es so etwas wie absolute Ruhe oder Bewegung im Raum nicht gibt. Würde allerdings doch jemand eine Zeitmaschine bauen, so müßten wir dem Relativitätsprinzip wohl die Klausel «außer durch den Gebrauch von Zeitmaschinen» anhängen. Oder man müßte die Zeitmaschine irgendwie auf in der Vergangenheit liegende Objekte ausrichten können.

Wie man eine Zeitmaschine benutzen kann, um «genau hier» zu definieren, könnte man mit einer Maschine, die Materie ohne Zeitverzögerung überträgt, «genau jetzt» definieren. Man könnte auf einen Schlag massenweise synchronisierte Uhren über den Raum verteilen. Auch das würde natürlich das Relativitätsprinzip verletzen.

Auflösung 10.3

Auch der Begriff «augenblicklich» (also ohne daß Zeit verstreicht) ist relativ. Auf die Erde bezogen, ereignet sich B gleichzeitig mit A, man kann also augenblicklich von A nach B gelangen. Auf die ferne Galaxis bezogen, die sich mit halber Lichtgeschwindigkeit von uns entfernt, ereignet sich C gleichzeitig mit B, man kann also auch augenblicklich von B nach C gelangen. Beide Reisen zusammen bringen einen von A nach C, also in die eigene Vergangenheit.

Auflösung 10.4

Rüsten Sie die Rakete mit einem guten Elektronengehirn aus, das nach Hunderttausenden von Jahren noch in der Lage ist, die Zeitmaschine auf einen Rücksprung von Hunderttausenden von Jahren einzustellen und die Erde wiederzufinden. Hat sie die Erde wiedergefunden, so braucht sie höchstens noch einen kleinen Zeithopser zum richtigen Tag zu machen und zu landen.

Auflösung 10.5

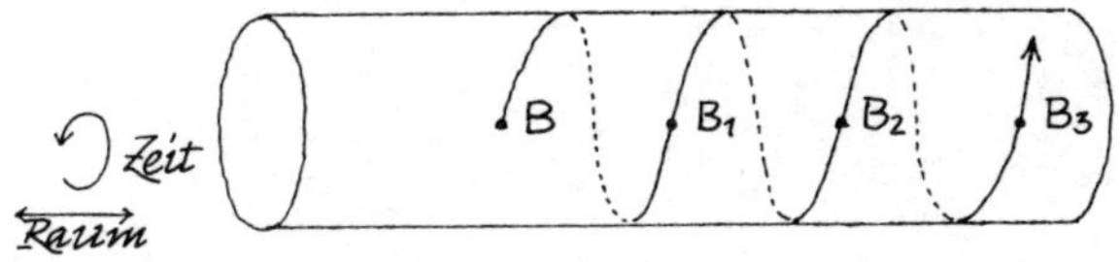

1 oder ∞?

Eine Funkbake, die so lange hält, bis sie die ganze Zeit umrundet hat, würde zu Schwierigkeiten führen. Triebe sie von der Erde fort, so würde der eine Start dazu führen, daß schließlich unendlich viele Baken da draußen wären. Das ist schon unsinnig genug. Noch tückischer aber wird es, wenn wir annehmen, daß die Bake nach einer Zeitumrundung (B_1) ein Signal aussendet, daß ihren eigenen Start (B_o) verhindert. Ein Ja-und-nein-Paradox!

Aber das ist noch nicht alles. Schauen wir uns die Einzelteile der Funkbake an. Wenn das Universum sich wirklich wiederholt, dann muß es so sein, daß jedes Teilchen am Ende eines jeden Zyklus in seine Ausgangslage zurückkehrt. Die Weltlinien aller Teilchen sind so etwas wie Gummibänder, die um den Raumzylinder gespannt sind.

Zu unserer Bake gehörte mithin ein dicker Strang von Bändern, die um den Raumzylinder gewickelt sind. Nun haben wir die Bake ja nicht gefunden, sondern selbst zusammengebaut – also werden alle ihre Teile, Metall, Glas und so weiter, schließlich auf der Erde enden. In einer zirkulären Raumzeit wird jedes Raumschiff, das wir starten, irgendwann zur Erde zurückkehren und beim Aufschlagen in seine Einzelteile zerbersten – damit wir es wieder zusammenbauen und starten können. In einem Universum mit zirkulärer Zeit läßt sich mit anderen Worten kein wirklich unzerstörbares Ding herstellen. Alles Zusammengefügte wird irgendwann zerfallen, damit es «neu» erbaut werden kann.

Auflösung 10.6

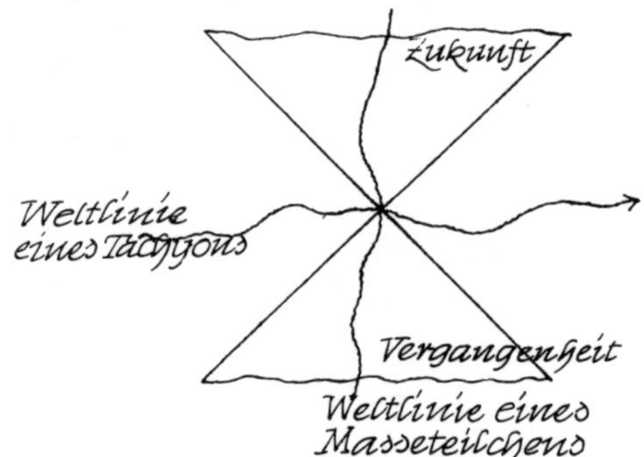

Unheimliche Begegnung

Auch dies ist ein Ja- und-nein-Paradox. Ich wähle um elf Uhr die 1 nur dann, wenn ich um zehn keinen Anruf erhalten habe; ich erhalte um zehn einen Anruf, wenn ich um elf die 1 wähle. Kurz: Ich erhalte nur dann um zehn einen Anruf, wenn ich um zehn keinen Anruf erhalte. Dieses Paradox entwickelten G. Benford, D. Book und W. Newcomb 1970 in einem Aufsatz mit dem Titel: «The Tachyonic Antitelephone». Gregory Benford ist übrigens nicht nur Physiker, sondern auch Science-fiction-Autor. Tachyonen sind hypothetische Teilchen, die sich im Gegensatz zu gewöhnlichen Masseteilchen stets schneller als mit Lichtgeschwindigkeit fortbewegen. Die Autoren argumentieren in dem genannten Aufsatz, daß es prinzipiell unmöglich sein muß, Tachyonen aufzuspüren, da man mit ihrer Hilfe Nachrichten in die Vergangenheit senden könnte. Wenn es Tachyonen wirklich gibt, so erfüllen sie eine Art unaufspürbares Geisteruniversum, dessen Zeitrichtung gewissermaßen senkrecht zu unserer Zeitrichtung steht.

Auflösung 11.1

Nein. Es gibt in Ihrem Leben vermutlich Abschnitte, die gänzlich frei sind von irgendwelchen Gedanken über andere Abschnitte. Borges behauptet in «Neue Widerlegung der Zeit», daß ein Geisteszustand, der sich in Ihrem Leben wiederholt, stets *derselbe* Geisteszustand ist.

Auflösung 11.2

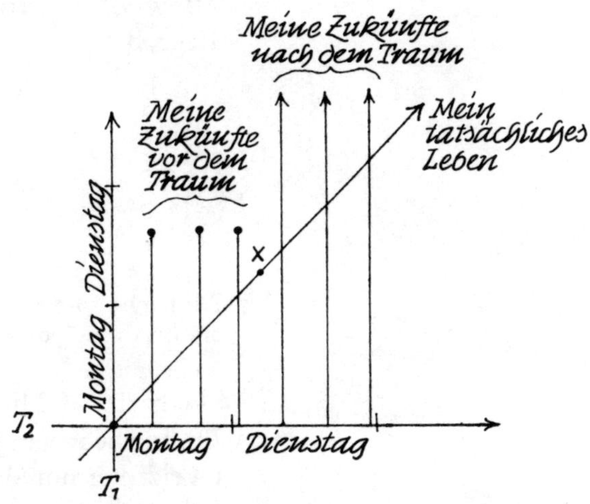

Dunne geht davon aus, daß wir in jedem Augenblick eine fixierte Zukunft entlang der normalen Zeitachse T_1 haben; während aber T_2, eine zweite und höhere Art von Zeit, vergeht, ändert sich unsere Zukunft. Unsere tatsächliche zeitliche Bewegung ist eine Kombination aus T_1-Bewegung, die wir auch *Bewegung in die Zukunft* nennen können, und T_2-Bewegung, die wir *Bewegung in andere Welten* nennen können. Wenn ich – träumend – etwas Unerfreuliches in der T_1-Zukunft des Montags sehe, kann ich mich in der T_2-Richtung in eine andere Raumzeit mit einer anderen T_1-Zukunft versetzen.

Dunnes Zeitauffassung führt zu einem unendlichen

Regreß. Wenn das Traumbewußtsein nämlich in die T_1-Zukunft schauen kann, weshalb soll es dann nicht auch in die T_2-Zukunft schauen können? Und wenn man die T_2-Zukunft sehen kann, so kann man auch sie verändern und bewegt sich dann in einer T_3-Zeitrichtung auf eine ganz andere T_1-T_2-Ebene. Natürlich stellt auch T_3 keinen Endpunkt dar, und der Regreß geht endlos weiter.

Dunne wußte, wie verrückt dieses System ist, aber er nahm das in Kauf, weil das einfache Minkowski-Diagramm unser *Gefühl* nicht wiedergeben kann, daß die Zeit wirklich verstreicht. Wie wir bereits erörtert haben, führt jeder Versuch, das Minkowski-Diagramm durch die Annahme eines an der Weltlinie aufwärts wandernden «Bewußtseinsstrahles» zu «beleben», zu solch endlosem Regreß.

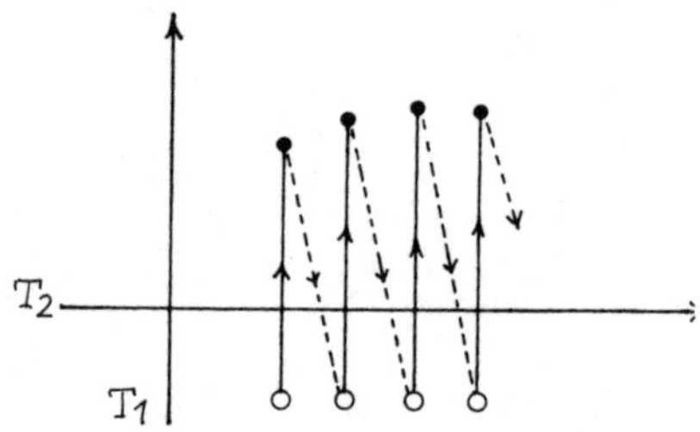

Du fängst so oft von vorn an, bis du es hinkriegst

Charles H. Hinton beschreibt in seiner Erzählung «An Unfinished Communication» (1885) eine andere Art zweidimensionale Zeit. Sein Gedanke ist, daß sich das Leben ein ums andere Mal wiederholt, wobei aber jedesmal kleine Änderungen möglich sind. Wenn Sie Ihr Leben oft genug durchgespielt haben, bekommen Sie es schließlich richtig hin.

Auflösung 11.3

Nein, dies ist nur ein weiteres Beispiel für den Fall, daß eine Region des Faktenraums auf der einen Achse (Ihre Perspektive) eine vage Position besitzt und für die andere Achse (die Perspektive der anderen Person) eine scharf umrissene Position. Sind Sie einem Menschen so nahe, daß Sie in gewisser Weise ein Teil von ihm sind, so wird Ihre Anschauung von ihm sich kontinuierlich *mit ihm* entwickeln. Sind Sie aber von diesem Menschen getrennt, sei es räumlich oder innerlich, so werden seine vielen möglichen Zustände scheinbar zu zwei oder drei definitiven Fakten eintrocknen. In der Quantenmechanik nennt man solch einen Vorgang «Zusammenbruch der Wellenfunktion». Übrigens sind Sie selbst in bestimmten Entspannungszuständen oder Zuständen der Selbstvergessenheit ebenfalls sehr verschwommen über den Faktenraum verteilt – sogar in bezug auf Ihre eigene Achse. Scharf umrissene Antworten gibt es nämlich nur dann, wenn Sie Ihren Zustand (etwa Ihre Stimmung) registrieren oder danach fragen. Scharf oder unscharf, die Wirklichkeit ist just das, was sie zu sein scheint.

Bibliographie

Abbott, Edwin Abbott: *Flatland. A Romance of Many Dimensions,* New York (Barnes & Noble) 1983. Deutsch: *Flächenland. Ein mehrdimensionaler Roman,* Stuttgart (Klett-Cotta) 1982.

Augustinus: *Bekenntnisse,* Zürich (Artemis) 1950.

Berkeley, George: *A Treatise Concerning the Principles of Human Understanding.* Deutsch: *Eine Abhandlung über die Prinzipien der menschlichen Erkenntnis,* Hamburg (Meiner) 1957.

Borges, Jorge Luis: «Die Lehre von den Zyklen», in: *Gesammelte Werke,* Bd. 5/I, München (Hanser) 1981.

–: «Neue Widerlegung der Zeit», in: *Gesammelte Werke,* Bd. 5/II, München (Hanser) 1981.

–: «Die analytische Sprache John Wilkins'», in: *Gesammelte Werke,* Bd. 5/I, München (Hanser) 1981.

Bork, Alfred: «The Fourth Dimension in Nineteenth-Century Physics», in: *Isis* 181 (1964).

Bragdon Claude: *More Lives Than One,* New York (Alfred Knopf) 1971.

–: *A Primer of Higher Space,* Tucson (Omen Press) 1972.

Breuer, Miles J.: «The Appendix and the Spectacles», in: *The Mathematical Magpie,* hrsg. v. Clifton Fadiman, New York (Simon & Schuster) 1962.

Burger, Dionys: *Silvestergespräche eines Sechsecks,* Köln (Aulis) o. J.

Calder-Marshall, Arthur: *The Sage of Sex. A Life of Havelock Ellis,* New York (G. P. Putnam's Sons) 1959.

Campbell, Lewis, und William Garnett: *The Life of James Clerk Maxwell,* London (Macmillan) 1884.

Cantor, Georg: «Über die verschiedenen Standpunkte in bezug auf das aktuelle Unendliche», in: *Gesammelte Abhandlungen,* Hildesheim (Georg Olms) 1962.

Carroll, Lewis: *Through the Looking-Glass,* New York (Random House) 1946. Deutsch: *Alice im Spiegelland* (dtv junior, Bd. 7414).

Castaneda, Carlos: *A Separate Reality,* New York (Simon & Schuster) 1971. Deutsch: *Eine andere Wirklichkeit,* Frankfurt/M. (Fischer TB 1616).

Clifford, William Kingdon: *Mathematical Papers,* London (Macmillan) 1882.

–: *The Common Sense in the Exact Sciences,* New York (Dover) 1955. Dt.: *Der Sinn der exakten Wissenschaft,* Leipzig (J. A. Barth) 1913.

Conklin, Groff (Hrsg.): *Science Fiction Adventures in Dimension,* New York (Vanguard Press) 1953.

Davis, Andrew Jackson: *The magic Staff,* New York, 1876. Deutsch: *Der Zauber-Stab,* Leipzig (Oswald Mutze) 1874.

Dewdney, A. K.: *Two Dimensional Science and Technology,* Ontario, 1980.

–: *The Planiverse,* New York (Poseidon Press) 1984.

Dolbear, A. E.: *Matter, Ether and Motion,* Boston (Lee & Shepard) 1892.

Dunne, J. W.: *An Experiment with Time,* London (Faber & Faber) 1960.

Durrell, Fletcher: «The Fourth Dimension. An Efficiency Picture», in: *Mathematical Adventures,* Boston (Bruce Humphries) 1938.

Eddington, Arthur Stanley: *Space, Time and Gravitation,* New York (Harper & Row) 1959. Deutsch: *Raum, Zeit und Schwere,* Braunschweig (Vieweg) 1923.

Edwards, Paul: «Panpsychism», in: *The Encyclopedia of Philosophy,* New York (Macmillan) 1967.

Einstein, Albert: *Äther und Relativitätstheorie,* Berlin (Julius Springer) 1920.

Ernst, Bruno: *The Magic Mirror of M. C. Escher,* New York (Random House) 1976.

Faser, J. T., F. C. Haber, G. H. Muller (Hrsg.): *The Study of Time,* Berlin (Springer) 1972.

Fechner, Gustav Theodor: «Der Raum hat vier Dimensionen», in: *Kleine Schriften,* Leipzig (Breitkopf und Härtel) 1875.

Gardner, Martin: *Relativity for the Million,* New York (Macmillan) 1962. Deutsch: *Relativitätstheorie für alle,* Zürich (Orell Füssli) 1966.

–: *The Ambidextrous Universe,* New York (Basic Books) 1964. Deutsch: *Das gespiegelte Universum,* Braunschweig (Vieweg) 1967.

–: «The Church of the Fourth Dimension», in: *The Unexpected Hanging,* New York (Simon & Schuster) 1969.

–: «The Hypercube», in: *Mathematical Carnival,* New York (A. Knopf) 1975. Deutsch: *Mathematischer Karneval,* Frankfurt/M., Berlin (Ullstein) 1977.

–: «Parapsychology and Quantum Mechanics», in: *Science and the Paranormal,* hrsg. v. G. Abell und B. Singer, New York (Charles Scribner's Sons) 1981.

Gillespie, Daniel: *A Quantum Mechanics Primer,* New York (John Wiley) 1970.

Gödel, Kurt: «Eine Bemerkung über die Beziehungen zwischen der Relativitätstheorie und der idealistischen Philosophie», in: *Albert Einstein als Philosoph und Naturforscher,* hrsg. v. Paul A. Schilpp, Stuttgart (Kohlhammer) 1955.

Golas, Thaddeus: *The Lazy Man's Guide to Enlightenment,* Palo Alto (The Seed Center) 1972. Deutsch: *Der Erleuchtung ist es egal, wie Du sie erlangst,* Basel (Sphinx) ²1981.

Greenberg, Marvin J.: *Euclidean and Non-Euclidean Geometrics,* San Francisco (W. H. Freeman) 1974.

Gribben, John: *Timewarps,* New York (Dell) 1979.

Gustafsson, Lars: *Der Tod eines Bienenzüchters,* München (Hanser) 1978.

Hawking, S., und G. Ellis: *The Large Scale Structure of Space-Time,* Cambridge (Cambridge University Press) 1973.

Heinlein, Robert A.: «And He Built a Crooked House», in: *Fantasia Mathematica,* hrsg. v. Clifton Fadiman, New York (Simon & Schuster) 1958. Deutsch: «Das 4-D-Haus», in: *Entführung in die Zukunft,* München (Heyne TB 3229) 1971.

–: *Starman Jones,* New York (Ballantine Books) 1978. Deutsch: *Abenteuer im Sternenreich,* München (Heyne TB 3336) 1976.

Henderson, Linda Dalrymple: *The Fourth Dimension and Non-Euclidean Geometry in Modern Art,* Princeton (Princeton University Press) 1983.

Hilbert, David, und Stefan Cohn-Vossen: *Anschauliche Geometrie,* Berlin (Julius Springer) 1932.

Hinton, Charles Howard: *Selected Writings of C. H. Hinton,* hrsg. v. Rudy Rucker, New York (Dover) 1980.

–: *Wissenschaftliche Erzählungen,* Hrsg. v. Jorge Luis Borges, Stuttgart (Edition Weitbrecht) 1983.

Houdini, Harry: *A Magician Among the Spirits,* New York (Harper) 1924.

Huxley, Aldous: *The Perennial Philosophy,* New York (Harper & Row) 1944. Deutsch: *Die ewige Philosophie,* Zürich (Steinberg) 1949.

I Ging. Das Buch der Wandlungen, aus dem Chinesischen übertragen und erläutert von Richard Wilhelm, Düsseldorf, Köln (Eugen Diederichs) 1974.

Jung, Carl Gustav: «Synchronizität als ein Prinzip akausaler Zusammenhänge», in: *Gesammelte Werke,* Bd. 8, Olten (Walter) ²1973.

Kant, Immanuel: «Gedanken von der wahren Schätzung der lebendigen Kräfte», in: *Kant's gesammelte Schriften,* Bd. 1, Berlin (Georg Reimer) 1902.

–: «Prolegomena zu einer jeden künftigen Metaphysik, die als Wissenschaft wird auftreten können», in: *Kant's gesammelte Schriften,* Bd. 4, Berlin (Georg Reimer) 1903.
Kaufmann, William J.: *Relativity and Cosmology,* New York (Harper & Row) 1973.

Laplace, Pierre-Simon de: *Philosophischer Versuch über die Wahrscheinlichkeiten,* Leipzig (Duncker & Humblot) 1886.
Lewis, Clive S.: *The Lion, the Witch and the Wardrobe,* New York (Collier Books) 1978. Deutsch: *Der König von Narnia,* München (Betz) 1977.

Mach, Ernst: *Die Mechanik in ihrer Entwicklung,* Leipzig (F. A. Brockhaus) 1933.
Manen, Johan van: *Some Occult Experiences,* Chicago (Theosophical Publishing House) 1913.
Manning, Henry: *Geometry of Four Dimensions,* New York (Dover) 1956.
Maxwell, James Clerk: *The Scientific Papers of James Clerk Maxwell,* New York (Dover) 1963.
Meister Eckehart: *Deutsche Predigten und Traktate,* Zürich (Diogenes TB 20642) 1979.
Minkowski, Hermann: «Raum und Zeit», in: H. A. Lorentz, A. Einstein, H. Minkowski: *Das Relativitätsprinzip,* Leipzig, Berlin (Teubner) [4]1922.
Misner, Charles W., Kip S. Thorne, John A. Wheeler: *Gravitation,* San Francisco (W. H. Freeman) 1973.
Morosoff, N. A.: Brief an seine Mitgefangenen in der Festung Schlüsselburg, in: Ouspensky, 1971 (s. dort).

Nabokov, Vladimir: *Sieh doch die Harlekins!,* Reinbek b. Hamburg (Rowohlt) 1979.
Neumann, John von: *Mathematical Foundations of Quantum Mechanics,* Princeton (Princeton University Press) 1955.
Nicholls, Peter (Hrsg.): *The Science Fiction Encyclopedia,* Garden City, N. Y. (Doubleday) 1979.

Ouspensky, Peter Damien: *Tertium Organum,* London (Routledge and Kegan Paul). Deutsch: *Tertium Organum,* München (O. W. Barth) [2]1980.
–: «The Fourth Dimension», in: *A New Model of the World,* London (Routledge and Kegan Paul). Deutsch: «Die vierte Dimension», in: *Ein neues Modell des Universums,* Weilheim/Obb. (O., W. Barth) 1970.

Pagels, Heinz: *The Cosmic Code,* New York (Simon & Schuster) 1982. Deutsch: *Cosmic Code,* Frankfurt/M. (Ullstein) 1983.
Pearson, Karl: *The Grammar of Science,* London (Walter Scott) 1892.

Peebles, Phillip J. E.: *Physical Cosmology,* Princeton (Princeton University Press) 1971.
Platon: «Politeia», in: *Sämtliche Werke,* Bd. III, Hamburg (Rowohlts Klassiker 27) 1958.

Reichenbach, Hans: «Philosophie der Raum-Zeit-Lehre», in: *Gesammelte Werke,* Bd. 2, Braunschweig (Vieweg) 1977.
Riemann, Bernhard: *Über die Hypothesen, welche der Geometrie zu Grunde liegen,* Berlin (Julius Springer) 1919.
Rucker, Rudy: *Geometry, Relativity and the Fourth Dimension,* New York (Dover) 1977.
–: *Spacetime Donuts,* New York (Ace) 1981.
–: *Infinity and the Mind,* Boston (Birkhäuser) 1982.
–: *The Fifty-Seventh Franz Kafka,* New York (Ace) 1983.
–: *The Sex Sphere,* New York (Ace) 1983.

Sartorius von Waltershausen, Wolfgang: *Gauss zum Gedächtnis,* Leipzig (S. Hirzel) 1856.
Schoefield, A. T.: *Another World; or, The Fourth Dimension,* London (Swann Sonnenschein) 1888.
Schubert, Hermann: «Die vierte Dimension», in: *Mathematische Mußestunden,* Leipzig (Göschen) 1900.
Stewart, Balfour, und Peter Guthrie Tait: *The Unseen Universe,* London (Macmillan) 1875.
Swenson, Loyd: *The Ethereal Aether,* Austin (University of Texas Press) 1972.

Taylor, Edwin, und John A. Wheeler: *Spacetime Physics,* San Francisco (W. H. Freeman) 1963.
Thorne, Kip S.: «The Search for Black Holes»,in: *Cosmology + 1,* hrsg. v. D. Gingerich, San Francisco (W. H. Freeman) 1977.

Wells, H. G.: «The Time Machine», in: *Seven Science Fiction Novels of H. G. Wells,* New York (Dover) 1955. Deutsch: *Die Zeitmaschine,* Wien, Hamburg (Zsolnay) 1980.
Wheeler, John Archibald: «Frontiers of Time», in: *Problems in the Foundations of Physics,* hrsg. v. N. di Franca und B. van Fraassen, Amsterdam (North Holland) 1980.
Willink, Arthur: *The World of the Unseen. An Essay on the Relation of Higher Space to Things Eternal,* New York (Macmillan) 1893.
Wolf, Fred: *Taking the Quantum Leap,* San Francisco (Harper & Row) 1981. Deutsch: *Der Quantensprung ist keine Hexerei,* Stuttgart (Birkhäuser) 1985.
Wolfe, Tom: *The Electric Kool-Aid Acid Test,* N.Y. (Bantam) 1969.
Wundt, Wilhelm: *Der Spiritismus. Eine sogenannte wissenschaftliche Frage,* Leipzig (Engelmann) 1879.

Zöllner, Johann Carl Friedrich: «Zur Metaphysik des Raumes», in: *Wissenschaftl. Abhandlungen,* Bd. 2, Leipzig (Staackmann) 1878.

Index

Gerade Ziffern = Textverweise
Kursive Ziffern = Bildlegenden- u. Marginalienverweise